普通高等学校"十二五"规划教材

VBA 应用案例教程

李 政　陈卓然　陆思辰　杨久婷　编著

国防工业出版社

·北京·

内 容 简 介

本书结合实际应用,通过丰富的案例,介绍 Office 2003 的 VBA 程序设计技术和软件开发方法,涵盖了从基础知识到高级应用的内容,给出了所有案例的技术要点和全部源代码。读者可以分析、改进、移植这些案例,拓展应用领域,开发自己的作品,提高应用水平。

本书既可作为高等院校计算机以及相关专业教材,又可作为办公自动化培训教程,还可供其他计算机开发或应用人员参考。

图书在版编目(CIP)数据

VBA 应用案例教程/李政等编著. —北京:国防工业出版社,2012.7
普通高等学校"十二五"规划教材
ISBN 978 - 7 - 118 - 08149 - 7

Ⅰ.①V… Ⅱ.①李… Ⅲ.①BASIC 语言 - 程序设计 - 高等学校 - 教材②办公自动化 - 应用软件 - 高等学校 - 教材 Ⅳ.①TP312②TP317.1

中国版本图书馆 CIP 数据核字(2012)第 119178 号

※

*国防工业出版社*出版发行
(北京市海淀区紫竹院南路 23 号 邮政编码 100048)
北京市李史山胶印厂
新华书店经售
*
开本 787×1092 1/16 印张 16½ 字数 423 千字
2012 年 7 月第 1 版第 1 次印刷 印数 1—4000 册 定价 33.00 元

(本书如有印装错误,我社负责调换)

国防书店:(010)88540777 发行邮购:(010)88540776
发行传真:(010)88540755 发行业务:(010)88540717

前　　言

Microsoft Office 是全球最流行的办公软件,它可以解决人们日常工作、学习和生活中的很多问题,因此深受欢迎。

作为一个集成办公系统,Office 同时也提供了一个开放、高效和强大的开发平台,即 VBA 组件。利用它可以编写程序,在 Office 基础上进行二次开发,制作出符合特定需要的软件,实现繁琐、重复工作的自动化,进一步提高工作效率和应用水平。

在 Office 下用 VBA 编程有着其他语言或开发工具所不具备的独特优点:第一,程序只起辅助作用,大部分功能可以使用 Office 已有的,减轻了软件开发的工作量;第二,通过宏录制,可以部分地实现程序设计的自动化,即使不会编写代码也可以通过录制获得;第三,软件的形式是含有 VBA 代码的文档或工作簿,无须安装,直接打开就可以使用,不用时可以直接删除,属于绿色软件;第四,VBA 是最易学习、上手极快的一种编程语言,即使非计算机专业人员,也可以很快编出需要的软件。

VBA 是正在兴起的、很有前途的技术平台,越来越受到人们的关注和喜爱。在 Office 环境下用 VBA 开发应用软件,已经成为软件开发人员和计算机应用人员的重要选择方式之一。VBA 已经出现在许多企事业单位自动化应用的案例中,越来越多的学校开设了 VBA 开发与应用课程。

作者经过多年研究,结合教学和工作实际,用 VBA 开发了大量应用软件,并且不断积累、改进和完善。为适应技术发展,更新教学内容,优化教材结构,更好地满足教学需要和专业人员需求,我们编写了这本《VBA 应用案例教程》。

本书引入大量原创的新内容,这些内容都有实际应用背景,有很强的实用性。

与同类图书相比本书具有以下特点:

(1) 以应用为主线。通过任务驱动提高读者的应用意识、应用能力和学习效率。提倡直接进入创造。

(2) 以实践为重点。理论联系实际,突出实践环节,每章配有一定数量的上机实验题目。

(3) 以案例为载体。将基本知识、技术、技巧融合到应用案例中。这些案例涵盖了 VBA 从基础到高级应用的内容。

很多计算机、信息科学技术专业人员都有这样的认识:对一些针对实际需求开发出来的软件案例进行剖析,然后带着自己的问题,开发自己的作品或改进别人的成果,是最好的学习形式。本书就是要为读者提供这样一种学习形式。

与本书配套的全部案例文件、电子教案等教学资源均可从网址 http://web.jlnu.edu.cn/jsjyjs/xz/下载。建议读者下载案例文件,参照案例阅读本书,并对案例进行分析、改进、移植和扩展,举一反三,开发出自己需要的作品。

本书第 1~2 章由陆思辰执笔;第 3~6 章由杨久婷执笔;第 7~11 章由陈卓然执笔;第 12~15 章由李政执笔。参加本书代码调试、资料整理、文稿录入和校对等工作的还有史丽、李琦、李春晓、常秀云、赵佳慧、蔡筱睿、段冶、冯吉、郭昊天、王春阳、王田田、周虹、张伟崇等同事,在此对他们的支持和帮助表示感谢。

由于作者水平所限,难免有不足和错误之处,请读者批评指正。

作　者

目 录

第1章　VBA 应用基础

VBA(Visual Basic for Applications)是 Microsoft Office 集成办公软件的内置编程语言，是新一代标准宏语言。它是基于 VB(Visual Basic)发展起来的，与 VB 有很好的兼容性。它寄生于 Office 应用程序，是 Office 的重要组件。利用它可以将繁琐、机械的日常工作自动化，从而极大提高用户的办公效率。

VBA 与 VB 主要有以下区别：

(1) VB 用于创建标准的应用程序，VBA 是使已有的应用程序(Office)自动化。

(2) VB 具有自己的开发环境，VBA 寄生于已有的应用程序(Office)。

(3) VB 开发出的应用程序可以是可执行文件(EXE 文件)，VBA 开发的程序必须依赖于它的父应用程序(Office)。

尽管存在这些不同，VBA 和 VB 在结构上仍然十分相似。如果我们已经掌握了 VB，会发现学习 VBA 非常容易。反过来，学完 VBA 也会给学习 VB 打下很好的基础。

用 VBA 可以实现如下功能：

(1) 使重复的任务自动化。

(2) 对数据进行复杂的操作和分析。

(3) 将 Office 作为开发平台，进行应用软件开发。

用 Office 作为开发平台有以下优点：

(1) VBA 程序只起辅助作用。许多功能 Office 已经提供，可以直接使用，简化了程序设计。比如，打印、文件处理、格式化和文本编辑等功能不必另行设计。

(2) 通过宏录制，可以部分地实现程序设计的自动化，大大提高软件开发效率。

(3) 便于发布。只要发布含有 VBA 代码的文件即可。无需考虑运行环境，因为 Office 是普遍配备的应用软件。无需安装和卸载，不影响系统配置，属于绿色软件。

(4) Office 界面对于广大计算机应用人员来说比较熟悉，符合一般操作人员的使用习惯，便于软件推广应用。

(5) 用 VBA 编程比较简单，即使非计算机专业人员，也可以很快编出自己的软件。而且 Office 应用软件及其 VBA 内置大量函数、语句、方法等，功能非常丰富。

在 Office 2003 各个应用程序中(如：Word、Excel、PowerPoint 等)使用 VBA 的方式是相同的，语言的操作对象也大同小异。因此，只要学会在一种应用程序(如 Excel)中使用 VBA，也就能在其他应用程序中使用 VBA 了。

本章介绍在 Excel、Word 和 PowerPoint 环境下 VBA 的应用。包括宏的录制、编辑与使用，VBA 语法基础，过程以及面向对象程序设计的有关知识。

1.1　快速设置上标

在 Word 应用中，经常会遇到输入上标、下标的问题。比如，要输入 X^2，一般的操作方法是，先输入 X2，然后用鼠标或者键盘把要转化为上标的 2 选中，接下来在"格式"菜单中选择"字体"项，在如图 1.1 所示的"字体"对话框"字体"选项卡的"效果"栏中选中"上标"项，最后点击"确定"按钮。

图 1.1 "字体"对话框

如果偶尔需要输入上、下标，用这种方法还是可以接受的，但遇到需要录入大篇幅的上、下标情况时，这种操作方法就显得太繁琐和低效了。

下面给出一种方法，可以通过一个快捷键，将光标左边的字符设置为上标，然后恢复格式和光标位置，从而大大提高工作效率。

首先，在 Word 当前文档中，任意输入两个字符，如 X2。

然后，在"工具"→"宏"菜单中选择"录制新宏"项，在"录制宏"窗口中单击"键盘"按钮，设置一个快捷键，如 Ctrl＋Z，点击"指定"按钮确认快捷键，再点击"关闭"按钮开始进行宏录制。

用"Shift＋←"键选中光标左边的一个字符，在"格式"菜单中选择"字体"项，在如图 1.1 所示的"字体"对话框"字体"选项卡的"效果"栏中选中"上标"，单击"确定"按钮。

按"→"键，取消对字符的选中状态，恢复光标位置。

再次通过"格式"菜单的"字体"项，打开"字体"对话框，取消"上标"选项，单击"确定"按钮，恢复原格式。

最后单击"停止录制"按钮。

此后，在任意时刻，只要按快捷键 Ctrl＋Z，就可以将光标左边的字符设置为上标，然后恢复格式和光标位置，以便继续输入其他内容。

例如，输入 $2^3+2^4=24$，可以通过以下操作完成：

输入"23"，按 Ctrl＋Z；再输入"+24"，按 Ctrl＋Z；最后输入"=24"。

之所以能实现这样的功能，是因为我们通过宏录制的方法编写了一个 VBA 程序，并且指定用快捷键 Ctrl＋Z 来执行这个程序。

该程序的具体功能是：

(1) 选中光标左边的一个字符；

(2) 将选中的文本字体格式设置为上标；

(3) 恢复光标位置；

(4) 恢复字体格式。

作为第一个例子，我们暂时先不关心程序的具体代码，也不考虑程序的编写和完善，这些内容留待以后逐步学习。

目前，我们已经知道：

(1) VBA 程序可以通过宏录制的方法获得；

(2) 通过制定快捷键可以执行 VBA 程序；

(3) 通过 VBA 程序可以提高 Office 的自动化程度和操作效率。

1.2　为单元格填充颜色

本节我们要在 Excel 工作表中为相邻的多个单元格填充不同颜色。围绕这个例子，进一步介绍宏的概念、宏的录制与运行，并且讨论宏的编辑方法。

首先来了解一下宏的概念。所谓宏(Macro)，就是一组 VBA 语句，可以理解为一个程序段，或一个子程序。在 Office 2003 中，宏可以直接编写，也可以通过录制形成。录制宏，实际上就是将一系列操作过程记录下来并由系统自动转换为 VBA 语句。这是目前最简单的编程方法，也是 VBA 最具特色的地方。用录制宏的办法编写程序，不仅使编程过程得到简化，还可以学习语句、函数、属性、方法等程序设计技术。当然，实际应用的程序不能完全靠录制宏，还需要对宏进一步加工、优化和扩展。

1.2.1　宏的安全性

我们知道，有一种计算机病毒叫做"宏病毒"，它是利用"宏"来传播和感染的病毒。为了防止这种计算机病毒，Office 软件提供了一种安全保护机制，就是设置"宏"的安全性。

在 Office 2003 各个组件的"工具"→"宏"菜单中选择"安全性"命令，在弹出的"安全性"对话框中选择"非常高"、"高"、"中"或"低"，可以设置不同的安全级别。

其中，"非常高"，只允许运行安装在受信任位置的宏。所有其他签署的和未签署的宏都将被禁用。"高"，只允许运行可靠来源签署的宏，未经签署的宏会被自动取消。"中"，对于无签名的宏，提示用户启用或禁用。对于有签名的宏，根据宏的来源和数字签名的状态确定如何处理。当安全性设置为"低"时，对所有宏的处理方式是相同的，不考虑宏的来源或证书状态，不进行提示或签名验证，宏被自动启用。

由于宏就是 VBA 程序，限制使用宏，实际上就是限制 VBA 代码的执行，这从安全角度考虑是应该的，但是如果这种限制妨碍了软件功能的发挥和利用就不应该了。

试想，如今广泛流行的计算机病毒何止千万种，而且层出不穷，宏病毒只是其中的一种，为了防止宏病毒而大动干戈，其实是没有必要的。尤其是妨碍了 VBA 程序的使用，限制了软件功能的发挥就更不值得了。就像我们不能因为有计算机病毒而不使用软件一样，不能因为有宏病毒就不使用宏。

所以，正常的做法应该是把宏病毒与其他成千上万种计算机病毒同样对待，用统一的防护方式和防毒工具进行防治，而 Office 本身"宏"的"安全性"不必太在意。尤其是当我们需要频繁使用带有 VBA 代码的应用软件时，完全可以把"宏"的安全性设置为"低"。

1.2.2　宏的录制与保存

Office 中有一个宏录制器，它可以将键盘或鼠标操作翻译为 VBA 代码并记录下来。

我们首先录制一个简单的宏，它的功能是在 Excel 工作簿中将当前选中的单元格背景置成蓝色。步骤如下：

(1) 启动 Excel，选定任意一个单元格。

(2) 在"工具"→"宏"菜单中选择"录制新宏"命令。

(3) 在"录制新宏"对话框中输入宏名"填充颜色"，单击"确定"按钮。此时，屏幕上显示出"停止录制"工具栏。

(4) 在"格式"工具栏中单击"填充颜色"按钮右边的三角标志，选择蓝色。

(5) 单击"停止录制"工具栏的"停止录制"按钮，结束宏录制过程。也可以选择"工具"→"宏"→"停止录制"菜单命令结束宏录制。

录制完一个宏后就可以执行它了。

要执行刚才录制的宏，可以先选择任何一个单元格，然后选择"工具"→"宏"→"宏"菜单命令，在"宏"对话框中选择"填充颜色"项，单击"执行"按钮，选定的单元格将被填充蓝色。

注意：在录制宏之前，要计划好操作步骤和命令。如果在录制宏的过程中进行了错误操作，更正错误的操作也将被录制。

在 Excel 中，宏可保存在当前工作簿、新工作簿和个人宏工作簿。

将宏保存在当前工作簿或新工作簿，只有该工作簿打开时，相应的宏才可以使用。

个人宏工作簿是为宏而设计的一种特殊的具有自动隐藏特性的工作簿。第一次将宏创建到个人宏工作簿时，会创建名为"PERSONAL.XLS"的新文件。如果该文件存在，则每当 Excel 启动时，会自动将此文件打开并隐藏在活动工作簿后面。在"窗口"菜单中选择"取消隐藏"命令，可以将 PERSONAL.XLS 显示出来。

如果需要让某个宏在多个工作簿都能使用，就应当将宏保存于个人宏工作簿中。

要保存宏到个人宏工作簿，在"录制新宏"对话框的"保存在"下拉列表中选择"个人宏工作簿"。

1.2.3　宏代码的分析与编辑

对已经存在的宏，我们可以查看代码，也可以进行编辑。

选择"工具"→"宏"→"宏"菜单命令，在"宏"对话框中选择列表中的"填充颜色"，单击"编辑"按钮。此时，会打开 VBA 编辑器窗口，同时显示出如下代码：

```
Sub 填充颜色()
'
' 填充颜色 Macro
' 宏由 USER 录制，时间: 2012-1-15
'
    With Selection.Interior
        .ColorIndex = 5
        .Pattern = xlSolid
    End With
End Sub
```

1. 代码分析

这段代码段包括以下几部分：

(1) 宏(子程序)开始语句。

每个宏都以 Sub 开始，Sub 后面紧接着是宏的名称和一对括号。

(2) 注释语句。

从单引号开始直到行末尾是注释内容。注释的内容是给人看的，与程序执行无关。

给程序加注释是我们应该养成的好习惯，这对日后的维护大有好处。假如没有注释，即使是自己编写的程序，过一段时间以后，要读懂它也并非一件容易的事。

除了用单引号以外，还可以用 Rem 语句填写注释。Rem 是语句定义符，后面是注释内容。

(3) With 语句。

With 语句可以简化代码中对复杂对象的引用。它建立一个"基本"对象，然后进一步引用这个对象上的子对象、属性或方法，而不用重复指出对象的名称。

上面这段代码的 With 语句中，Selection 代表选定的区域。Selection.Interior 表示选定区域的内部，可以看作是一个对象。

该语句对这个对象的 ColorIndex 和 Pattern 属性分别赋值为 5 和 xlSolid。

其中，ColorIndex 是背景颜色属性，Pattern 是区域的内部图案属性。

(4) 宏结束语句。

End Sub 是宏的结束语句。

2．代码编辑

了解了代码中各语句的作用后，我们可以在 VBA 的编辑器窗口修改宏。将前面的几行注释和设置区域的内部图案的语句删除，得到如下宏：

```
Sub 填充颜色()
    With Selection.Interior
        .ColorIndex = 5
    End With
End Sub
```

运行修改后的宏，我们会发现结果和修改前一样。

上面的宏还可进一步修改为：

```
Sub 填充颜色()
    Selection.Interior.ColorIndex = 5
End Sub
```

运行结果还是一样的。道理请读者自行分析。

添加一条语句，得到如下代码：

```
Sub 填充颜色()
    Range("A5").Select
    Selection.Interior.ColorIndex = 5
End Sub
```

试着运行该宏，则无论开始选择哪个单元格，宏运行结果都是先选中 A5 单元格，再把选中的单元格变为蓝色。

知道这些基本原理后，再加入循环语句，将宏改为：

```
Sub 填充颜色()
    For k = 1 To 50
        c = "A" & k
        Range(c).Select
        Selection.Interior.ColorIndex = k
    Next
End Sub
```

运行后，我们发现从 A1 到 A50 单元格被填充了不同颜色。这是因为在程序的每次循环中，单元格的地址和填充的颜色都使用了变量的不同值。"&"是字符串连接运算符。

循环控制语句 For...Next 的语法形式如下：

For 循环变量=初值 To 终值 [Step 步长]
    [<语句组>]
    [Exit For]
    [<语句组>]
Next [循环变量]

循环语句执行时，首先给循环变量置初值，如果循环变量的值没有超过终值，则执行循环体，到 Next 时把步长加到循环变量上，若没有超过终值，再循环，直至循环变量的值超过终值时，才结束循环。

步长可以是正数，可以是负数，为 1 时可以省略。

遇到 Exit For 时，退出循环。

可以将一个 For...Next 循环放置在另一个 For...Next 循环中，组成嵌套循环。每个循环中要使用不同的循环变量名。下面的循环结构是正确的：

```
For I = 1 To 10
    For J = 1 To 10
        For K = 1 To 10
            ...
        Next K
    Next J
Next I
```

通过编辑宏可以删除多余的语句、属性和参数，提高运行速度，也可以加入判断或循环等无法录制的语句，增加宏的功能。

许多过程可以用录制宏来完成。但录制的宏不具备判断或循环功能，人机交互能力差。因此，需要对录制的宏进行加工。

宏的录制、编辑、运行等操作还可以通过"Visual Basic"工具栏进行。在工具栏或菜单栏上右击鼠标，在弹出的快捷菜单中选择 Visual Basic 命令，可打开该工具栏。

在"工具"→"宏"菜单中选择"Visual Basic 编辑器"命令，或用 Alt+F11 快捷键，可以直接打开 Visual Basic 编辑器。

利用"Visual Basic 编辑器"，可以编辑宏、函数，定义模块、用户窗体，在模块间、不同工作簿之间复制宏等。

Visual Basic 编辑器，也叫 VBE，实际上是 VBA 的编辑环境。

如果要删除宏，可在"工具"→"宏"菜单中选择"宏"命令，然后在"宏名"列表框中单击要删除的宏的名称，再单击"删除"按钮。

1.2.4　运行宏的几种方法

除了用"工具"→"宏"→"宏"菜单命令和 Visual Basic 工具栏运行宏外，还可以用以下几种方式运行宏。

1．用快捷键运行宏

快捷键即快速执行某项操作的组合键。例如：Ctrl+C 在许多程序中代表"复制"命令。

当给宏指定了快捷键后，就可以用快捷键来运行宏。

在 1.1 节中，已经介绍了在 Word 中用快捷键运行宏的方法。

在 Excel 中，可以在创建宏时指定快捷键，也可以在创建后再指定。录制宏时，在"录制新宏"对话框中可以直接指定快捷键。

录制宏后指定快捷键也很简单，只需选择"工具"→"宏"→"宏"菜单命令，在"宏"对话框中，选择要指定快捷键的宏，再单击"选项"按钮，通过"选项"对话框进行设置。

注意：当包含宏的工作簿打开时，为宏指定的快捷键会覆盖原有快捷键功能。例如，把 Ctrl+C 指定给某个宏，那么 Ctrl+C 就不再执行复制命令。因此，在定义新的快捷键时，尽量避开系统已定义的常用快捷键。

2. 用按钮运行宏

通过快捷键可以快速执行某个宏，但是宏的数量多了也难以记忆快捷键，而且，如果宏是由其他人来使用，快捷键就更不合适了。

作为 VBA 应用软件开发者，一个主要的目标是为自动化提供一个易于操作的界面。"按钮"是最常见的界面元素之一。通过使用"窗体"工具栏，可以为工作表添加按钮。在创建了一个按钮后，可以为它指定宏，然后就可以通过单击按钮来运行宏了。

例如，在当前工作表添加一个按钮，并为它指定一个宏，宏名为"填充颜色"，步骤如下：

(1) 在 Excel 中，右击工具栏，在弹出的菜单中选择"窗体"命令，显示"窗体"工具栏。

(2) 单击"窗体"工具栏中的"按钮"控件，此时鼠标变成十字形状。

(3) 在当前工作表的适当位置按下鼠标左键并拖动鼠标画出一个矩形，这个矩形代表了该按钮的大小。对大小满意后放开鼠标左键，这样一个命令按钮就添加到了工作表中，同时 Excel 自动显示"指定宏"对话框。

(4) 从"指定宏"对话框中选择"填充颜色"，单击"确定"。这样，就把该宏指定给命令按钮了。

(5) 将按钮的标题"按钮 1"改为"填充颜色"。

(6) 单击按钮外的任意位置，结束按钮设计。

此后，单击按钮就可以运行该宏。在按钮上右击鼠标，可改变其大小、标题等属性。

3. 用图片或工具栏按钮运行宏

指定宏到图片十分简单，用"插入"→"图片"菜单命令或其他方法在当前工作表放置图片后，右击图片，在快捷菜单中选择"指定宏"命令即可进行设置。

用同样的方法可以给自选图形、艺术字、文本框、组织结构图指定宏。

将宏指定给"工具栏按钮"，可按如下步骤进行：

(1) 在 Excel 中，选择"工具"→"自定义"菜单命令。

(2) 在"自定义"对话框的"命令"卡中，从"类别"列表框中选择"宏"，从"命令"列表框中将"自定义按钮"拖动到任意一个工具栏上。

(3) 右击该按钮，选择"指定宏"，显示"指定宏"对话框。选择需要的宏名并单击"确定"按钮。

(4) 单击"关闭"按钮，关闭"自定义"对话框。

若要从工具栏中删除自定义的按钮，可选择"工具"→"自定义"菜单命令，在显示出"自定义"对话框的情况下，用鼠标将按钮从工具栏中拖出即可。

可以创建新的工具栏。方法是在"自定义"对话框的"工具栏"卡中，单击"新建"按钮，在"新建工具栏"对话框中输入工具栏名，然后单击"确定"按钮。

1.3　在 PowerPoint 中插入图片

假设某文件夹中有 12 个命名有规律(比如：0433101.jpg、0433102.jpg、……、0433112.jpg)的图片文件，现在要依次将每张图片放入 PowerPoint 演示文稿的一个幻灯片中，并调整其大小和位置与幻灯片一致。

1.3.1　PowerPoint 中 VBA 程序的编写

1. 准备工作

在 E 盘根目录下创建一个文件夹"照片"，将需要放入 PowerPoint 演示文稿的图片文件复制到该文件夹。各图片文件要顺序命名，以便于程序控制。这里我们准备 12 个图片文件，文件名为 0433101.jpg、0433102.jpg、……、0433112.jpg。

打开 PowerPoint 应用程序，在"工具"→"宏"菜单中选择"安全性"项。在"安全性"对话框中设置宏的安全级为"低"。

创建一个 PowerPoint 演示文稿，保存为"自动插入图片.ppt"。

2. 录制宏

在"工具"→"宏"菜单中选择"录制新宏"项。在"录制新宏"对话框中指定宏名为"插入图片"，将宏保存在当前演示文稿。然后单击"确定"按钮。

选择"插入"菜单的"新幻灯片"项，或单击"格式"工具栏的"新幻灯片"按钮，插入一张新幻灯片。在"幻灯片版式"窗格中选择"空白"内容版式。

在"插入"→"图片"菜单中选择"来自文件"项。在"插入图片"对话框中选择指定文件夹中的一个图片文件"0433101.jpg"。调整图片的大小和位置，使之与幻灯片一致。

单击"停止录制"工具栏按钮，或选择"工具"菜单的"停止录制"项，停止宏录制。

3. 编辑宏

在"工具"→"宏"菜单中选择"宏"项，在"宏"对话框中选择"插入图片"，单击"编辑"按钮，进入 VBA 编辑环境。

去掉注释内容并进行简单的排版后，得到"插入图片"子程序代码如下：

```
Sub 插入图片()
  ActiveWindow.View.GotoSlide Index:=ActivePresentation.Slides.Add _
  (Index:=2, Layout:=ppLayoutText).SlideIndex
  ActiveWindow.Selection.SlideRange.Layout = ppLayoutBlank
  ActiveWindow.Selection.SlideRange.Shapes.AddPicture(FileName:= _
  "E:\照片\0433101.jpg", LinkToFile:=msoFalse, SaveWithDocument:= _
  msoTrue, Left:=60, Top:=45, Width:=600, Height:=450).Select
  With ActiveWindow.Selection.ShapeRange
    .IncrementLeft -60#
    .IncrementTop -45#
  End With
  With ActiveWindow.Selection.ShapeRange
    .ScaleWidth 1.2, msoFalse, msoScaleFromTopLeft
    .ScaleHeight 1.2, msoFalse, msoScaleFromTopLeft
  End With
End Sub
```

在编写程序时，一般每个语句占一行，但有时候可能需要在一行中写几个语句。这时需要用"："来分开不同语句。例如：a=1:b=2。

反过来，如果一个语句太长，书写起来不方便，看上去也不整齐，可以将其分开写成几行。此时要用到空格加下划线"_"作为断行标记。

上面的程序中，第一条语句写成两行，第三条语句写成三行。

4. 代码优化

对通过宏录制得到的"插入图片"子程序进行分析，可以将其简化为如下代码：

```
Sub 插入图片()
  ActiveWindow.View.GotoSlide Index:=ActivePresentation.Slides.Add _
  (Index:=1, Layout:= ppLayoutBlank).SlideIndex
  ActiveWindow.Selection.SlideRange.Shapes.AddPicture(FileName:= _
  "E:\照片\0433101.jpg", LinkToFile:=msoFalse, SaveWithDocument:= _
  msoTrue, Left:=0, Top:=0, Width:=720, Height:=540).Select
End Sub
```

其中，将第一条语句中 Add 方法的 Index 参数改为 1，以验证该参数为新插入幻灯片的序号；Layout 参数由 ppLayoutText 改为 ppLayoutBlank，直接设置"空白"内容版式；将第二条语句删除；将原来子程序最后面的两个 With…End With 语句删除；将 AddPicture 方法的参数 Left 由 60 改为 0、Top 由 45 改为 0、Width 由 600 改为 720(600*1.2)、Height 由 450 改为 540(450*1.2)。

删除当前演示文稿中的全部幻灯片，在"工具"→"宏"菜单中选择"宏"项，在"宏"对话框中选择"插入图片"宏，单击"运行"按钮，当前演示文稿中会自动插入一张空白内容版式的幻灯片，幻灯片上放置一个图片，图片大小、位置与幻灯片一致。

5. 代码扩充

对子程序"插入图片"加入循环控制，得到如下代码：

```
Sub 插入图片()
  For k = 1 To 12
    ActiveWindow.View.GotoSlide Index:=ActivePresentation.Slides.Add _
    (Index:=k, Layout:= ppLayoutBlank).SlideIndex
    pn = IIf(k > 9, k, "0" & k)
    ActiveWindow.Selection.SlideRange.Shapes.AddPicture(FileName:= _
    "E:\照片\04331" & pn & ".jpg", LinkToFile:=msoFalse, SaveWithDocument:= _
    msoTrue, Left:=0, Top:=0, Width:=720, Height:=540).Select
  Next
End Sub
```

这里，在原来基础上做了三点改动：

(1) 加入了 For 循环语句，将原来的程序段作为循环体，使之能被执行 12 次；

(2) 将 Add 方法的 Index 参数改为 k，使新插入幻灯片的序号与循环变量的值一致；

(3) 用变量 pn 的值作为图片文件名的最后两个字符。pn 的值与循环变量 k 对应，但 k 的值小于或等于 9 时，要在前面添加一个字符"0"，以保证两位字符。

这里用到了 IIF 函数，它可以根据条件的真假，返回不同的值，语法形式为：

IIf(条件表达式, 条件为真时的返回值, 条件为假时的返回值)

例如，函数 IIf(k > 9, k, "0" & k)，当变量 k 的值大于 9 时，返回 k 自身的值，当变量 k 的值小于或等于 9 时，返回 k 的值前面加上一个字符"0"而形成的字符串。

删除当前演示文稿中的全部幻灯片，再次运行"插入图片"宏，可以看到当前演示文稿中自动依次插入了 12 张幻灯片，每张幻灯片放置一个图片，图片的大小、位置与幻灯片一致。

1.3.2 变量与数据类型

前面我们用录制宏的方法编写了几个简单的 VBA 程序。通过对程序的分析，了解了一些基本知识和几个语句的功能。为进一步开发 Office 的功能，编写满足各种需求的程序，我们还应掌握 VBA 的语法、变量、数据类型、运算符等知识。

1. 变量

变量用于临时保存数据。程序运行时，变量的值可以改变。在 VBA 代码中可以用变量来存储数据或对象。例如：

```
MyName="北京"              '给变量赋值
MyName="上海"              '修改变量的值
```

在前面的例子中我们已经在宏的代码中使用了变量，下面再举一个简单的例子说明变量的应用。

在 Excel 的"工具"→"宏"菜单中选择"宏"命令，在"宏"对话框中输入宏名 Hello，然后单击"创建"按钮，进入 Visual Basic 编辑器环境。输入如下代码：

```
Sub Hello()
    s_name = InputBox("请输入您的名字：")
    MsgBox "Hello, " & s_name & "！"
End Sub
```

其中，Sub、End Sub 两行代码由系统自动生成，不需要手工输入。

在这段代码中，InputBox 函数显示一个信息输入对话框，输入的信息作为函数值返回，赋值给变量 s_name。MsgBox 显示一个对话框，用来输出信息。关于函数的详细内容请查看系统帮助信息。

在 Visual Basic 编辑器中，按 F5 键运行这个程序，显示一个如图 1.2 所示的输入信息对话框。输入"LST"并单击"确定"按钮，显示如图 1.3 所示的输出信息对话框。

图 1.2　输入信息对话框图

图 1.3　输出信息对话框

2. 变量的数据类型

变量的数据类型决定变量允许保存何种类型的数据。表 1.1 列出了 VBA 支持的数据类型，同时列出了各种类型的变量所需要的存储空间和能够存储的数据范围。

表 1.1　数据类型

数 据 类 型	存储空间	数 值 范 围
Byte(字节)	1 字节	0～255
Boolean(布尔)	2 字节	True 或 False
Integer(整型)	2 字节	−32768～32767
Long(长整型)	4 字节	−2147483648～2147483647

数 据 类 型	存储空间	数 值 范 围
Single(单精度)	4 字节	负值范围：-3.402823E38 ～ -1.401298E-45
		正值范围：1.401298E-45 ～ 3.402823E38
Double(双精度)	8 字节	负值范围：-1.79769313486232E308 ～ -4.94065645841247E-324
		正值范围：4.94065645841247E-324 ～ 1.79769313486232E308
Currency(货币)	8 字节	-922337203685477.5808 ～ 922337203685477.5807
Decimal(小数)	12 字节	不包括小数时:+/ -79228162514264337593543950335
		包括小数时： +/-7.9228162514264337593543950335
Date(日期时间)	8 字节	日期：100 年 1 月 1 日 ～ 9999 年 12 月 31 日
		时间：00:00:00～23:59:59
Object(对象)	4 字节	任何引用对象
String(字符串)	字符串的长度	变长字符串：0 ～ 20 亿个字符
		定长字符串：1 ～ 64K 个字符
Variant(数字)	16 字节	Double 范围内的任何数值
Variant(文本)	字符串的长度	数据范围和变长字符串相同

3. 声明变量

变量在使用之前，最好进行声明，也就是定义变量的数据类型，这样可以提高程序的可读性和节省存储空间。当然这也不是绝对的，在不关心存储空间，而注重简化代码、突出重点的情况下，可以不经声明直接使用变量。变量不经声明直接使用，系统会自动将变量定义为 Variant 类型。

通常使用 Dim 语句来声明变量。声明语句可以放到过程中，该变量在过程内有效。声明语句若放到模块顶部，则变量在模块中有效(过程、模块和工程等知识将在 1.6 节介绍)。

下面语句创建了变量 strName 并且指定为 String 数据类型。

```
Dim strName As String
```

为了使变量可被工程中所有的过程使用，则要用如下形式的 Public 语句声明公共变量：

```
Public strName As String
```

变量的数据类型可以是表 1.1 中的任何一种。如果未指定数据类型，则默认为 Variant 类型。

变量名必须以字母开始，并且只能包含字母、数字和某些特定的字符，最大长度为 255 个字符。

可以在一个语句中声明几个变量。如在下面的语句中，变量 intX、intY、intZ 被声明为 Integer 类型。

```
Dim intX As Integer, intY As Integer, intZ As Integer
```

下面语句，变量 intX 与 intY 被声明为 Variant 型，intZ 被声明为 Integer 型。

```
Dim intX, intY, intZ As Integer
```

除了用 Dim 和 Public 声明变量外，还可以用 Private 和 Static 语句声明变量。

Private 语句用来声明私有变量。私有变量只能用于同一模块中的过程。

Static 语句所声明的是静态变量，在调用之后仍保留它原先的值。

在模块中使用 Dim 与 Private 语句作用是相同的。

下面是几个声明变量的例子：

```
Dim gvEmpno As String, crate As Single
Private mvTotal As Long, mcPmt As Long
Static s_bh As string
```

可以使用 Dim 和 Public 语句来声明变量的对象类型。下面的语句为工作表的新建实例声明了一个变量。

```
Dim X As New Worksheet
```

如果定义对象变量时没有使用 New 关键字，则在使用该变量之前，必须使用 Set 语句将该引用对象的变量赋值为一个已有对象。在该变量被赋值之前，所声明的对象变量有一个特定值 Nothing，这个值表示该变量没有指向任何一个对象实例。

4．声明数组

数组是具有相同数据类型并共用一个名字的一组变量的集合。数组中的不同元素通过下标加以区分。

数组的声明方式和其他的变量是一样的，可以使用 Dim、Static、Private 或 Public 语句来声明。若数组的大小被固定的话，则它是静态数组。若程序运行时数组的大小可以被改变，则它是个动态数组。

数组的下标从 0 还是从 1 开始，可用 Option Base 语句进行设置。如果 Option Base 没有指定为 1，则数组下标默认从 0 开始。

下面这行代码声明了一个固定大小的数组，它是个 11 行乘以 11 列的 Integer 型二维数组：

```
Dim MyArray(10,10) As Integer
```

其中，第一个参数表示第一个下标的上界，第二个参数表示第二个下标的上界，默认的下标下界为 0，数组中共有 11×11 个元素。

在声明数组时，不指定下标的上界，即括号内为空，则该数组为动态数组。动态数组可以在执行代码时改变大小。下面语句声明的就是一个动态数组：

```
Dim sngArray() As Single
```

动态数组声明后，可以在程序中用 ReDim 语句来重新声明。ReDim 语句可以重新定义数组的维数以及每个维的上界。重新声明数组，数组中存在的值一般会丢失。若要保存数组中原先的值，可以使用 ReDim Preserve 语句来扩充数组。例如，下列的语句将 varArray 数组扩充了 10 个元素，而数组中原来值并不丢失。

```
ReDim Preserve varArray(UBound(varArray) + 10)
```

其中，UBound(varArray)函数返回数组 varArray 原来的下标上界。

注意：当对动态数组使用 Preserve 关键字时，不能改变维的数目。

数组在处理相似信息时非常有用。假设要处理 15 门考试成绩，可以用下面语句创建一个数组来保存考试成绩：

```
Dim s_cj(14)As Integer
```

给变量或数组元素赋值，通常使用赋值语句。

1.4　百钱买百鸡问题

本节我们先来创建一个求百钱买百鸡问题的程序，介绍程序中用到的 If 语句，再研究 VBA 的运算符。

1.4.1　程序的创建与运行

假设公鸡每只 5 元，母鸡每只 3 元，小鸡 3 只 1 元。要求用 100 元钱买 100 只鸡，问公鸡、母鸡、小鸡可各买多少只？请编一个 VBA 程序求解。

分析：

设公鸡、母鸡、小鸡数分别为 x、y、z，则可列出方程组：

$$\begin{cases} x+y+z=100 \\ 5x+3y+z/3=100 \end{cases}$$

这里有三个未知数、两个方程式，说明有多个解。可以用穷举法求解。

编程：

进入 Excel 2003，在"工具"→"宏"菜单中选择"宏"命令，在打开的"宏"对话框中输入宏名"百钱百鸡"，指定宏的位置为当前工作簿，单击"创建"按钮，进入 VBA 编辑环境。

然后，输入如下代码：

```
Sub 百钱百鸡()
  For x = 0 To 19
    For y = 0 To 33
      z = 100 - x - y
      If 5 * x + 3 * y + z / 3 = 100 Then
        g = g & "公鸡" & x & ",母鸡" & y & ",小鸡" & z & Chr(10)
      End If
    Next
  Next
  MsgBox g
End Sub
```

因为公鸡、母鸡的最大数量分别为 19 和 33，所以我们采用双重循环结构，让 x 从 0 到 19、y 从 0 到 33 进行循环。每次循环求出一个 z 值，使得 x+y+z=100，如果满足条件 5x+3y+z/3=100，则 x、y、z 就是一组有效解，我们把这个解保存到字符串变量 g 中。循环结束后，用 MsgBox 函数输出全部有效解。

程序运行后的结果如图 1.4 所示。

图 1.4　程序输出结果

在上面这段程序中，使用了 Chr 函数，把 ASCII 码 10 转换为对应的回车符。

程序中还用到了 if 语句。if 是最常用的一种分支语句。它符合人们通常的语言和思维习惯。比如：if(如果)绿灯亮，then(那么)可以通行，else(否则)停止通行。

if 语句有三种语法形式：

(1) if 〈条件〉then 〈语句 1〉[else 〈语句 2〉]

(2) if 〈条件〉then

　　　〈语句组 1〉

　　[else

　　　〈语句组 2〉]

　　end if

(3) if 〈条件 1〉then

　　〈语句组 1〉

　　[elseif 〈条件 2〉then

　　　〈语句组 2〉...

　　else

　　　〈语句组 n〉]

　　end if

〈条件〉是一个关系表达式或逻辑表达式。若值为真，则执行紧接在关键字 then 后面的语句组。若〈条件〉的值为假，则检测下一个 elseif〈条件〉或执行 else 关键字后面的语句组，然后继续执行下一个语句。

例如，根据一个字符串是否以字母 A 到 F、G 到 N 或 O 到 Z 开头来设置整数值。程序段如下：

```
Dim strMyString As String, strFirst As String, intVal As Integer
strFirst = Mid(strMyString, 1, 1)
If strFirst >= "A" And strFirst <= "F" Then
    intVal = 1
ElseIf strFirst >= "G" And strFirst <= "N" Then
    intVal = 2
ElseIf strFirst >= "O" And strFirst <= "Z" Then
    intVal = 3
Else
    intVal = 0
End If
```

其中，用 Mid 函数返回 strMyString 字符串变量从第一个字符开始的一个字符。假如 strMyString="VBA"，则该函数返回"V"。

1.4.2　VBA 的运算符

VBA 的运算符有四种：算术运算符、比较运算符、逻辑运算符和连接运算符，用来组成不同类型的表达式。

1. 算术运算符

算术运算符用于构建算数表达式，返回结果为数值，各运算符的作用和示例见表 1.2。

2. 比较运算符

比较运算符用于构建关系表达式，返回逻辑值 True、False 或 Null(空)。常用的比较运算符名称和用法见表 1.3。

表 1.2　算术运算符

符　号	作　用	示　例
+	加法	3+5=8
−	减法、一元减	11−6=5、−6*3=−18
*	乘法	6*3=18
/	除法	10/4=2.5
\	整除	19\6=3
mod	取模	19 mod 6=1
^	指数	3^2=9

表 1.3　常用的比较运算符

符　号	名　称	用　法
<	小于	〈表达式 1〉<〈表达式 2〉
<=	小于或等于	〈表达式 1〉<=〈表达式 2〉
>	大于	〈表达式 1〉>〈表达式 2〉
>=	大于或等于	〈表达式 1〉>=〈表达式 2〉
=	等于	〈表达式 1〉=〈表达式 2〉
<>	不等于	〈表达式 1〉<>〈表达式 2〉

用比较运算符组成的关系表达式，当符合相应的关系时，结果为 True，否则为 False。如果参与比较的表达式有一个为 Null，则结果为 Null。

例如：

当变量 A 的值为 3，B 的值为 5 时，关系表达式 A>B 的值为 False，A<B 的值为 True。

3. 逻辑运算符

逻辑运算符用于构建逻辑表达式，返回逻辑值 True、False 或 Null(空)。常用的逻辑运算符名称和语法见表 1.4。

例如：

表 1.4　常用的逻辑运算符

符　号	名　称	语　　法
And	与	〈表达式 1〉And〈表达式 2〉
Or	或	〈表达式 1〉Or〈表达式 2〉
Not	非	Not〈表达式〉

```
A = 10: B = 8: C = 6: D = Null      '设置变量初值

MyCheck = A > B And B > C           '返回 True
MyCheck = B > A And B > C           '返回 False
MyCheck = A > B And B > D           '返回 Null

MyCheck = A > B Or B > C            '返回 True
MyCheck = B > D Or B > A            '返回 Null

MyCheck = Not(A > B)               '返回 False
MyCheck = Not(B > A)               '返回 True
MyCheck = Not(C > D)               '返回 Null
```

4. 连接运算符

字符串连接运算符有两个："&"和"+"。

其中"+"运算符既可用来计算数值的和，也可以用来做字符串的串接操作。不过，最好还是使用"&"运算符来做字符串的连接操作。如果"+"运算符两边的表达式中混有字符串及数值的话，其结果会是数值的求和。如果都是字符串作"相加"，则返回结果才与"&"相同。

例如：

```
MyStr = "Hello" & " World"         '返回 "Hello World"
MyStr = "Check " & 123             '返回 "Check 123"
MyNumber = "34" + 6                '返回 40
MyNumber = "34" + "6"              '返回 "346"(字符串被连接起来)
```

5. 运算符的优先级

按优先级由高到低的次序排列的运算符如下：

括号→指数→一元减→乘法和除法→整除→取模→加法和减法→连接→比较→逻辑(Not、And、Or)。

1.5　成绩转换和定位

VBA 是面向对象的编程语言和开发工具。在编写程序时，经常要用到对象、属性、事件、方法等知识。下面介绍这些概念、它们之间的关系以及在程序中的用法。

1.5.1　对象、属性、事件和方法

1. 对象

客观世界中的任何实体都可以被看作是对象。对象可以是具体的物，也可以指某些概念。从

软件开发的角度来看，对象是一种将数据和操作过程结合在一起的数据结构，或者是一种具有属性和方法的集合体。每个对象都具有描述它特征的属性和附属于它的方法。属性用来表示对象的状态，方法是描述对象行为的过程。

在 Windows 软件中，窗口、菜单、文本框、按钮、下拉列表等都是对象。对象有大有小，有的可容纳其他对象，我们把它叫做容器对象，有的要放在别的对象当中，也被称为控件。

VBA 中绝大多数对象具有可视性(Visual)，也就是有能看得见的直观属性，如大小、颜色、位置等。在软件设计时就能看见运行后的样子，即"所见即所得"。

对象是 VBA 程序的基础，几乎所有操作都与对象有关。Excel 的工作簿、工作表、单元格都是对象。

集合也是对象，该对象包含多个其他对象，通常这些对象属于相同的类型。通过使用属性和方法，可以修改单独的对象，也可修改整个的对象集合。

VBA 将 Office 中的每一个应用程序都看成一个对象。每个应用程序都由各自的 Application 对象代表。

在 Excel 中，Application 对象中包含了 Excel 的菜单栏、工具栏、工作簿、工作表和图表等对象。

2. 属性

属性就是对象的性质，如大小、位置、颜色、标题、字体等。为了实现软件的功能，也为了软件运行时界面美观、实用，必须设置对象的有关属性。

每个对象都有若干个属性，每个属性都有一个预先设置的默认值，多数不需要改动，只有部分属性需要修改。同一种对象在不同地方应用，需要设置或修改的属性也不同。

对于属性的设置，有些只需用鼠标做适当的拖动即可，如大小、位置等，当然也可以在属性窗口中设置。另一些则必须在属性窗口或程序中进行设置，如字体、颜色、标题等。

若要用程序设置属性的值，可在对象的后面紧接一个小数点、属性名称、一个赋值号及新的属性值。

下面语句的作用是给 Sheet1 工作表的 F8 单元格内部填充蓝色。

```
Sheets("Sheet1").Range("F8").Interior.ColorIndex = 5
```

其中，Sheet1 是当前工作簿中的一个工作表对象，F8 是工作表中的单元格对象，Interior 是单元格的内部(也是对象)，ColorIndex 是 Interior 的一个属性，"="是赋值号，5 是要设置的属性值。

读取对象的属性值，可以获取有关该对象的信息。

例如，下面的语句返回活动单元格的地址。

```
addr = ActiveCell.Address
```

3. 事件

所谓事件，就是可能发生在对象上的事情，是由系统预先定义并由用户或系统发出的动作。事件作用于对象，对象识别事件并做出相应的反应。事件可以由系统引发，比如对象生成时，系统就引发一个 Initialize 事件。事件也可以由用户引发，比如按钮被单击，对象被拖动、被改变大小，都会引发相应的事件。

软件运行时，当对象发生某个事件，可能需要做出相应的反应，如"退出"按钮被单击后，需要结束软件运行。

为了使对象在某一事件发生时能够做出所需要的反应，必须针对这一事件编出相应的代码。这样，软件运行时，当这一事件发生，对应的代码就被执行，完成相应的动作。事件不发生，这段代码就不会被执行。没有编写代码的事件，即使发生也不会有任何反应。

4. 方法

方法是对象可以执行的动作。例如，Worksheet 对象的 PrintOut 方法用于打印工作表的内容。方法通常带有参数，以限定执行动作的方式。

例如，下面语句打印活动工作表的 1～2 页 1 份。

```
ActiveWindow.SelectedSheets.PrintOut 1, 2, 1
```

下面语句使用索引序号返回当前工作簿的第 2 张工作表。然后用 Name 方法对工作表重新命名为"测试"。

```
Sheets(2).Name = "测试"
```

下面语句通过使用 Save 方法保存当前工作簿。

```
ActiveWorkbook.Save
```

在对象结构中，将方法或属性应用于某个对象，可返回下级对象。返回所需对象之后，就可以应用该对象的方法并控制其属性。

一般来讲，方法是动作，属性是性质。使用方法将导致发生对象的某些事件，使用属性则会返回对象的信息或引起对象的某个性质的改变。

所谓面向对象程序设计，就是要设计一个个对象，最后把这些对象用某种方式联系起来构成一个系统，即软件系统。

每个对象，需要设计的也不外乎它的属性，针对需要的事件编写程序代码，在编写代码时使用系统提供的语句、命令、函数、事件和方法。

1.5.2　实现成绩自动转换和定位

下面我们设计一个 Excel 工作表并编写程序，实现以下功能：在如图 1.5 所示的成绩报告表中输入百分制成绩，系统按档次定位。输入五级分制 A、B、C、D、E 时，系统转换为对应的汉字并定位。

1. 工作表设计

创建一个 Excel 工作簿，在工作簿中将一个工作表命名为"成绩表"，删除其余工作表。

选中所有单元格，填充背景颜色为"白色"。

参照图 1.5 设计一个表格，设置标题、表头、边框线，输入用于测试的"学号"、"姓名"数据，设置适当的列宽、行高、对齐方式、字体、字号，得到如图 1.6 所示的"成绩表"工作表。

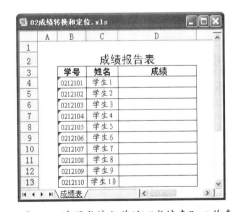

图 1.5　工作表结构与数据　　　　　　图 1.6　填写成绩之前的"成绩表"工作表

2. 程序设计

为了在成绩报告表中输入学生成绩时，系统能自动按档次定位，使各分数段成绩直观明了，对考查成绩，输入字母 A、B、C、D、E，系统自动转换为汉字"优秀"、"良好"、"中等"、"及格"、"不及格"，我们对工作簿的 **SheetChange** 事件编写如下代码：

```
Private Sub Workbook_SheetChange(ByVal Sh As Object, ByVal Target As Range)
    stn = Sh.Name
    row_no = Target.Row
    col_no = Target.Column
    If stn <> "成绩表" Then Exit Sub
    If col_no = 4 And row_no > 3 And row_no < 14 Then
        s_cj = Cells(row_no, col_no)
        If Left(s_cj, 1) <> Space(1) Then
            blk = Space(1)
            Select Case UCase(s_cj)      '考查课
                Case "A"
                    blk = Space(1)
                    s_cj = "优秀"
                Case "B"
                    blk = Space(6)
                    s_cj = "良好"
                Case "C"
                    blk = Space(12)
                    s_cj = "中等"
                Case "D"
                    blk = Space(18)
                    s_cj = "及格"
                Case "E"
                    blk = Space(24)
                    s_cj = "不及格"
            End Select
            If IsNumeric(s_cj) Then       '数值型(考试课)
                Select Case Val(s_cj)
                    Case Is >= 90
                        blk = Space(1)
                    Case Is >= 80
                        blk = Space(8)
                    Case Is >= 70
                        blk = Space(16)
                    Case Is >= 60
                        blk = Space(24)
                    Case Is >= 0
                        blk = Space(32)
                End Select
            End If
            Target.Value = blk & s_cj
        End If
    End If
```

End Sub

当工作簿的任意一个单元格内容改变时，产生 SheetChange 事件，执行上述代码。

这段代码首先从过程的参数 Sh、Target 中取出当前工作表名、当前单元格的行号和列号。

如果当前工作表不是"成绩表"，则直接退出子程序。

如果当前单元格在第 4 列(即成绩列)，并且行号在 4 和 13 之间，则进行以下操作：

取出当前单元格的内容，单元格内容中若有前导空格(作为标记)，说明已转换处理完毕，不用再处理。否则，对考查课成绩(五级分制)，将 A、B、C、D、E 分别转换为汉字"优秀"、"良好"、"中等"、"及格"、"不及格"，并分别指定前导空格数 1、6、12、18、24；对考试课成绩(百分制)，根据不同的分数段指定前导空格数 1、8、16、24、32；对于其他内容，指定前导空格数 1。最后将单元格原有的内容或转换后的内容加上指定个数的前导空格重新填写回去，达到转换和定位目的。

这里，用到了函数 Left 取出字符串中从左边算起指定数量的字符，Space 返回特定数目空格构成的字符串，UCase 将字符串中的小写字母变为大写字母，IsNumeric 判断表达式的运算结果是否为数值，Val 返回字符串中的有效数值。

程序中，还用到了 Select Case 语句。对于条件复杂、程序需要多个分支的情况，可用 Select Case 语句写出结构清晰的程序。

Select Case 语法如下：

```
Select Case <检验表达式>
  [Case <比较列表 1>
    [<语句组 1>]]
    ……
  [Case Else
    [<语句组 n>]]
End Select
```

其中的<检验表达式>是任何数值或字符串表达式。

<比较列表>由一个或多个<比较元素>组成，中间用逗号分隔。<比较元素>可以是下列几种形式之一：

(1) 表达式。

(2) 表达式 To 表达式。

(3) Is <比较操作符> 表达式。

如果<检验表达式>与 Case 子句中的一个<比较元素>相匹配，则执行该子句后面的语句组。

<比较元素>若含有 To 关键字，则第一个表达式必须小于第二个表达式，<检验表达式>值介于两个表达式之间为匹配。

<比较元素>若含有 Is 关键字，Is 代表<检验表达式>构成的关系表达式的值为"真"则匹配。

如果有多个 Case 子句与<检验表达式>匹配，则只执行第一个匹配的 Case 子句后面的语句组。

如果前面的 Case 子句与<检验表达式>都不匹配，则执行 Case Else 子句后面的语句组。

可以在每个 Case 子句中使用多重表达式。例如，下面的语句是正确的：

```
Case 1 To 4, 7 To 9, 11, 13, Is > MaxNumber
```

也可以针对字符串指定范围和多重表达式。

在下面的例子中，Case 所匹配的字符串为：等于 everything、按英文字母顺序从 nuts 到 soup 之间的字符串以及变量 TestItem 所代表的值。

```
Case "everything", "nuts" To "soup", TestItem
```

根据一个字符串是否以字母 A 到 F、G 到 N 或 O 到 Z 开头来设置整数值,可用如下 Select Case 语句实现:

```
Dim strMyString As String, intVal As Integer
Select Case Mid(strMyString, 1, 1)
    Case "A" To "F"
        intVal = 1
    Case "G" To "N"
        intVal = 2
    Case "O" To "Z"
        intVal = 3
    Case Else
        intVal = 0
End Select
```

3. 运行和测试

打开工作簿,在"成绩表"工作表的"成绩"单元格输入 0~100 之间的数值,系统将自动按"≥90 分"、"≥80 分"、"≥70 分"、"≥60 分"和"<60 分"五个档次定位,输入字母 A、B、C、D、E,系统自动转换为汉字"优秀"、"良好"、"中等"、"及格"、"不及格"并进行定位。结果如图 1.5 所示。

1.6　输出"玫瑰花数"

前面我们录制或人工编写"宏"是"过程"的一种,叫子程序。还有两种"过程"分别叫函数和属性。它们可能放在对象当中,也可能放在独立的模块当中。放在对象当中的"过程"可能和某个事件相关联。对象、模块又属于"工程"的资源。

本节将研究工程、模块、过程之间的关系,过程的创建方法,再通过输出"玫瑰花数"这个案例介绍子程序的用法。

1.6.1　工程、模块与过程

每个 VBA 应用程序都存在于一个"工程"中。工程下面可分为若干个"对象"、"窗体"、"模块"和"类模块"。在进行录制宏时,如果原来不存在模块,Office 就自动创建一个。

在"工具"→"宏"菜单中选择"Visual Basic 编辑器"命令,或者按 Alt+F11 快捷键,进入 VBA 编辑环境。

在"视图"菜单中选择"工程资源管理器"命令,或在"标准"工具栏上单击"工程资源管理器"按钮,打开"工程"任务窗格。

这时,在"标准"工具栏上,单击"用户窗体"、"模块"或"类模块"按钮,或在"插入"菜单中选择相应的菜单命令,便可在"工程"中插入相应的项目。

插入"模块"或"类模块"后,单击工具栏的"属性窗口"按钮,可以在"属性窗口"中设置或修改模块的名称。

双击任意一个项目,在右边的窗格中便可查看或编写程序代码。VBA 编辑器中的工程和代码界面如图 1.7 所示。

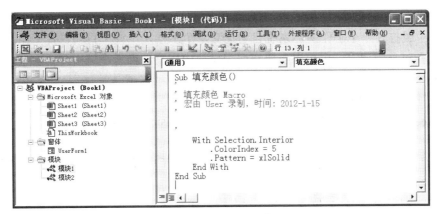

图 1.7　VBA 编辑器窗口

模块中可以定义若干个"过程"。每个过程都有唯一的名字，过程中包含一系列语句。过程可以是函数、子程序或属性。

函数过程通常要返回一个值。这个值是计算的结果或是测试的结果，例如 False 或 True。可以在模块中创建和使用自定义函数。

子程序过程只执行一个或多个操作，而不返回数值。我们前面录制的宏，实际上就是子程序过程，宏名就是子程序名。

用宏录制的方法可以得到子程序过程，但不能得到函数或属性过程。

属性过程由一系列语句组成，用来为窗体、标准模块以及类模块创建属性。

创建过程通常有以下两种方法。

【方法 1】直接输入代码。

(1) 打开要编写过程的模块。

(2) 键入 Sub、Function 或 Property，分别创建 Sub、Function 或 Property 过程。系统会在后面自动加上一个 End Sub、End Function 或 End Property 语句。

(3) 在其中键入过程的代码。

【方法 2】用"插入过程"对话框。

(1) 打开要编写过程的模块。

(2) 在"插入"菜单上选择"过程"命令，显示如图 1.8 所示的"添加过程"对话框。

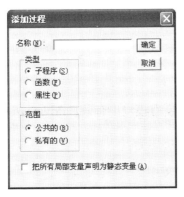

图 1.8　"添加过程"对话框

(3) 在"插入过程"对话框的"名称"框中键入过程的名称。选定要创建过程的类型，设置过程的范围。如果需要，可以选定"把所有局部变量声明为静态变量"。最后，单击"确定"按

21

钮，进行代码编写。

进入 Excel 或打开一个工作簿，系统自动建立一个工程，工程中自动包含工作簿、工作表对象。过程可以在对象中建立，也可以在模块或类模块中建立。如果模块不存在，首先需要向工程中添加一个模块。

例如，创建一个显示消息框的过程，步骤如下：

(1) 在 Excel 中，选择"工具"→"宏"→"Visual Basic 编辑器"菜单命令，打开 VBA 编辑器窗口。

(2) 在工具栏上单击"工程资源管理器"按钮，或按 Ctrl+R 键，在 VBA 编辑器的左侧可以看到"工程"窗格。

(3) 在"工程"窗格的任意位置单击鼠标右键，在快捷菜单中选择"插入"→"模块"命令，或在"标准"工具栏上单击"模块"按钮，或选择"插入"菜单的"模块"命令，将一个模块添加到工程中。

(4) 选择"插入"菜单的"过程"命令，显示出如图 1.8 所示的"添加过程"对话框。

(5) 输入"显示消息框"作为过程名。在"类型"分组框中，选择"子程序"。单击"确定"按钮。这样一个新的过程就添加到模块中了。

可以在代码窗口中直接输入或修改过程，而不是通过菜单添加过程。

(6) 在过程中输入语句，得到下面代码段：

```
Public Sub 显示消息框()
    Msgbox "这是一个测试用的过程"
End Sub
```

在输入 Msgbox 后，系统会自动弹出一个消息框告诉我们有关这条命令的信息。

要运行一个过程，可以使用"运行"菜单的"运行子程序/用户窗体"命令，也可以使用工具栏按钮或按 F5 快捷键。

工作簿中的模块与过程随工作簿一起保存。在 VBA 编辑器或工作簿窗口都可以通过"文件"菜单保存工作簿。

1.6.2　子程序的设计与调用

每个子程序都以 Sub 开头，End Sub 结尾。

语法格式如下：

```
[Public|Private] Sub 子程序名([<参数>])
    [<语句组>]
    [Exit Sub]
    [<语句组>]
End Sub
```

Public 关键字可以使子程序在所有模块中有效。Private 关键字使子程序只在本模块中有效。如果没有指定，默认情况是 Public。

子程序可以带参数。

Exit Sub 语句的作用是退出子程序。

下面是一个求矩形面积的子程序。它带有两个参数 L 和 W，分别表示矩形的长和宽。

```
Sub mj(L, W)
    If L = 0 Or W = 0 Then Exit Sub
    MsgBox L * W
```

End Sub

该子程序首先判断两个参数，如果任意一个参数值为零，则直接退出子程序，不做任何操作。否则，计算出矩形面积 L*w，并将面积显示出来。

调用子程序用 Call 语句。对于上述子程序，执行

Call mj(8,9)

则输出结果 72。而执行

Call mj(8,0)

则不输出任何结果。

Call 语句用来调用一个 Sub 过程。语法形式如下：

[Call] <过程名> [<参数列表>]

其中，关键字 Call 可以省略。如果指定了这个关键字，则<参数列表>必须加上括号。如果省略 Call 关键字，也必须要省略<参数列表>外面的括号。

因此，Call mj(8,9)可以改为 mj 8,9。

下面，我们在 Excel 中编写一个 VBA 子程序，输出所有的"玫瑰花数"到当前工作表中。

所谓"玫瑰花数"，也叫"水仙花数"，指一个三位数，其各位数字立方和等于该数本身。

进入 Excel，在 VBA 编辑环境中，插入一个模块，创建如下子程序过程：

```
Sub 玫瑰花数()
  c = 1
  For n = 100 To 999
    i = n \ 100
    j = n \ 10 − i * 10
    k = n Mod 10
    If (n = i * i * i + j * j * j + k * k * k) Then
      Cells(1, c) = n
      c = c + 1
    End If
  Next
End Sub
```

这个子程序首先用赋值语句设置列号变量 c 的初值为 1。

然后用循环语句对所有三位数，分别取出百、十、个位数字保存到变量 i、j、k 中，如果各位数字立方和等于该数本身，则将该数填写到当前工作表第 1 行 c 列单元格，并调整列号 c。

其中：

n \ 100，将 n 除以 100 取整，得到百位数；

n \ 10 − I * 10，得到十位数；

n Mod 10，将 n 除以 10 取余，得到个位数。

Cells(1，c)表示 1 行 c 列单元格对象。赋值语句

Cells(1, c) = n

设置该单元格对象的 Value 属性值为 n。Value 是单元格对象的默认属性，可以省略不写。

在 Visual Basic 编辑器中，按 F5 键运行这个程序后，在当前工作表中得到如图 1.9 所示的结果。

	A	B	C	D	E
1	153	370	371	407	

图 1.9　在工作表中输出的"玫瑰花数"

1.7　求最大公约数

在 VBA 中，提供了大量的内置函数。比如字符串函数 Mid、统计函数 Max 等。在编程时可以直接引用，非常方便。但有时也需要按自己的要求编写函数，即自定义函数。

1.7.1　自定义函数的设计与调用

用 Function 语句可以定义函数，其语法形式如下：

```
[Public|Private] Function 函数名([<参数>]) [As 数据类型]
    [<语句组>]
    [函数名=<表达式>]
    [Exit Function]
    [<语句组>]
    [函数名=<表达式>]
End Function
```

定义函数时用 Public 关键字，则所有模块都可以调用它。用 Private 关键字，函数只可用于同一模块。如果没有指定，则默认为 Public。

函数名末尾可使用 As 子句来声明返回值的数据类型，参数也可指定数据类型。若省略数据类型说明，系统会自动根据赋值确定。

Exit Function 语句的作用是退出 Function 过程。

下面这个自定义函数可以求出半径为 R 的圆的面积：

```
Public Function area(R As Single) As Single
    area = 3.14 * R ^ 2
End Function
```

该函数也可简化为：

```
Function area(R)
    area = 3.14 * R ^ 2
End Function
```

如果要计算半径为 5 的圆的面积，只要调用函数 area(5)。假设 A 是一个已赋值为 3 的变量，area(A+5)将求出半径为 8 的圆的面积。

下面我们编写一个 VBA 程序，对给定的任意两个正整数，求它们的最大公约数。

求最大公约数的方法有多种，我们使用一种被称为"辗转相除"的方法。用两个数中较大的数除以较小的数取余，如果余数为零，则除数即为最大公约数；若余数大于零，则将原来的除数作为被除数，余数作为除数，再进行相除、取余操作，直至余数为零。

我们可以在 Excel 中编写一个自定义函数，求两个数的最大公约数，并在工作表中测试这个函数。

1. 设计工作表

创建一个 Excel 工作薄，保存为"求最大公约数.xls"。

保留 Sheet1 工作表，删除其余工作表。

在 Sheet1 工作表的 A、B、C 列建立一个表格，设置表头、边框线，设置最适合的列宽、行高，输入一些用于测试的数据。得到如图 1.10 所示的界面。

求最大公约数.xls

	A	B	C	D
1	第一个整数	第二个整数	两数的最大公约数	
2	24	16		
3	56	128		
4	12468	78		
5	286	56		
6	3	96		
7	39	9		
8				

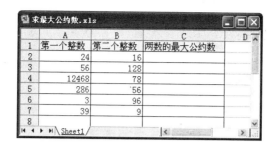

图 1.10　工作表界面

2. 编写自定义函数

进入 VBA 编辑器，插入一个模块，编写一个自定义函数 hcf，代码如下：

```
Function hcf(m, n)
  If m < n Then
    t = m: m = n: n = t '让大数在m、小数在n中
  End If
  r = m Mod n              'm模n运算，结果放到r中
  Do While r > 0           '辗转相除
    m = n
    n = r
    r = m Mod n
  Loop
  hcf = n                  '返回最大公约数n
End Function
```

这个自定义函数的两个形参 m 和 n，为要求最大公约数的两个正整数。

在函数体中，首先对两个形参进行判断，让大数在 m 中、小数在 n 中。其实，这个判断过程是可以省略的，因为即便 m 小于 n，第一轮循环后，m 也会自动与 n 互换位置。

然后，用 m 除以 n 得到余数 r。如果余数 r 大于零，则将原来的除数 n 作为被除数 m，余数 r 作为除数 n，再重复上述过程，直到余数 r=0 为止。此时，除数 n 就是最大公约数，作为函数值返回。

3. 调用自定义函数

函数 hcf 定义后，在当前工作表的 C2 单元格输入公式“=hcf(A2,B2)”，如图 1.11 所示。回车后得到结果 8，即 24 和 16 的最大公约数为 8。

将 C2 单元格的公式向下填充到 C7 单元格，将会得到其余几组数值的最大公约数，如图 1.12 所示。

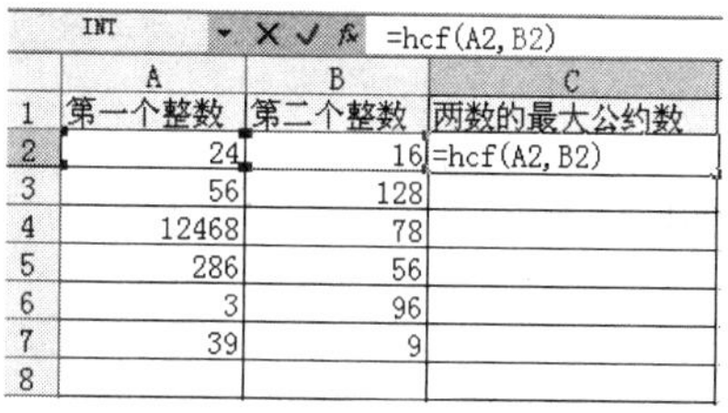

INT　=hcf(A2,B2)

	A	B	C
1	第一个整数	第二个整数	两数的最大公约数
2	24	16	=hcf(A2,B2)
3	56	128	
4	12468	78	
5	286	56	
6	3	96	
7	39	9	
8			

图 1.11　在 C2 单元格输入公式

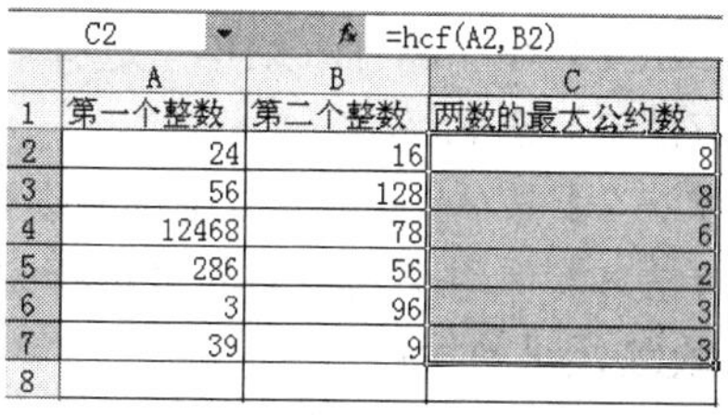

C2　=hcf(A2,B2)

	A	B	C
1	第一个整数	第二个整数	两数的最大公约数
2	24	16	8
3	56	128	8
4	12468	78	6
5	286	56	2
6	3	96	3
7	39	9	3
8			

图 1.12　将 C2 单元格公式填充到 C7

下面，对 Do…Loop 语句作进一步说明。

Do…Loop 语句提供了一种结构化与适应性更强的方法来执行循环。

它有以下两种形式：

(1) Do[{While|Until}<条件>]

    [<过程语句>]

    [Exit Do]

    [<过程语句>]

  Loop

(2) Do

    [<过程语句>]

    [Exit Do]

    [<过程语句>]

  Loop [{While|Until}<条件>]

上面格式中，While 和 Until 的作用正好相反。使用 While，当<条件>为真时继续循环。使用 Until，当<条件>为真时，结束循环。

把 While 或 Until 放在 Do 子句中，则先判断后执行。把一个 While 或 Until 放在 Loop 子句中，则先执行后判断。

1.7.2 代码调试

1. 代码的运行、中断和继续

在 VBA 编辑环境中运行一个子程序过程或用户窗体，有以下几种方法：

【方法1】使用"运行"菜单的"运行子过程/用户窗体"命令。

【方法2】单击工具栏的"运行子过程/用户窗体"按钮。

【方法3】用 F5 快捷键。

在执行代码时，可能会由于以下原因而中断执行：

(1) 发生运行时错误。

(2) 遇到一个断点、Stop 语句、End 语句时。

(3) 在指定的位置由人工中断执行。

如果要人工中断执行，可用以下几种方法：

【方法1】选择"运行"菜单的"中断"命令。

【方法2】用 Ctrl+Break 快捷键。

【方法3】使用工具栏中的"中断"按钮。

【方法4】选择"运行"菜单的"重新设置"命令。

【方法5】使用工具栏中的"重新设置"按钮。

要继续执行，可用以下几种方法：

【方法1】在"运行"菜单中选择"继续"命令。

【方法2】按 F5 键。

【方法3】按 Alt+F5 键，跳过错误处理程序并继续执行。

【方法4】使用工具栏中的"运行宏"按钮。

2. 跟踪代码的执行

为了分析代码，查找逻辑错误原因，需要跟踪代码的执行。跟踪的方式有以下几种：

(1) 逐语句。跟踪代码的每一行，并逐语句跟踪过程。这样就可查看每个语句对变量的影响。

(2) 逐过程。将每个过程当成单个语句。使用它代替"逐语句"以跳过整个过程调用，而不是进入调用的过程。

(3) 跳出。连续执行过程内的所有剩余代码，并且跳到原来调用本过程的下个语句。

(4) 运行到光标处。允许在代码中选定想要中断执行的语句。这样就允许"逐过程"执行代码区段，例如循环。

要跟踪执行代码，可以在"调试"菜单中选择"逐语句"、"逐过程"、"跳出"或"运行到光标处"命令，或使用相应的快捷键 F8、Shift+F8、Ctrl+Shift+F8 或 Ctrl+F8。

在跟踪过程中，只要将鼠标指针移动到任意一个变量名上，就可以看到该变量当时的值，由此分析程序是否有错。也可以选择需要的变量，添加到监视窗口进行监视。

3. 设置与清除断点

当我们估计代码的某处可能会有问题存在时，可在特定语句上设置一个断点以中断程序的执行，不需要中断时可以清除断点。

将光标定位在需要设置断点的代码行，然后用以下方法设置或清除断点：

【方法1】在"调试"菜单中选择"切换断点"命令。

【方法2】使用"调试"工具栏的"切换断点"按钮。

【方法3】按 F9 键。

【方法4】在对应代码行的左边界标识条上单击鼠标。

添加断点，会在代码行和左边界标识条上设置断点标志。清除断点则标记消失。

如果在一个包含多个语句的(用冒号分隔的)行上面设置一个断点，则中断会发生在程序行的第一个语句。

要清除应用程序中的所有断点，可在"调试"菜单中选择"清除所有断点"命令。

上机实验题目

1. 分别定义快捷键，将 Word 文档当前光标位置的字符改为大写、小写、全角或半角。

2. 在 Word 中，用 VBA 程序自动生成一个英文字母的 ASCII 码与字符的对照表。

3. 在 Excel 中，用 VBA 程序创建一个如图 1.13 所示的"九九"表。

	1	2	3	4	5	6	7	8	9
1	1*1=1	1*2=2	1*3=3	1*4=4	1*5=5	1*6=6	1*7=7	1*8=8	1*9=9
2	2*1=2	2*2=4	2*3=6	2*4=8	2*5=10	2*6=12	2*7=14	2*8=16	2*9=18
3	3*1=3	3*2=6	3*3=9	3*4=12	3*5=15	3*6=18	3*7=21	3*8=24	3*9=36
4	4*1=4	4*2=8	4*3=12	4*4=16	4*5=20	4*6=24	4*7=28	4*8=32	4*9=36
5	5*1=5	5*2=10	5*3=15	5*4=20	5*5=25	5*6=30	5*7=35	5*8=40	5*9=45
6	6*1=6	6*2=12	6*3=18	6*4=24	6*5=30	6*6=36	6*7=42	6*8=48	6*9=54
7	7*1=7	7*2=14	7*3=21	7*4=28	7*5=35	7*6=42	7*7=49	7*8=56	7*9=63
8	8*1=8	8*2=16	8*3=24	8*4=32	8*5=40	8*6=48	8*7=56	8*8=64	8*9=72
9	9*1=9	9*2=18	9*3=27	9*4=36	9*5=45	9*6=54	9*7=63	9*8=72	9*9=81

图 1.13　要创建的"九九"表样式

4. 编写一个 VBA 程序，在一定范围内验证哥德巴赫猜想：任何一个大于 5 的偶数，可以表示为两个素数之和。

5. 在 Excel 工作簿中编写程序，将当前工作表第一行从指定位置 m 开始的 n 个数按相反顺序重新排列。例如，原数列为：1, 2, 3, 4, 5, 6, 7, 8, 9, 10, 11, 12, 13, 14, 15, 16, 17, 18, 19, 20。从第 5 个数开始，将 10 个数进行逆序排列，则得到新数列为：1, 2, 3, 4, 14, 13, 12, 11, 10, 9, 8, 7, 6, 5, 15, 16, 17, 18, 19, 20。

6. 设 Excel 当前工作表第一行有 n 个升序排列的数值，第二行有 m 个升序排列的数值。请编写一个程序，将第二行的数据合并到第一行中，并保持所有数据升序排列。

7. 在 Word 中编写程序，输出所有"对等数"。"对等数"是指一个三位数，其各位数字的和与各位数字的积的积等于该数本身。例如：144 = (1+4+4)*(1*4*4)。

8. 编写一个程序，功能是提取字符串中的数字符号。例如，程序运行后输入字符串"abc123edf456gh"，则输出"123456"。

9. 100 匹马驮 100 担货，大马一匹驮 3 担，中马一匹驮 2 担，小马两匹驮 1 担。请编一个程序，求大、中、小马可能的数目。

第 2 章　在 Excel 中使用 VBA

本章结合若干案例，介绍利用 VBA 代码对 Excel 工作簿、工作表、单元格区域和图形的操作方法，研究 Excel 工作表函数在 VBA 中的应用。

2.1　将电话号码导入当前工作表

在实际应用中，经常要对 Excel 工作簿、工作表、单元格或单元格区域进行操作。本节介绍用 VBA 代码对它们进行操作的方法，之后给出一个应用案例。

2.1.1　工作簿和工作表操作

利用 VBA 代码创建新的工作簿，可使用 Add 方法。

下面这个过程创建一个新的工作簿，系统自动将该工作簿命名为"BookN"，其中"N"是一个序号。新工作簿将成为活动工作簿。

```
Sub AddOne()
    Workbooks.Add
End Sub
```

创建新工作簿时，最好将其分配给一个对象变量，以便控制新工作簿。

下述过程将 Add 方法返回的 Workbook 对象分配给对象变量 NewBook。然后，对 NewBook 进行操作。

```
Sub AddNew()
    Set NewBook = Workbooks.Add
    NewBook.SaveAs Filename:="Test.xls"
End Sub
```

其中，Set 语句用来给对象变量赋值。其语法形式如下：

Set <变量或属性名> = {[New] <对象表达式>|Nothing}

通常在声明时使用 New，以便可以隐式创建对象。如果 New 与 Set 一起使用，则将创建该类的一个新实例。

<对象表达式>是由对象名、所声明的相同对象类型的其他变量或者返回相同对象类型的函数或方法所组成的表达式。

如果选择 Nothing 项，则断开<变量或属性名>与任何指定对象的关联，释放该对象所关联的所有系统及内存资源。

用 Open 方法可以打开一个工作簿，该工作簿将成为 Workbooks 集合的成员。

下述过程打开 D 盘根目录中的 Test.xls 工作簿。

```
Sub OpenUp()
    Workbooks.Open ("D:\Test.xls")
End Sub
```

工作簿中每个工作表都有一个编号，它是分配给工作表的连续数字，按工作表标签位置按从左到右编排序号。利用编号可以实现对工作表的引用。

下述过程激活当前工作簿上的第 1 张工作表。

```
Sub FirstOne()
    Worksheets(1).Activate
End Sub
```

也可以使用 Sheets 引用工作表。

下述过程激活工作簿中的第 4 张工作表。

```
Sub FourthOne()
    Sheets(4).Activate
End Sub
```

注意：如果移动、添加或删除工作表，则工作表编号顺序将会更改。

还可以通过名称来标识工作表。

下面这条语句激活工作簿中的 Sheet1 工作表。

```
Worksheets("Sheet1").Activate
```

2.1.2　单元格和区域的引用

在 Excel 中，经常要指定单元格或单元格区域，然后对其进行某些操作，如输入公式、更改格式等。

Range 对象既可表示单个单元格，也可表示单元格区域。下面是标识和处理 Range 对象的常用方法。

1. 用 A1 样式记号引用单元格和区域

Range 对象中有一个 Range 属性。使用 Range 属性可引用 A1 样式的单元格或单元格区域。

下面程序将工作表"Sheet1"中单元格区域 A1:D5 的字体设置为加粗。

```
Sub test()
    Sheets("Sheet1").Range("A1:D5").Font.Bold = True
End Sub
```

表 2.1 给出了使用 Range 属性的 A1 样式引用示例。

表 2.1　使用 Range 属性的 A1 样式引用示例

引　用	含　义
Range("A1")	单元格 A1
Range("A1:B5")	从单元格 A1 到单元格 B5 的区域
Range("C5:D9,G9:H16")	多块选定区域
Range("A:A")	A 列
Range("1:1")	第 1 行
Range("A:C")	从 A 列到 C 列的区域
Range("1:5")	从第 1 行到第 5 行的区域
Range("1:1,3:3,8:8")	第 1、3 和 8 行
Range("A:A,C:C,F:F")	A、C 和 F 列

可以用方括号将 A1 引用样式或命名区域括起来，作为 Range 属性的快捷方式。这样就不必键入单词 Range 和引号了。

下面程序用来将工作表"Sheet1"的单元格区域"A1:B5"内容清除。

```
Sub ClearRange()
  Worksheets("Sheet1").[A1:B5].ClearContents
End Sub
```

如果将对象变量设置为 Range 对象，则可通过变量引用单元格区域。

下述过程创建了对象变量 myRange，然后将活动工作簿中 Sheet1 上的单元格区域 A1:D5 赋予该变量。随后的语句用该变量代替该区域对象，填充随机函数值并设置该区域的格式。

```
Sub Random()
  Dim myRange As Range
  Set myRange = Worksheets("Sheet1").Range("A1:D5")
  myRange.Formula = "=RAND()"
  myRange.Font.Bold = True
End Sub
```

2. 用行列编号引用单元格

Range 对象有一个 Cells 属性，该属性返回代表单元格的 Range 对象。可以使用 Cells 属性的行列编号来引用单元格。

在下面程序中，Cells(6,1)返回 Sheet1 上第 6 行 1 列单元格(也就是 A6 单元格)，然后将 Value 属性设置为 10。

```
Sub test()
  Worksheets("Sheet1").Cells(6, 1).Value = 10
End Sub
```

下面程序用变量替代行号，在单元格区域中循环处理。将 Sheet1 工作表第 3 列的 1～20 行单元格填入自然数 1～20。

```
Sub test()
  Dim Cnt As Integer
  For Cnt = 1 To 20
    Worksheets("Sheet1").Cells(Cnt, 3).Value = Cnt
  Next Cnt
End Sub
```

如果对工作表应用 Cells 属性时不指定编号，该属性将返回代表工作表上所有单元格的 Range 对象。

下述过程将清除活动工作簿中 Sheet1 上的所有单元格的内容。

```
Sub ClearSheet()
  Worksheets("Sheet1").Cells.ClearContents
End Sub
```

Range 对象也可以由 Cells 属性指定区域。例如，Range(Cells(1,1),Cells(6,6))表示当前工作表从第 1 行第 1 列到第 6 行第 6 列所构成的区域。

3. 引用行和列

用 Rows 或 Columns 属性可以引用整行或整列。这两个属性返回代表单元格区域的 Range 对象。

下面程序用 Rows(1)返回 Sheet1 的第 1 行，然后将单元格区域的 Font 对象的 Bold 属性设置为 True。

```
Sub test()
    Worksheets("Sheet1").Rows(1).Font.Bold = True
End Sub
```

表2.2列举了Rows和Columns属性的几种用法。

若要同时处理若干行或列，可创建一个对象变量，并使用Union方法将Rows或Columns属性的多个调用组合起来。

下面程序将活动工作簿中第1张工作表上的第1行、第3行和第5行的字体设置为加粗。

```
Sub SeveralRows()
    Dim myUn As Range
    Worksheets("Sheet1").Activate
    Set myUn = Union(Rows(1), Rows(3), Rows(5))
    myUn.Font.Bold = True
End Sub
```

表2.2　Rows 和 Columns
属性的应用示例

引　用	含　义
Rows(1)	第1行
Rows	工作表上所有的行
Columns(1)	第1列
Columns("A")	第1列
Columns	工作表上所有的列

4．引用命名区域

为了通过名称来引用单元格区域，首先要对区域命名。方法是选定单元格区域后，单击编辑栏左端的名称框，键入名称后，按Enter键。

下面程序将当前工作表中名为"AA"的单元格区域内容设置为30。

```
Sub SetValue()
    [AA].Value = 30
End Sub
```

下面程序用For Each...Next循环语句在命名区域中的每一个单元格上循环。如果该区域中的任一单元格的值超过25，就将该单元格的颜色更改为黄色。

```
Sub ApplyColor()
    For Each c In Range("AA")
        If c.Value > 25 Then
            c.Interior.ColorIndex = 27
        End If
    Next c
End Sub
```

For Each...Next语句针对一个数组或集合中的每个元素(可以把Excel工作表区域单元格作为集合的元素)，重复执行一组语句。语法形式如下：

```
For Each <元素> In <集合或数组>
    [<语句组>]
    [Exit For]
    [<语句组>]
Next [<元素>]
```

其中，<元素>是用来遍历集合或数组中所有元素的变量。对于集合来说，<元素>可能是一个Variant变量、一个通用对象变量或任何特殊对象变量。对于数组而言，<元素>只能是一个Variant变量。

如果集合或数组中至少有一个元素，就会进入For...Each的循环体执行。一旦进入循环，便针对集合或数组中每一个元素执行循环体中的所有语句。当集合或数组中的所有元素都执行完了，便会退出循环，执行 Next 之后的语句。

循环体中，可以在任何位置放置 Exit For 语句，退出循环。

5. 相对引用与多区域引用

处理相对于另一个单元格的某个单元格常用方法是使用 Offset 属性。

下面程序将位于活动工作表上活动单元格下 1 行和右 3 列的单元格设置为双下划线格式。

```
Sub Underline()
    ActiveCell.Offset(1, 3).Font.Underline = xlDouble
End Sub
```

通过在两个或多个引用之间放置逗号，可使用 Range 属性来引用多个单元格区域。

下面过程清除当前工作表上 3 个区域的内容。

```
Sub ClearRanges()
    Range("C5:D9,G9:H16,B14:D18").ClearContents
End Sub
```

假如上述三个区域分别被命名为 MyRange、YourRange 和 HisRange，则也可用下面语句清除当前工作表这三个区域的内容。

```
Range("MyRange,YourRange,HisRange").ClearContents
```

用 Union 方法可将多个单元格区域组合到一个 Range 对象中。

下面的过程创建了名为 myMR 的 Range 对象，并将其定义为单元格区域 A1:B2 和 C3:D4 的组合，然后将该组合区域的字体设置为加粗。

```
Sub MRange()
    Dim r1, r2, myMR As Range
    Set r1 = Sheets("Sheet1").Range("A1:B2")
    Set r2 = Sheets("Sheet1").Range("C3:D4")
    Set myMR = Union(r1, r2)
    myMR.Font.Bold = True
End Sub
```

可以用 Areas 属性引用选定的区域或区域集合。

下述过程计算选定区域中的数目，如果有多个区域，就显示提示信息。

```
Sub FindM()
    If Selection.Areas.Count > 1 Then
        MsgBox "请不要选择多个区域！"
    End If
End Sub
```

2.1.3 导入电话号码

在一个工作簿 Sheet1 工作表的 A 列有若干个员工姓名，Sheet2 工作表的 A 列也有若干个员工姓名、B 列是对应的电话号码。两张工作表的人数不同、顺序不同，同一个人的姓名可能有的中间带有空格，有的没有空格。现在需要利用 Sheet2 工作表中的信息，填写 Sheet1 工作表所有员工的电话号码到 B 列。

Sheet1 工作表的原始内容如图 2.1(a)所示，Sheet2 工作表的内容如图 2.1(b)所示，导入电话号码后的 Sheet1 工作表内容如图 2.1(c)所示。

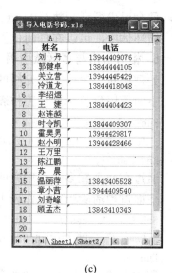

(a)　　　　　　　　　　　　　(b)　　　　　　　　　　　　　(c)

图 2.1　工作表内容

打开该工作簿，进入 VBA 编辑环境，插入一个模块，在模块中建立如下子程序：

```
Sub 导入电话号()
    Set sh2 = Worksheets("Sheet2")                  '将 Sheet2 工作表用对象变量表示
    r2 = sh2.Range("A65536").End(xlUp).Row          '求 Sheet2 工作表 A 列数据最大行号
    Worksheets("Sheet1").Activate                    '激活 Sheet1 工作表
    r1 = Range("A65536").End(xlUp).Row               '求 Sheet1 工作表 A 列数据最大行号
    For I = 2 To r1                                  '对 Sheet1 工作表按行循环
        xm1 = Replace(Cells(I, 1), " ", "")          '把姓名赋值给变量 xm1(去掉空格)
        For J = 2 To r2                              '对 Sheet2 工作表按行循环
            xm2 = Replace(sh2.Cells(J, 1), " ", "")  '把姓名赋值给变量 xm2(去掉空格)
            If xm2 = xm1 Then                         '姓名相同
                Cells(I, 2) = sh2.Cells(J, 2)        '导入对应的电话号码
                Exit For                              '退出内层循环
            End If
        Next
    Next
End Sub
```

该程序利用双层循环，从 Sheet1 工作表中找出每个人的姓名，然后到 Sheet2 工作表中去匹配，如果得到匹配，就把对应的电话号码复制到 Sheet1 相应的单元格。

其中，用到了内置函数 Replace 把姓名中的空格去掉，再进行比较。

为简化代码，将 Sheet2 工作表用对象变量 sh2 表示。

语句

```
Worksheets("Sheet1").Activate
```

激活 Sheet1 工作表，使之成为当前工作表。

对当前工作表的引用可以不必指明工作表对象，而引用其他工作表时必须指明工作表对象。

语句

```
r2 = sh2.Range("A65536").End(xlUp).Row
```

求出 Sheet2 工作表 A 列数据最大行号。更确切地说，这条语句的作用是求出 A 列数据区尾端单

34

元格的行号。

很多时候，需要用 VBA 程序求出 Excel 数据区尾端的行号和列号。

求数据区尾端行号常用的方法有以下几种：

```
r = Range("A1").End(xlDown).Row          '求 A1 单元格数据区尾端行号
r = Cells(1, 1).End(xlDown).Row          '求 A1 单元格数据区尾端行号
r = Range("A65536").End(xlUp).Row        '求 A 列数据区尾端行号
r = Cells(65536, 1).End(xlUp).Row        '求 A 列数据区尾端行号
r = Columns(1).End(xlDown).Row           '求 A 列数据区尾端行号
```

求数据区尾端列号常用的方法有以下几种：

```
c = Range("A1").End(xlToRight).Column    '求 A1 单元格数据区尾端列号
c = Cells(1, 1).End(xlToRight).Column    '求 A1 单元格数据区尾端列号
c = Cells(1, 256).End(xlToLeft).Column   '求第 1 行数据区尾端列号
c = Rows(1).End(xlToRight).Column        '求第 1 行数据区尾端列号
```

运行这个子程序，会得到如图 2.1(c)所示的结果，Sheet2 工作表中的电话号码被复制到 Sheet1 工作表 B 列与姓名对应的位置。

2.2 自动生成年历

本节介绍用 VBA 程序对 Excel 单元格和区域的进行操作的基本技术，包括选定和激活单元格、处理活动单元格、在区域中循环、处理三维区域等内容，并给出一个自动生成年历的应用案例。

2.2.1 单元格和区域的操作

知道如何引用单元格和区域后，就可以对它们进行操作了。下面介绍一些常用的操作技术。

1. 选定和激活单元格

使用 Excel 时，通常要先选定单元格或区域，然后执行某一操作，如设置单元格的格式或在单元格中输入数值等。

在 VBA 程序中，使用单元格之前，既可以先选中它们，也可以不经选中而直接进行某些操作。

例如，要用 VBA 程序在单元格 D8 中输入公式，不必先选定单元格 D8，而只需返回 Range 对象，然后将该对象的 Formula 属性设置为所需的公式。代码如下：

```
Sub EnterFormula()
    Range("D8").Formula = "=SUM(D1:D7)"
End Sub
```

但有些操作必须要先选中单元格或区域才能进行。

用 Select 方法可以选中工作表和工作表上的对象，而 Selection 属性返回代表活动工作表上的当前选定的区域对象。

宏录制器经常创建使用 Select 方法和 Selection 属性的宏。下述子程序过程是用宏录制器创建的，其作用是在工作表 Sheet1 的 A1 和 B1 单元格输入文字"姓名"和"地址"，并设置为粗体。

```
Sub Macro1()
    Sheets("Sheet1").Select
    Range("A1").Select
    ActiveCell.FormulaR1C1 = "姓名"
    Range("B1").Select
```

```
    ActiveCell.FormulaR1C1 = "地址"
    Range("A1:B1").Select
    Selection.Font.Bold = True
End Sub
```

完成同样的任务，也可以使用下面过程：

```
Sub Labels()
    With Worksheets("Sheet1")
      .Range("A1") = "姓名"
      .Range("B1") = "地址"
      .Range("A1:B1").Font.Bold = True
    End With
End Sub
```

第二种方法没有选定工作表或单元格，因而效率更高。

可用 Activate 方法激活工作表或单元格。

下述过程选定了一个单元格区域，然后激活该区域内的一个单元格，但并不改变选定区域。

```
Sub MakeActive()
    Worksheets("Sheet1").Activate
    Range("A1:D4").Select
    Range("B2").Activate
End Sub
```

2. 处理活动单元格

ActiveCell 属性返回代表活动单元格的 Range 对象。可对活动单元格应用 Range 对象的任何属性和方法。例如，语句

```
    ActiveCell.Value = 35
```

将当前工作表活动单元格的内容设置为 35。

下述过程激活 Sheet1 工作表，并使单元格 B5 成为活动单元格，然后将其字体设置为加粗。

```
Sub SetA()
    Worksheets("Sheet1").Activate
    Range("B5").Activate
    ActiveCell.Font.Bold = True
End Sub
```

注：选定工作表或区域用 Select 方法，激活工作表或单元格用 Activate 方法。

下述过程在选定区域内的活动单元格中插入文本，然后通过 Offset 属性将活动单元格右移一列，但并不更改选定区域。

```
Sub MoveA()
    Range("A1:D10").Select
    ActiveCell.Value = "姓名"
    ActiveCell.Offset(0, 1).Activate
End Sub
```

下面程序将选定区域扩充到与活动单元格相邻的包含数据的单元格中。其中，CurrentRegion 属性返回由空白行和空白列所包围的单元格区域。

```
Sub Region()
    ActiveCell.CurrentRegion.Select
End Sub
```

3. 在区域中循环

在 VBA 程序中，经常需要对区域内的每个单元格进行同样的操作。为达到这一目的，可使用循环语句。

在单元格区域中循环的一种方法是将 For...Next 循环语句与 Cells 属性配合使用。使用 Cells 属性时，可用循环计数器或其他表达式来替代单元格的行、列编号。

下面过程在单元格区域 C1:C20 中循环，将所有绝对值小于 10 的数字都设置为红色。其中用变量 cnt 代替行号。

```
Sub test()
  For cnt = 1 To 20
    Set curc = Worksheets("sheet1").Cells(cnt, 3)     '设置对象变量
    curc.Font.ColorIndex = 0                          '先置成黑色
    If Abs(curc.Value) < 10 Then curc.Font.ColorIndex = 3 '若小于 10 则改成红色
  Next cnt
End Sub
```

在单元格区域中循环的另一种简便方法是使用 For Each...Next 循环语句和由 Range 属性指定的单元格集合。

下述过程在单元格区域 A1:D10 中循环，将所有绝对值小于 10 的数字都设置为红色。

```
Sub test()
  For Each c In Worksheets("Sheet1").Range("A1:D10")
    If Abs(c.Value) < 10 Then c.Font.ColorIndex = 3
  Next
End Sub
```

如果不知道要循环的区域边界，可用 CurrentRegion 属性返回活动单元格周围的数据区域。

下述过程在当前工作表上运行时，将在活动单元格周围的数据区域内循环，将所有绝对值小于 10 的数字都设置为红色。

```
Sub test()
  For Each c In ActiveCell.CurrentRegion
    If Abs(c.Value) < 10 Then c.Font.ColorIndex = 3
  Next
End Sub
```

4. 处理三维区域

如果要处理若干个工作表上相同位置的单元格区域，可用 Array 函数选定多张工作表。

下面过程设置三维单元格区域的边框格式。

```
Sub FmSheets()
  Sheets(Array("Sheet2", "Sheet3", "Sheet5")).Select
  Range("A1:H1").Select
  Selection.Borders(xlBottom).LineStyle = xlDouble
End Sub
```

下面过程用 FillAcrossSheets 方法，在活动工作簿中，将 Sheet2 上指定区域的格式和内容复制到该工作簿中所有工作表上的相应区域中。

```
Sub FillAll()
  Worksheets.FillAcrossSheets (Worksheets("Sheet2").Range("A1:H1"))
End Sub
```

5. 区域控制与引用

在 Excel 工作表的任意单元格区域中输入一些数据，构成一个数据区，如图 2.2 所示。数据区的大小和内容不限，图中给出的只是用于测试的数据。

进入 VBA 编辑环境，插入一个模块，建立如下子程序：

```
Sub test()
    Set Rng = ActiveSheet.UsedRange
    Rng.Select
    Rng.Offset(1, 1).Select
    Rng(6).Select
    n1 = Rng(1).Address
    n2 = Rng.Rows(1).Cells(Rng.Columns.Count).Address(0, 0)
    n3 = Rng.Columns(1).Cells(Rng.Rows.Count).Address(0, 1)
    n4 = Rng(Rng.Count).Address(0, 0)
End Sub
```

单步执行每一条语句，对照工作表的数据区，检查变量的值，可以了解每一条语句的作用。

在这个子程序中，首先将当前工作表所有包含数据的区域用对象变量 Rng 表示，然后选中这个数据区。

语句 Rng.Offset(1, 1).Select 将区域 Rng 向右下方偏移 1 行 1 列并选中，实现区域漂移。结果如图 2.3 所示。

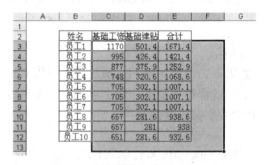

图 2.2　工作表中的数据区　　　　　图 2.3　区域漂移结果

语句 Rng(6).Select 用来选中区域 Rng 中第 6 个单元格，也就是 C3 单元格。

Rng(1).Address 求出区域中 Rng 第一个单元格的绝对地址，结果为$B$2。

Rng.Rows(1).Cells(Rng.Columns.Count).Address(0, 0)求出区域中第一行最后一个单元格的相对地址，结果为 E2。其中，Rng.Columns.Count 求出区域 Rng 的列数。

Rng.Columns(1).Cells(Rng.Rows.Count).Address(0, 1)求出区域中第一列最后一个单元格的地址(行相对、列绝对)，结果为$B12。其中，Rng.Rows.Count 求出区域 Rng 的行数。

Rng(Rng.Count).Address(0, 0)求出区域中最后一个单元格的相对地址，结果为 E12。其中，Rng.Count 求出区域 Rng 的单元格个数。

2.2.2　年历程序

下面给出一个在 Excel 中生成年历的程序，它可为任意指定的年份生成完整的年历，如图 2.4 所示。

首先，创建一个 Excel 工作簿，在任意一个工作表中，按图 2.4 样式设置单元格区域的字体、字号、字体颜色、填充颜色、边框、列宽、行高等格式。

2012年历

一月

星期日	星期一	星期二	星期三	星期四	星期五	星期六
1	2	3	4	5	6	7
8	9	10	11	12	13	14
15	16	17	18	19	20	21
22	23	24	25	26	27	28
29	30	31				

二月

星期日	星期一	星期二	星期三	星期四	星期五	星期六
			1	2	3	4
5	6	7	8	9	10	11
12	13	14	15	16	17	18
19	20	21	22	23	24	25
26	27	28	29			

三月

星期日	星期一	星期二	星期三	星期四	星期五	星期六
				1	2	3
4	5	6	7	8	9	10
11	12	13	14	15	16	17
18	19	20	21	22	23	24
25	26	27	28	29	30	31

四月

星期日	星期一	星期二	星期三	星期四	星期五	星期六
1	2	3	4	5	6	7
8	9	10	11	12	13	14
15	16	17	18	19	20	21
22	23	24	25	26	27	28
29	30					

五月

星期日	星期一	星期二	星期三	星期四	星期五	星期六
		1	2	3	4	5
6	7	8	9	10	11	12
13	14	15	16	17	18	19
20	21	22	23	24	25	26
27	28	29	30	31		

六月

星期日	星期一	星期二	星期三	星期四	星期五	星期六
					1	2
3	4	5	6	7	8	9
10	11	12	13	14	15	16
17	18	19	20	21	22	23
24	25	26	27	28	29	30

七月

星期日	星期一	星期二	星期三	星期四	星期五	星期六
1	2	3	4	5	6	7
8	9	10	11	12	13	14
15	16	17	18	19	20	21
22	23	24	25	26	27	28
29	30	31				

八月

星期日	星期一	星期二	星期三	星期四	星期五	星期六
			1	2	3	4
5	6	7	8	9	10	11
12	13	14	15	16	17	18
19	20	21	22	23	24	25
26	27	28	29	30	31	

九月

星期日	星期一	星期二	星期三	星期四	星期五	星期六
						1
2	3	4	5	6	7	8
9	10	11	12	13	14	15
16	17	18	19	20	21	22
23	24	25	26	27	28	29
30						

十月

星期日	星期一	星期二	星期三	星期四	星期五	星期六
	1	2	3	4	5	6
7	8	9	10	11	12	13
14	15	16	17	18	19	20
21	22	23	24	25.	26	27
28	29	30	31			

十一月

星期日	星期一	星期二	星期三	星期四	星期五	星期六
				1	2	3
4	5	6	7	8	9	10
11	12	13	14	15	16	17
18	19	20	21	22	23	24
25	26	27	28	29	30	

十二月

星期日	星期一	星期二	星期三	星期四	星期五	星期六
						1
2	3	4	5	6	7	8
9	10	11	12	13	14	15
16	17	18	19	20	21	22
23	24	25	26	27	28	29
30	31					

图 2.4　在 Excel 中生成的年历

然后，进入 VBA 编辑环境，插入一个模块，在模块中编写一个子程序"生成年历"，代码如下：

```
Sub 生成年历()
  '指定年份
  y = InputBox("请指定一个年份：")
  '清除原有内容
  Range("1:1, 4:11, 14:21, 24:31, 34:41").ClearContents
  '设置标题
  Cells(1, 1) = y & "年历"
  '存放每个月的天数到数组 dm(下标从 0 开始)
  Dim dm As Variant
  dm = Array(31, 28, 31, 30, 31, 30, 31, 31, 30, 31, 30, 31)
  '处理闰年，修正 2 月份天数
  If ((y Mod 400 = 0) Or (y Mod 4 = 0 And y Mod 100 <> 0)) Then
    dm(1) = 29
  End If
  For m = 0 To 11
    '计算每月第一天的星期数(1 日、2 一、3 二、4 三、5 四、6 五、7 六)
    d = DateSerial(y, m + 1, 1)
    w = Weekday(d)
    '计算每月起始的行号和列号
    r = (m \ 3) * 10 + 4
    c = (m Mod 3) * 8
```

```
'排出一个月的日期
For d = 1 To dm(m)
  Cells(r, c + w) = d
  w = w + 1
  If w > 7 Then
    w = 1
    r = r + 1
  End If
  Next
 Next
End Sub
```

这个程序首先用 InputBox 函数输入一个年份送给变量 y，清除表格中原有的内容，设置年历标题。然后存放每个月的天数到数组 dm(下标从 0 开始)，如果是闰年，修正 2 月份天数为 29。最后用循环语句填充 12 个月的数据到相应的单元格。

在填充每个月的数据时，先用函数 DateSerial 生成该月第一天的日期型数据，用函数 Weekday 计算该日期是星期几，保存到变量 w 中。这里用 1 表示星期日、2 表示星期一、3 表示星期二、4 表示星期三、5 表示星期四、6 表示星期五、7 表示星期六。然后计算该月份数据在工作表中的起始行号和列号，并根据起始行、列号和变量 w 的值依次填写该月的日期。

2.3 多元一次方程组求解

本节先介绍在 VBA 程序中使用 Excel 工作表函数的方法。然后在 Excel 中设计一个应用软件，用来对任意多元一次方程组求解。最后讨论代码优化和保护问题。

2.3.1 在 VBA 中使用 Excel 工作表函数

Excel 的工作簿函数，在 VBA 中叫工作表函数(WorksheetFunction)，这两个概念的含义相同。但通常在 VBA 代码中叫工作表函数，直接在编辑栏输入则叫工作簿函数。

在 VBA 程序中，可以使用大多数 Excel 工作簿函数。各函数功能、参数和用法等详细内容可参考帮助信息。

1. 在 VBA 中调用工作表函数

在 VBA 程序中，通过 WorksheetFunction 对象可使用 Excel 工作表函数。

下述过程使用 Min 工作表函数求出某个区域中的最小值。

```
Sub UF()
  Set myR = Worksheets("Sheet1").Range("A1:C10")
  answer = WorksheetFunction.Min(myR)
  MsgBox answer
End Sub
```

在这段程序中，用对象变量 myR 表示 Sheet1 工作表上 A1:C10 单元格区域。指定另一个变量 answer 为对区域 myR 应用 Min 工作表函数的结果。最后将 answer 的值显示在消息框中。

注意：VBA 函数和 Excel 工作表函数可能同名，但作用和引用方式是不同的。例如：工作表函数 Log 和 VBA 函数 Log 是两个不同的函数。

2. 在单元格中插入工作表函数

若要在单元格中插入工作表函数，需指定函数作为相应的 Range 对象的 Formula 属性值。

以下程序将 RAND 工作表函数(可生成随机数)赋给了活动工作簿 Sheet1 上 A1:B3 区域的 Formula 属性。

```
Sub Fml()
    Worksheets("Sheet1").Range("A1:B3").Formula = "=RAND()"
End Sub
```

2.3.2　工作表界面初始化

对于任意一个多元一次联立方程组，我们可以把它分为三部分：系数矩阵 a、向量 b、解向量 x。比如，二元一次联立方程式

$$\begin{cases} X+Y=16 \\ 2X+4Y=40 \end{cases}$$

的系数矩阵a、向量b、解向量x如图 2.5 所示。

图 2.5　系数矩阵a、向量b、解向量x

为了便于输入任意一个多元一次联立方程组的系数矩阵a、向量b，输出解向量x，我们需要在 Excel 工作表中设置单元格区域、清除原有数据，并进行必要的属性设置。可用下面的初始化子程序实现：

```
Sub init()
    '指定阶数n
    n = InputBox("请输入方程组的阶数：")
    '清除工作表内容和背景颜色
    Cells.ClearContents
    Cells.Interior.ColorIndex = xlNone
    '设置系数矩阵标题及背景颜色
    Cells(1, 1) = "A1"
    Cells(1, 2) = "A2"
    rg = "A1:" & Chr(64 + n) & 1
    Cells(1, 1).AutoFill Destination:=Range(rg)
    Range(rg).Interior.ColorIndex = 33
    '设置向量B标题及背景颜色
    Cells(1, n + 1) = "B"
    Cells(1, n + 1).Interior.ColorIndex = 46
    '设置解向量X标题及背景颜色
    Cells(1, n + 2) = "X"
    Cells(1, n + 2).Interior.ColorIndex = 43
    '设置系数矩阵区域背景颜色
    rg_a = "A2:" & Chr(64 + n) & (n + 1)
    Range(rg_a).Interior.ColorIndex = 35
    '设置向量B区域背景颜色
    rg_b = Chr(64 + n + 1) & "2:" & Chr(64 + n + 1) & (n + 1)
    Range(rg_b).Interior.ColorIndex = 36
```

```
'设置解向量 X 区域背景颜色
rg_x = Chr(64 + n + 2) & "2: " & Chr(64 + n + 2) & (n + 1)
Range(rg_x).Interior.ColorIndex = 34
End Sub
```

这个子程序首先用 InputBox 函数指定方程的阶数给变量 n，清除工作表所有内容和背景颜色。然后设置系数矩阵 a、向量 b、解向量 x 标题及背景颜色。最后设置系数矩阵 a 区域、向量 b 区域、解向量 x 区域背景颜色。其中用到了 AutoFill 方法进行序列数据自动填充。比如，当指定方程的阶数为 4 时，得到的界面如图 2.6 所示。

图 2.6　指定方程的阶数为 4 时的界面

2.3.3　求解方程组程序设计

求解的原理很简单：先计算系数矩阵 a 的逆矩阵，再与向量 b 进行矩阵相乘就得到了向量 x。而矩阵求逆和相乘的功能可分别由工作表函数 MInverse 和 MMult 直接完成。

为了实现对任意一个多元一次方程组求解，还需要考虑方程组无解的情况，这可以通过检查系数矩阵的行列式值是否为零来判断。矩阵行列式求值可由工作表函数 MDeterm 来完成。

求解方程组子程序的具体代码如下：

```
Sub calc()
    n = Range("A1").End(xlDown).Row - 1                    '方程的阶数
    rg_a = "A2: " & Chr(64 + n) & (n + 1)                  '系数矩阵区域
    rg_b = Chr(64 + n + 1) & "2: " & Chr(64 + n + 1) & (n + 1) '向量 B 区域
    rg_x = Chr(64 + n + 2) & "2: " & Chr(64 + n + 2) & (n + 1) '解向量 X 区域
    a = WorksheetFunction.MDeterm(Range(rg_a))            '求矩阵行列式的值
    If a = 0 Then
        MsgBox "方程组无解！"
    Else
        b = WorksheetFunction.MInverse(Range(rg_a))      '求矩阵的逆距阵
        c = WorksheetFunction.MMult(b, Range(rg_b))      '求两矩阵乘积
        Range(rg_x).Value = c
    End If
End Sub
```

该程序首先根据当前工作表有效数据区的行号求出方程的阶数 n，确定系数矩阵 a、向量 b、解向量 x 所对应的单元格区域 rg_a、rg_b 和 rg_x。然后分别用工作表函数 MDeterm、 MInverse 和 MMult 求矩阵行列式的值、逆距阵和两矩阵乘积。最后将结果填写到解向量 x 对应的区域。

程序运行后的结果如图 2.7 和图 2.8 所示。

	A	B	C	D	E	F
1	A1	A2	A3	A4	B	X
2	1	1	1	1	5	1
3	1	2	-1	4	-2	2
4	2	-3	-1	-5	-2	3
5	3	1	2	11	0	-1

	A	B	C	D
1	A1	A2	B	X
2	1	1	16	12
3	2	4	40	4

图 2.7　程序运行结果之一　　　　　　　　图 2.8　程序运行结果之二

2.3.4 代码优化与保护

VBA 是非常灵活的编程语言，完成同样一个任务可以有多种方法，而不同实现方法的程序，运行效率差别可能是很大的。初学时或编写一次性使用的程序，只须完成特定功能即可。但如果解决方案是频繁使用的，或对运行时间和空间要求较高，就需要优化代码。下面先给出代码优化的几点建议，最后介绍一种代码保护方法。

1. 尽量使用系统提供的属性、方法和函数

Office 对象有上百个，对象的属性、方法、事件更是数不胜数，对于初学者来说不可能对它们全部了解，因此不能很好地利用这些对象的属性、方法和函数，而另外编写 VBA 代码段实现相同的功能。自编代码段一般要比原有对象的属性、方法和函数完成任务的效率低。

例如，用 Range 的属性 CurrentRegion 来返回 Range 对象，该对象代表当前区域。同样功能的 VBA 代码需数十行。

充分利用 Worksheet 函数是简化代码和提高程序运行速度的有效的方法。

假设在 Excel 工作表的 A1 到 A1000 单元格中输入了 1000 个职工的工资金额，为了求出这些职工的平均工资，可用下面子程序段实现：

```
Sub 方法 1()
   For Each C In Worksheets(1).Range("A1:A1000")
     TT = TT + C.Value
   Next
   Avl = TT / Worksheets(1).Range("A1:A1000").Rows.Count
   MsgBox ("平均工资是：" & Avl)
End Sub
```

但用下面程序要快得多，而且会自动排除无效数据。

```
Sub 方法 2()
   Avl = WorksheetFunction.Average(Range("A1:A1000"))
   MsgBox ("平均工资是：" & Avl)
End Sub
```

2. 尽量减少使用对象引用

每个对象的属性、方法的调用都需要通过 OLE 接口的一个或多个调用，这些 OLE 调用都是需要时间的，减少使用对象引用能加快 VBA 代码的运行。

比较下面两个子程序：

```
Sub test1()
   Workbooks(1).Sheets(1).Range("A1:A1000").Font.Name = "Pay"
   Workbooks(1).Sheets(1).Range("A1:A1000").Font.FontStyle = "Bold"
End Sub
```

和

```
Sub test2()
   With Workbooks(1).Sheets(1).Range("A1:A1000").Font
     .Name = "Pay"
     .FontStyle = "Bold"
   End With
End Sub
```

子程序 test1 引用对象 Workbooks(1).Sheets(1).Range("A1:A1000").Font 两次，而子程序 test2

只引用该对象一次，因而效率更高。

如果一个对象引用被多次使用，则可以将此对象用 **Set** 设置为对象变量，以减少对对象的访问次数。

下面两行代码

```
Workbooks(1).Sheets(1).Range("A1").Value = 100
Workbooks(1).Sheets(1).Range("A2").Value = 200
```

改为

```
Set MySheet = Workbooks(1).Sheets(1)
MySheet.Range("A1").Value = 100
MySheet.Range("A2").Value = 200
```

则效率更高。

在循环中要尽量减少对象的访问。

下面程序段

```
For k = 1 To 1000
  Sheets("Sheet1").Select
  Cells(k, 1).Value = Cells(1, 1).Value
Next k
```

改为

```
Sheets("Sheet1").Select
TheValue = Cells(1, 1).Value
For k = 1 To 1000
  Cells(k, 1).Value = TheValue
Next k
```

则效果更好。

3. 减少对象的激活和选择

通过录制宏方法得到的 VBA 代码，会包含大量的对象激活和选择操作。但实际上大多数情况下这些操作不是必需的。

以下三行代码

```
Sheets("Sheet3").Select
Range("A1").Value = 100
Range("A2").Value = 200
```

改为

```
With Sheets("Sheet3")
  .Range("A1").Value = 100
  .Range("A2").Value = 200
End With
```

由于省略了对象的选择操作，效率会更高。

4. 关闭屏幕更新

关闭屏幕更新是提高 VBA 程序运行速度的最有效的方法。关闭屏幕更新的语句是：

```
Application.ScreenUpdating = False
```

要恢复屏幕更新，可使用下面语句：

```
Application.ScreenUpdating = True
```

5. 变量的使用

使用 Variant 变量很方便，但 VBA 在处理 Variant 变量值比处理显式类型变量需要更多的时间。使用显式变量会牺牲掉灵活性，可能会遇到溢出问题，而使用 Variant 变量则能自动处理这种情况。

对于对象及其方法、属性的引用可以在编译或运行时完成。在编译时完成，程序的运行速度比运行时完成要快。如果将变量声明为特定的对象类型，如 Range 或 Worksheet，VBA 在编译时就完成对这些对象属性和方法的引用，这叫做事前连接(Early Binding)。

如果使用通用的 Object 数据类型声明变量，VBA 只能在运行时才完成对属性和方法的引用，这叫做事后连接(Late Binding)，会导致运行速度降低。

6. 代码的保护

代码保护是为了防止他人随意读取或修改源程序代码，保护软件开发人员的知识成果。不想让软件使用者查看和修改程序代码，可采取以下方法：

进入 VBA 编辑环境，打开"工程资源管理器"窗口，用鼠标右击工程(VBAProject),在弹出菜单中选择"VBAProject 属性"命令，在"VBAProject 工程属性"对话框的"保护"选项卡中，选中"查看时锁定工程"复选框，然后输入并确认"查看工程属性的密码"，最后单击"确定"按钮，保存当前工作簿并退出。

再次打开工作簿时，要查看或者修改程序代码，必须输入正确的密码。

2.4 创建动态三维图表

本节先介绍用 VBA 程序在 Excel 中处理图形对象的有关技术，再给出一个创建动态三维图表的例子。

2.4.1 处理图形对象

图形对象包括三种类型：Shapes 集合、ShapeRange 集合和 Shape 对象。

通常情况下，用 Shapes 集合可创建和管理图形，用 Shape 对象可修改单个图形或设置属性，用 ShapeRange 集合可同时管理多个图形。

若要设置图形的属性，必须先返回代表一组相关图形属性的对象，然后设置对象的属性。

下面程序使用 Fill 属性返回 FillFormat 对象，该对象包含指定的图表或图形的填充格式属性。然后再设置 FillFormat 对象的 ForeColor 属性来设置指定图形的前景色。

```
Sub test()
   Worksheets(1).Shapes(1).Fill.ForeColor.RGB = RGB(255, 0, 0)
End Sub
```

通过选定图形，然后使用 ShapeRange 属性来返回包含选定图形的 ShapeRange 对象，可创建包含工作表上所有 Shape 对象的 ShapeRange 对象。

下面程序创建选定的图形的 ShapeRange 对象，然后填充绿色。注意：要先选中一个或多个图形。

```
Sub test()
   Set sr = Selection.ShapeRange
   sr.Fill.ForeColor.SchemeColor = 17
End Sub
```

假设在 Excel 当前工作簿的第一张工作表上建立了两个图形，并分别命名为"Sp1"和"Sp2"。下面程序在工作表上构造包含图形"Sp1"和"Sp2"的图形区域，并对这两个图形应用渐变填充格式。

```
Sub test()
  Set myD = Worksheets(1)
  Set myR = myD.Shapes.Range(Array("Sp1", "Sp2"))
  myR.Fill.PresetGradient msoGradientHorizontal, 1, msoGradientBrass
End Sub
```

在 Shapes 集合或 ShapeRange 集合中循环，也可以对集合中的单个 Shape 对象进行处理。

下面程序在当前工作簿的第一张工作表上对所有图形进行循环，更改每个自选图形的前景色。

```
Sub test()
  Set myD = Worksheets(1)
  For Each sh In myD.Shapes
    If sh.Type = msoAutoShape Then
        sh.Fill.ForeColor.RGB = RGB(255, 0, 0)
    End If
  Next
End Sub
```

下面程序对当前活动窗口中所有选定的图形构造一个 ShapeRange 集合，并设置每个选定图形的填充色。注意：事先要选中一个或多个图形。

```
Sub test()
  For Each sh In ActiveWindow.Selection.ShapeRange
    sh.Fill.Visible = msoTrue
    sh.Fill.Solid
    sh.Fill.ForeColor.SchemeColor = 57
  Next
End Sub
```

2.4.2 动态三维图表的实现

建立一个 Excel 工作簿，在第一张工作表中输入如图 2.9 所示的数据。

选中 A3:D9 区域，单击工具栏上的"图表向导"按钮，在"图表向导"对话框中选择"三维柱形图"，将图表插入到当前工作表，如图 2.10 所示。

	A	B	C	D
1				
2				
3	年度	食品	服装	电器
4	2002年	3454	5554	6677
5	2003年	3450	4575	5678
6	2004年	4565	7667	8766
7	2005年	4557	6832	8766
8	2006年	5766	6543	9011
9	2007年	6900	7676	8766

图 2.9 创建图表所需的数据区

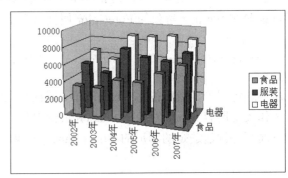

图 2.10 三维图表

在"工具"→"宏"菜单中选择"录制新宏"命令，进行宏录制。然后在绘图区上右击鼠标，在弹出的快捷菜单上选择"设置三维视图格式"命令，设置上下仰角、左右旋转值均为 0，停止录制。

进入 VBA 编辑环境，可以看到刚才录制的代码包含与设置上下仰角、左右旋转值有关的语句：

```
With ActiveChart
    .Elevation = 0
    .Rotation = 0
End With
```

在此基础上编写如下子程序：

```
Sub 动态效果()
  Set Gbj = Sheets(1).ChartObjects(1).Chart
  RoSpeed = 0.3                        '设置步长
  For k = 0 To 35 Step RoSpeed         '正向旋转
    Gbj.Rotation = k: DoEvents
  Next
  For k = 0 To 45 Step RoSpeed         '正向仰角
    Gbj.Elevation = k: DoEvents
  Next
  For k = 35 To 0 Step RoSpeed * -1 '反向旋转
    Gbj.Rotation = k: DoEvents
  Next
  For k = 45 To 0 Step RoSpeed * -1 '反向仰角
    Gbj.Elevation = k: DoEvents
  Next
End Sub
```

这段程序首先将第一张工作表中第一个图表的图表区赋值给对象变量 Gbj，设置一个步长值给变量 RoSpeed。然后分别用循环语句控制图表区进行正向旋转、正向仰角、反向旋转、反向仰角变换。其中 DoEvents 语句的作用是让出系统控制权，达到动态刷新图表的目的。

运行这个子程序将会看到图表的动态变化效果。

2.5 在 Excel 状态栏中显示进度条

利用 Excel 的状态栏，可以制作动态的进度条。将这一技术应用到软件当中，能够直观地显示工作进度，以便改善用户长时间等待的心理状态。

创建一个 Excel 工作簿，保存为"在 Excel 状态栏中显示进度条.xls"。

进入 Excel 的 VBA 编辑环境，在当前工程中插入一个模块，在模块中编写一个子程序"显示进度"，代码如下：

```
Sub 显示进度()
  wtm = "当前进度："
  kk = "◇◇◇◇◇◇◇◇◇◇◇◇◇◇◇◇◇◇◇◇◇◇◇◇◇"
  sk = "◆◆◆◆◆◆◆◆◆◆◆◆◆◆◆◆◆◆◆◆◆◆◆◆◆"
  ck = Len(kk)                         '进度条长度
  n = 65536                            '循环次数
  m = n \ ck                           '每循环 m 次，刷新进度条 1 次
  For k = 1 To n                       '循环
    Cells(k, 1) = Rnd                  '模拟要执行的操作
    If k Mod m = 0 Then                'k 为 m 的整数倍
      c = k \ m                        '进度格数量
```

```
        p = Left(sk, c) & Right(kk, ck - c)   '调整进度格
        Application.StatusBar = wtm & p        '更改系统状态栏的显示
    End If
  Next
  Application.StatusBar = False                '恢复系统状态栏
  Columns(1).Clear                             '清除模拟操作的数据
End Sub
```

这个子程序首先用变量 wtm 保存字符串"当前进度："。定义两个变量 kk 和 sk，分别保存由空心菱形块和实心菱形块组成的字符串，并求出字符串的长度 ck。

然后，用变量 n 表示循环次数，变量 m 表示经过多少次循环才刷新一次进度条，用 For 语句进行 n 次循环。

每次循环除了模拟要执行的操作外，还要判断 k 能否被 m 整除。若 k 能被 m 整除，即 k 为 m 的整数倍，则求出进度条应有的实心菱形块数量，从 sk 和 kk 字符串左右两边分别取出一定数量的字符，拼成新的字符串用 p 表示，并将 p 与变量 wtm 的值拼接后显示在系统的状态栏上。

最后，恢复系统状态栏，清除模拟操作的数据。

为便于测试，我们打开"窗体"工具栏，在 Excel 当前工作表中添加一个按钮，输入文字"显示进度"。然后在按钮上单击鼠标右键，在快捷菜单中选择"指定宏"命令，将子程序"显示进度"指定给按钮。

单击"显示进度"按钮，会看到 Excel 状态栏上动态的进度条，如图 2.11 所示。

图 2.11　Excel 状态栏上的进度条

2.6　区号邮编查询

本节介绍一个用 Excel 的高级筛选功能和 VBA 程序实现的区号邮编查询工具。涉及的主要技术包括：高级筛选功能的利用，模糊查询的实现，查询结果的刷新。

1. 工作表设计

建立一个 Excel 工作簿，保存为"用高级筛选实现区号邮编查询.xls"。在工作簿中保留 Sheet1 工作表，删除其余工作表。

在 Sheet1 工作表中，单击左上角的行号、列标交叉处，选中所有单元格，填充背景色为"白色"。

选中 A～D 列，设置虚线边框、水平居中对齐方式，调整适当的列宽。

选中 C～D 列，在快捷菜单中选择"设置单元格格式"命令。在"单元格格式"对话框中，设置数字为文本格式，将数字作为文本处理。

选中 A1:D1 单元格区域，单击"格式"工具栏的"合并及居中"按钮，合并单元格。输入义

字“条件区”，设置适当的字体、字号、颜色。

在第 2 行的 A～D 列，填充背景色为“淡蓝”，输入列标志“省”、“市”、“区号”、“邮编”。

选中 A4:D5 单元格区域，取消左、右和中间边框线。

合并 A5:D5 单元格。输入文字“数据区”，设置适当的字体、字号、颜色。

将 A2:D2 单元格的内容和格式复制到 A6:D6 区域，得到同样的列标志。

在网上获取全国各省、市(县)的区号和邮编数据，导入或粘贴到当前工作表 A7:D2325 区域。

最后得到如图 2.12 所示的工作表界面与数据。

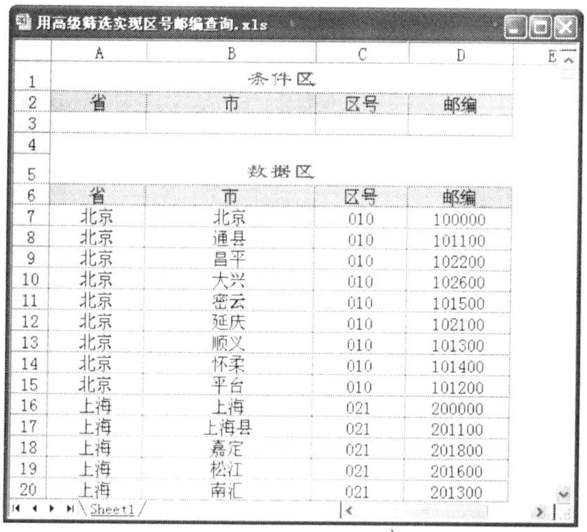

	A	B	C	D
1		条件区		
2	省	市	区号	邮编
3				
4				
5		数据区		
6	省	市	区号	邮编
7	北京	北京	010	100000
8	北京	通县	010	101100
9	北京	昌平	010	102200
10	北京	大兴	010	102600
11	北京	密云	010	101500
12	北京	延庆	010	102100
13	北京	顺义	010	101300
14	北京	怀柔	010	101400
15	北京	平谷	010	101200
16	上海	上海	021	200000
17	上海	上海县	021	201100
18	上海	嘉定	021	201800
19	上海	松江	021	201600
20	上海	南汇	021	201300

图 2.12　工作表界面与数据

2. 高级筛选

设计这样的工作表界面是为了使用 Excel 的高级筛选功能，对数据区中的数据分别按省、市、区号、邮编进行筛选，从而达到查询目的。

比如，在条件区列标志“市”下面的一行中键入“张”字。然后在“数据”→“筛选”菜单中选择“高级筛选”命令，在如图 2.13 所示的“高级筛选”对话框中指定列表区域为 A6:D2325，条件区域为 A2:D3，方式为“在原有区域显示筛选结果”。单击“确定”按钮后，将会得到如图 2.14 所示的筛选结果。

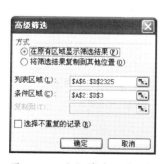

图 2.13　“高级筛选”对话框

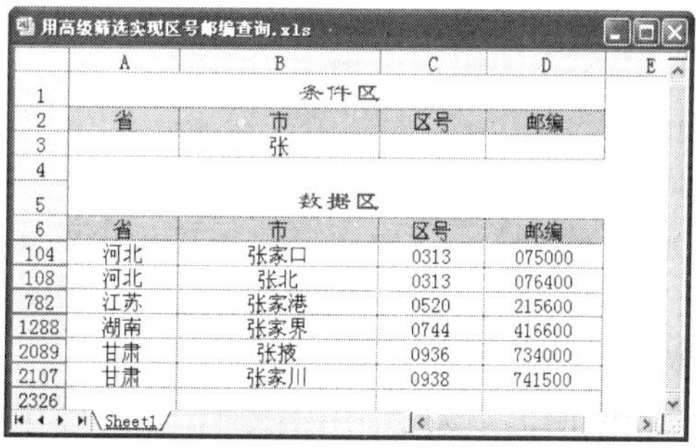

	A	B	C	D
1		条件区		
2	省	市	区号	邮编
3		张		
4				
5		数据区		
6	省	市	区号	邮编
104	河北	张家口	0313	075000
108	河北	张北	0313	076400
782	江苏	张家港	0520	215600
1288	湖南	张家界	0744	416600
2089	甘肃	张掖	0936	734000
2107	甘肃	张家川	0938	741500
2326				

图 2.14　以“张”字开头的“市”筛选结果

在条件区列标志“市”下面的单元格中将“张”改为“家”，重新在“数据”→“筛选”菜单中选择“高级筛选”命令，用同样的列表区域和条件区域进行筛选。我们会发现没有满足条件的记录，也就是说，以“家”字开头的“市”名不存在。

而在"家"字的前面添加一个通配符"*"，再用同样的方式进行筛选，则会得到"市"名当中包含"家"字的筛选结果，如图 2.15 所示。

在此基础上，在条件区列标志"邮编"下面的单元格中键入"*6"，并用同样的方式进行筛选，则会得到"市"名当中包含"家"字，并且"邮编"当中包含数字"6"的筛选结果，如图 2.16 所示。

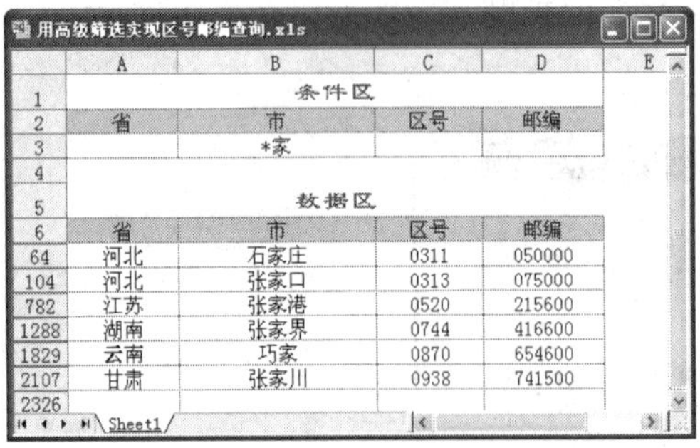

图 2.15 "市"名当中包含"家"字的筛选结果

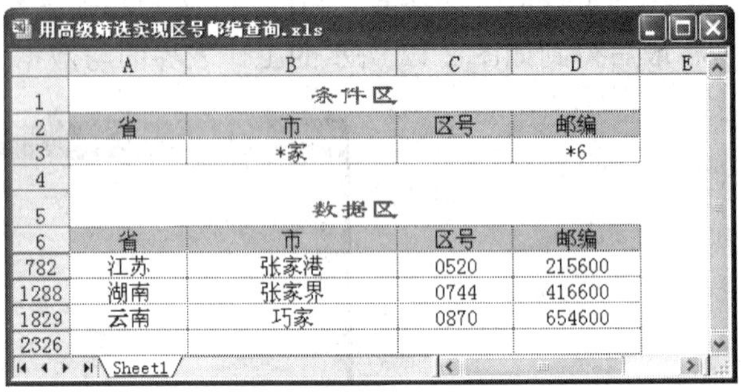

图 2.16 同时满足两个条件的筛选结果

经以上实验和分析，我们发现在条件区对应的列标志下输入通配符和关键词，可以利用高级筛选功能实现查询。但要想得到新的筛选结果，需要重新执行高级筛选功能。而用手工操作效率低，不够实用。

如果用 VBA 程序自动执行高级筛选功能，实用性将会大大提高。

下面我们就来编写这个程序。

3. 程序设计

进入 VBA 编辑环境，在当前工程中，用鼠标双击 Microsoft Excel 对象的 Sheet1 工作表。在代码编辑区上方的"对象"下拉列表中选择 Worksheet，在"过程"下拉列表中选择 Change，对工作表的 Change 事件编写如下代码：

```
Private Sub Worksheet_Change(ByVal Target As Range)
    If Target.Row = 3 And Target.Column <= 4 Then   '第 3 行的 1~4 列单元格内容改变
    v = Target.Value                                 '取出当前单元格的值
    If v <> "" And InStr(v, "*") = 0 Then            '不空，并且不包含"*"
        Target.Value = "*" & v                       '在前面添加"*"
    End If
    Range("A6:D2325").AdvancedFilter Action:=xlFilterInPlace, _
    CriteriaRange:=Range("A2:D3")                    '高级筛选
    End If
End Sub
```

当我们在 Sheet1 工作表中更改任意一个单元格的内容时，系统就会自动执行这段代码。

它首先对当前单元格的位置进行判断，如果是第 3 行的 1~4 列，则进行以下操作：

(1) 取出当前单元格的值，送给变量 v。

(2) 如果 v 的值不为空，并且不包含"*"，则在前面添加一个"*"，重新填写到当前单元格。也就是，在输入的关键词前面自动添加一个通配符，以实现模糊查询。

(3) 用 AdvancedFilter 方法进行高级筛选。指定列表区域为 A6:D2325，条件区域为 A2:D3，在原有区域显示筛选结果。达到按指定的一个或多个关键词模糊查找之目的。

4. 进行查询

打开工作簿文件"用高级筛选实现区号邮编查询.xls"。

50

在条件区列标志"市"下面的 B3 单元格输入一个汉字"张"，回车后，该单元格的内容被自动改为"*张"，在数据区中得到与图 2.14 相同的筛选结果。

将 B3 单元格的内容改为"家"，回车后，该单元格的内容被自动改为"*家"，在数据区中得到与图 2.15 相同的筛选结果。

在此基础上，在条件区列标志"邮编"下面的 D3 单元格中输入一个数字"6"，回车后，该单元格的内容被自动改为"*6"，在数据区中得到与图 2.16 相同的筛选结果。

这种方法与手工进行高级筛选结果相同，但操作简便、高效，更加实用。

比如，要查询"农安县"的区号和邮编，只需在 B3 单元格输入"农安"二字，回车即可。要查询区号为"0434"的省市和邮编，只需在 C3 单元格输入"0434"，回车后即可得到需要的结果。

2.7 考试座位随机编排

在学生考试期间，通常需要随机安排座位。本节我们将在 Excel 中，用 VBA 程序实现随机排座。

1. 工作表设计

创建一个 Excel 工作薄，保存为"考试座位随机编排.xls"。保留两个工作表，分别重新命名为"学生名单"、"随机座位"。

在"学生名单"工作表中，选择全部单元格，设置背景颜色为"白色"。

选中 A～D 列，设置虚线边框。

在第 1 行的 A～D 列输入表格标题，设置背景颜色为"浅青绿"。

设置 C 列的数字为文本格式。

在 C、D 列输入若干个用于测试的学生学号和姓名，得到如图 2.17 所示的工作表界面和数据。

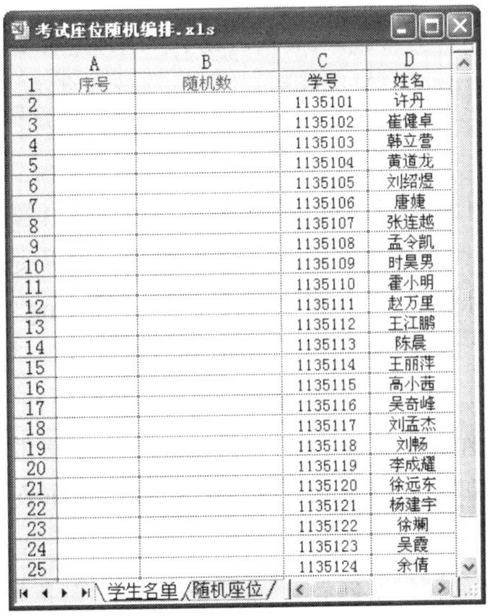

图 2.17 "学生名单"工作表界面和数据

在"随机座位"工作表中，选择全部单元格，设置背景颜色为"白色"。

选中 B3:E8 单元格区域，设置虚线边框。

合并 B2:E2 单元格，输入"讲台"二字，设置背景颜色为"淡蓝"。打开 Excel "窗体"工具栏，在工作表中放置一个按钮"重新排座"。得到如图 2.18 所示的教室座位布局。

图 2.18　教室座位布局

2. VBA 程序设计

进入 VBA 编辑环境，插入一个模块，在模块中编写一个子程序，代码如下：

```
Sub 重新排座()
    Set Rng = ActiveSheet.UsedRange           '用变量表示工作表已使用的区域
    rn = Rng.Rows.Count                        '求区域的行数
    cn = Rng.Columns.Count                     '求区域的列数
    Rng.Cells(cn + 1).Resize(rn - 1, cn).ClearContents '清区域原有内容
    Set sh = Sheets("学生名单")                  '将工作表用变量 sh 表示
    rm = sh.Range("D65536").End(xlUp).Row      '求 sh 工作表有效数据最大行号
    For r = 2 To rm                            '向 sh 工作表填写随机数和公式
        sh.Cells(r, 2) = Rnd
        sh.Cells(r, 1).Formula = "=RANK(B" & r & ", $B$2:$B$" & rm & ")"
    Next
    For k = 1 To rm - 1                        '向区域中标题行之后填写公式
        Rng.Cells(cn + k).Formula = "=VLOOKUP(" & k & ",学生名单!A:D, 4, )"
    Next
End Sub
```

在这个子程序中，首先用对象变量 Rng 表示当前工作表已使用的区域，也就是教室座位布局区域。求出该区域的行、列数，分别用变量 rn 和 cn 表示。然后进行以下操作：

(1) 在区域 Rng 中，清除标题行之后的原有内容。区域 Rng 中，标题行占 cn 个单元格，从第 cn+1 个单元格开始的 rn-1 行 cn 列为具体的座位区。

(2) 对"学生名单"工作表，从第 2 行到最后一个数据行，在第 2 列用 Rnd 函数填写随机数，第 1 列填写公式，通过工作表函数 RANK 求出该行 B 列单元格的数字在整个 B 列数据区中的排位。为便于引用，将"学生名单"工作表用变量 sh 表示，工作表 D 列有效数据最大行号用变量 rm 表示。

(3) 用 For 循环语句，向区域 Rng 标题行之后的 rm-1 个单元格填写公式，通过 VLOOKUP 函数求出排位序号为 k 的学生姓名，填写到区域 Rng 第 cn+k 个单元格中。

VLOOKUP 函数用来在"学生名单"工作表的 A 列分别查找排位序号 1、2、3…，返回 D 列对应的学生姓名。向区域 Rng 第 5 个单元格填写排位序号为 1 的学生姓名，第 6 个单元格填写排位序号为 2 的学生姓名……。

由于排位序号是按随机数产生的，所以座位的排列也是随机的。

3. 运行与测试

在"重新排座"按钮上单击鼠标右键,在快捷菜单中选择"指定宏"项,将子程序"重新排座"指定给该按钮。

每单击一次"重新排座"按钮,就会得到一个新的随机排座结果,如图2.19所示。

图2.19 随机排座结果

这种方法的最大优点是适应性强。教室座位布局区域增、删行列,"学生名单"工作表中增、减学生人数,程序都能自动适应。

2.8 汉诺塔模拟演示

汉诺塔问题是一个著名的趣味问题。传说在古代印度的贝拿勒斯圣庙里,安放了一块铜板,板上插了三根柱子(编号为 A、B、C),在其中 A 号柱上,自上而下按由小到大的顺序串有 64 个盘子,如图2.20所示(图中只画出 5 个盘子)。

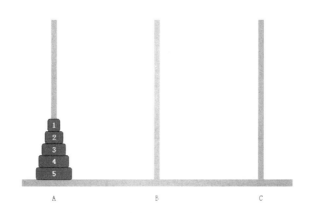

图2.20 汉诺塔示意图

圣庙的僧侣们要把 A 柱上的盘子全部移到 C 柱上,并仍按原有顺序叠放好。规则是:

(1) 一次只能移一个盘子;

(2) 盘子只能在三个柱子上存放;

(3) 任何时候大盘不能放在小盘上面。

根据计算,把 64 个盘子从 A 柱全部移到 C 柱,至少需移动 $2^{64}-1$ 次。如果每移动一次需 1 秒钟,则完成此项工程约需要 5800 多亿年的时间。

下面，我们在 Excel 环境中，用 VBA 程序做出一种动画效果，来模拟只有几个盘子的汉诺塔的移动过程。

1. 界面设计

进入 Excel，建立一个工作簿"汉诺塔模拟演示"，只保留 Sheet1 工作表。

在 Sheet1 工作表中，选中第 23 行，设置背景颜色为"橙色"，调整适当的行高，表示汉诺塔的底座铜板。

选中 1～22 行，设置背景颜色为"淡蓝"，然后对 D3:D22、G3:G22、J3:J22、D2:J2 区域设置"白色"背景颜色，在 D24、G24、J24 三个单元格分别输入 A、B、C 三个字符，表示三根柱子以及盘子的移动通道。

在 A 柱中，用填充"茶色"背景、"绿色"边框的单元格表示盘子，单元格的数字表示盘子的编号。为了演示盘子的移动过程，我们可以把某个单元格的颜色、数字和边框清除，再在需要的另一个单元格中填充颜色、数字和边框。

为便于操作并使程序具有一定通用性，在工作表上放置两个按钮"准备"和"移动"，用 25 行 6 列、25 行 9 列两个单元格指定盘子数和延时系数。这样，得到如图 2.21 所示的汉诺塔模拟演示界面。

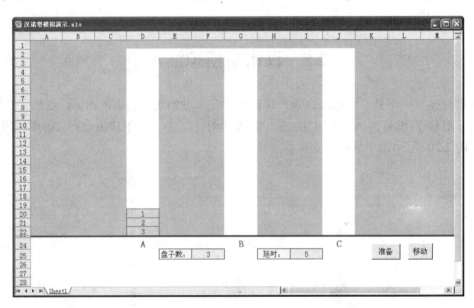

图 2.21　汉诺塔模拟演示界面

2. 设置单元格内容、背景颜色和边框

打开 Excel 工作簿"汉诺塔模拟演示"，进入 VBA 编辑环境，在当前工程中插入"模块 1"，编写一个子程序 fil，代码如下：

```
Sub fil(rg As Range, k)
  With rg
    .Value = k
    .Interior.ColorIndex = 40
    .Borders.ColorIndex = 10
  End With
End Sub
```

这个子程序有两个形参，rg 表示单元格，k 表示要填写到单元格的数值。其功能是：对单元格填写数值k，设置"茶色"背景、"绿色"边框。

例如，语句

```
fil Cells(22, 7), 1
```

调用子程序 fil，对当前工作表的 22 行 7 列单元格填写数值"1"，并设置该单元格"茶色"背景、"绿色"边框。可以模拟把"1"号盘子放置在该单元格中。

3. 清除区域内容、背景颜色和边框

在"模块 1"中编写一个子程序 cls，代码如下：

```
Sub cls(rg As Range)
  With rg
    .ClearContents
    .Interior.ColorIndex = 2
    .Borders.LineStyle = xlNone
  End With
End Sub
```

这个子程序用形参 rg 表示单元格区域。其功能是清除该单元格区域的内容、背景颜色和边框。

例如，语句

```
cls Range("D4:D22,G4:G22,J4:J22")
```

调用子程序 cls，把当前工作表的 D4:D22、G4:G22、J4:J22 单元格区域内容、背景颜色和边框清除。

语句

```
cls Cells(2, 7)
```

把当前工作表的 2 行 7 列单元格的内容、背景颜色和边框清除。可以模拟把该单元格的盘子移走。

4. "准备"按钮代码设计

在"模块 1"中编写一个子程序 init，代码如下：

```
Sub init()
  '清除内容、背景颜色、边框
  cls Range("D4:D22,G4:G22,J4:J22")
  '设置N个盘子到A柱
  n = Cells(25, 6)
  For k = n To 1 Step -1
    fil Cells(22 + k - n, 4), k
  Next
End Sub
```

这个子程序用来进行初始准备。

它首先调用子程序 cls，把当前工作表的 D4:D22、G4:G22、J4:J22 单元格区域内容、背景颜色和边框清除。

然后从当前工作表的 25 行 6 列单元格中取出指定的盘子数送给变量 n，再用 For 循环语句在第 4 列从 22 行向上设置 n 个盘子。相当于在 A 柱子放置 n 个盘子。其中，调用子程序 fil 设置单元格数值、背景颜色和边框。

在工作表的"准备"按钮上单击鼠标右键，在快捷菜单中选择"指定宏"命令，将子程序 init 指定给该按钮。

在工作表的 25 行 6 列单元格中输入盘子数，再单击"准备"按钮，就做好了汉诺塔的初始准备。

5. 将 n 号盘子从一个单元格移动到另一个单元格

在"模块 1"中编写一个子程序 shift1，完成一个盘子移动过程。这个子程序代码如下：

```
Sub shift1(n, ac, ar, cc, cr)
  '向上
  cls Cells(ar, ac)
  fil Cells(2, ac), n
  dely
  '向左(右)
  cls Cells(2, ac)
  fil Cells(2, cc), n
  dely
  '向下
  cls Cells(2, cc)
  fil Cells(cr, cc), n
  dely
End Sub
```

这个子程序有 5 个形式参数，n 表示盘子号，ac、ar 表示起始单元格的列号、行号，cc、cr 表示目标单元格的列号、行号。功能是将 n 号盘子从 ac 列 ar 行，移到 cc 列 cr 行。

移到过程分 3 个动作：

(1) 将 ac 列的 n 号盘子从 ar 行向上移动到第 2 行。方法是分别调用子程序 cls 和 fil，将 ac 列、ar 行单元格的内容、背景颜色和边框清除，在 ac 列、2 行单元格填写数值 n，设置背景颜色和边框。

(2) 用同样的方法，将 n 号盘子从第 2 行的 ac 列向左或向右移动到 cc 列。

(3) 将 cc 列的 n 号盘子从第 2 行向下移动到 cr 行。

每个动作之后，都调用子程序 dely 延时一点时间，以便人眼能够看清盘子的运动过程。

6. 延时子程序

延时子程序 dely 定义如下：

```
Sub dely()
  n = Cells(25, 9)
  For i = 1 To n * 999999
  Next
End Sub
```

该程序首先从当前工作表的 25 行 9 列单元格中取出延时系数送给变量 n，用来控制延时时间的长短，n 的值越大，延时时间越长。然后用循环程序进行延时。

7. 递归程序设计

有了前面这些基础，现在我们来考虑如何编写程序来演示汉诺塔的移动过程。

假定盘子编号从小到大依次为：1、2、…、N。在盘子比较多的情况下，很难直接写出移动步骤。我们可以先分析盘子比较少的情况。

如果只有一个盘子，则不需要利用 B 柱，直接将盘子从 A 柱移动到 C 柱即可。

如果有 2 个盘子，可以先将 1 号盘子移动到 B 柱，再将 2 号盘子移动到 C 柱，最后将 1 号盘子移动到 C 柱。这说明，可以借助 B 柱将 2 个盘子从 A 柱移动到 C 柱，当然，也可以借助 C 柱将 2 个盘子从 A 柱移动到 B 柱。

如果有 3 个盘子，那么根据 2 个盘子的结论，可以借助 C 柱将 3 号盘子上面的两个盘子从 A

柱移动到 B 柱，再将 3 号盘子从 A 柱移动到 C 柱，这时 A 柱变成空柱，最后借助 A 柱，将 B 柱上的两个盘子移动到 C 柱。

上述的思路可以一直扩展到 N 个盘子的情况：可以借助空柱 C 将 N 号盘子上面的 N-1 个盘子从 A 柱移动到 B 柱，再将 N 号盘子移动到 C 柱，这时 A 柱变成空柱，最后借助空柱 A，将 B 柱上的 N-1 个盘子移动到 C 柱。

概括起来，把 N 个盘子从 A 柱移到 C 柱，可以分解为三步：

第 1 步，按汉诺塔的移动规则，借助空柱 C，把 N-1 个盘子从 A 柱移到 B 柱；

第 2 步，把 A 柱上最下边的一个盘子移到 C 柱；

第 3 步，按汉诺塔的移动规则，借助空柱 A，把 N-1 个盘子从 B 柱移到 C 柱。

注意：把 N-1 个盘子从一个柱子移到另一个柱子，不是直接整体搬动，而是要按汉诺塔的移动规则，借助于空柱进行。N-1 个盘子的移动方式与 N 个盘子的移动方式相同，或者说，N-1 个盘子的移动和 N 个盘子的移动可以用同一个程序实现。这正符合递归的思想，适合用递归程序实现。

下面我们来设计实现这一目标的递归子程序。

这个子程序显然应该带有参数，那么它需要哪几个参数呢？在调用这个子程序时，应该告诉它有多少个盘子，这些盘子初始放在 Excel 工作表的什么单元格区域位置，可利用的中间单元格区域位置，目标单元格区域位置，这三个区域位置都需要标明单元格的列号和最底层单元格的行号。这样子程序共需要 7 个参数：n、ac、ar、bc、br、cc 和 cr，分别表示盘子数、初始区列号、初始区底层单元格行号、中间区列号、中间区底层单元格行号、目标区列号、目标区底层单元格行号。

进入 VBA 编辑环境，在"模块 1"中编写出如下递归子程序：

```
Sub shift(n, ac, ar, bc, br, cc, cr)
  If n = 1 Then
    Call shift1(n, ac, ar, cc, cr)
  Else
    Call shift(n - 1, ac, ar - 1, cc, cr, bc, br)
    Call shift1(n, ac, ar, cc, cr)
    Call shift(n - 1, bc, br, ac, ar, cc, cr - 1)
  End If
End Sub
```

这个子程序用来将 Excel 当前工作表中从 ac 列 ar 行向上摆放的 n 个盘子，借助 bc 列 br 行向上的区域，移动到 cc 列 cr 行向上的区域中。

程序的基本原理为：如果盘子数是 1，直接将其从 ac 列 ar 行移动到 cc 列 cr 行。如果盘子数大于 1，则首先进行递归调用，将从 ac 列 ar-1 行向上摆放的 n-1 个盘子，借助 cc 列 cr 行向上的区域，移动到 bc 列 br 行向上的区域中。然后将 ac 列 ar 行的盘子移动到 cc 列 cr 行。最后，再进行递归调用，将从 bc 列 br 行向上摆放的 n-1 个盘子，借助 ac 列 ar 行向上的区域，移动到 cc 列 cr-1 行向上的区域中。

8. 递归程序调用

为了调用递归子程序 shift，我们再编写如下子程序：

```
Sub move()
  n = Cells(25, 6)
  Call shift(n, 4, 22, 7, 22, 10, 22)
End Sub
```

这个子程序先从当前工作表的 25 行 6 列单元格中取出盘子数送给变量 n，然后调用递归子程序 shift，传递 7 个实际参数，将 n 个盘子从 4 列 22 行向上的区域，经由 7 列 22 行向上的区域，移到 10 列 22 行向上的区域。

为便于操作，将子程序 move 指定给"移动"按钮。

至此，整个汉诺塔演示软件设计完毕。

在工作表中设置盘子数、延时系数，单击"准备"按钮，再单击"移动"按钮，就可以看到模拟的汉诺塔移动过程。

在这个演示系统当中，我们仅安排了最多 20 个盘子。因为随着盘子数量的增加，移动次数会急剧上升。假设 12 个盘子，每秒钟移动一次，整个过程需要一个多小时。如果 20 个盘子，每秒钟移动一次，则需要 12 天多。

上机实验题目

1. 在 Excel 中编写一个函数，返回指定区域中多个最大值地址。例如，对于如图 2.22 所示的 A1:J1 区域及其数值，函数的返回值应为"$B$1,$E$1,$H$1"。

	A	B	C	D	E	F	G	H	I	J
1	8	12	7	6	12	8	7	12	3	7

图 2.22　Excel 单元格区域及其数值

2. 假设在 Excel 当前工作表的 A 列中有很多行文本信息，但内容不够紧凑且有许多重复信息。请用 VBA 程序按下列要求进行信息整理：

(1) 删除所有空白行；

(2) 删除内容重复的相邻行。

3. 在 Excel 工作簿中，编写一个"行列转换"子程序，将选中区域的数据转置。

4. 用递归和循环方法分别编写程序，在 Excel 当前工作表中输出 Fibonacci 数列的前 30 项。Fibonacci 数列的前两个数都是 1，第三个数是前两个数之和，以后每个数都是其前两个数之和，即 1，1，2，3，5，8，13……。

5. 对 2.8 节的汉诺塔模拟演示程序进行改造，使之能够逐单元格显示盘子的移动过程。

6. 利用 Excel 工作表界面设计一个四则运算测验软件。要求能自动随机给出运算符、操作数，每次出 10 道题，每题 10 分，根据答案的正误评定分数。

7. 用 Excel 和 VBA 设计一个学生电话、寝室号查询系统。要求信息准确、丰富，能够方便地进行数据维护和查询操作。

第 3 章　在 Word 中使用 VBA

本章结合几个案例介绍利用 VBA 代码对 Word 文档进行操作的有关技术。包括文本输入、提取、查找、格式控制，Word 对象的使用、表格处理等内容。

3.1　统计字符串出现次数

本节我们要在 Word 文档中编写一个 VBA 程序，用来统计当前文档中指定的字符串出现次数。在这之前，先介绍用 VBA 代码对 Word 中的文本进行控制的基本技术。

3.1.1　使用 Word 文本

1. 将文本插入文档

使用 InsertAfter、InsertBefore 方法可以在 Selection 或 Range 对象之前、之后插入文字。

下面程序在活动文档的末尾插入字符"###"。

```
Sub atA()
  ActiveDocument.Content.InsertAfter Text:= "###"
End Sub
```

下面程序在所选内容之前或光标位置之前插入字符"***"。

```
Sub atB()
  Selection.InsertBefore Text:= "***"
  Selection.Collapse
End Sub
```

Range 或 Selection 对象在使用了 InsertBefore、InsertAfter 方法之后，会扩展并包含新的文本。使用 Collapse 方法可以将 Selection 或 Range 折叠到开始或结束位置，也就是取消文本的选中状态，光标定位到开始或结束位置。

2. 从文档返回文本

使用 Text 属性可以返回 Range 或 Selection 对象中的文本。

下面程序返回并显示选定的文本。

```
Sub Snt()
  strT = Selection.Text
  MsgBox strText
End Sub
```

下面程序返回活动文档中的第一个单词。Words 集合中的每一项是代表一个单词的 Range 对象。

```
Sub SnFW()
  sFW = ActiveDocument.Words(1).Text
  MsgBox sFW
End Sub
```

下面程序删除 Word 当前文档选定部分的多余空格。

```
Sub DeleteBlank()
  str_in = Trim(Selection.text)
  str_out = ""
  For i = 1 To Len(str_in)
    strch = Mid(str_in, i, 1)
    If strch <> " " Or Right(str_out, 1) <> " " Then
      str_out = str_out & strch
    End If
  Next i
  Selection.text = str_out
End Sub
```

3. 查找和替换

通过 Find 和 Replacement 对象可实现查找和替换功能。Selection 和 Range 对象可以使用 Find 对象。

下面程序在当前 Word 文档中查找并选定下一个出现的"VBA"。如果到达文档结尾时仍未找到，则停止搜索。该程序的代码可通过宏录制获得。

```
Sub fdw()
  With Selection.Find
    .Forward = True
    .Wrap = wdFindStop
    .Text = "VBA"
    .Execute
  End With
End Sub
```

下面程序在活动文档中查找第一个出现的"VBA"。如果找到该单词，则设置加粗格式。

```
Sub fdw()
  With ActiveDocument.Content.Find
    .Text = "VBA"
    .Forward = True
    .Execute
    If .Found = True Then .Parent.Bold = True
  End With
End Sub
```

下面程序将当前文档中所有单词"VBA"替换为"Visual Basic"。

```
Sub faR()
  With Selection.Find
    .Text = "VBA"
    .Replacement.Text = "Visual Basic"
    .Execute Replace:=wdReplaceAll
  End With
End Sub
```

下面程序取消活动文档中的加粗格式。其中 Find 对象的 Bold 属性为 True，而 Replacement 对象的 Bold 属性为 False。若要查找并替换格式，可将查找和替换文字设为空字符串，并将 Execute

方法的 Format 参数设为 True。

```
Sub faF()
  With ActiveDocument.Content.Find
    .Font.Bold = True
    .Replacement.Font.Bold = False
    .Execute FindText:= "", ReplaceWith:= "", _
    Format:=True, Replace:=wdReplaceAll
  End With
End Sub
```

4. 将格式应用于文本

下面程序使用 Selection 属性将字体和段落格式应用于选定文本。其中，Font 表示字体，ParagraphFormat 表示段落。

```
Sub FmtS()
  With Selection.Font
    .Name = "楷体_GB2312"
    .Size = 16
  End With
  With Selection.ParagraphFormat
    .LineUnitBefore = 0.5
    .LineUnitAfter = 0.5
  End With
End Sub
```

下面程序定义了一个 Range 对象，它引用了活动文档的前三个段落，通过应用 Font 对象的属性来设置 Range 对象的格式。

```
Sub FmtR()
  Dim rgF As Range
  Set rgF = ActiveDocument.Range( _
    ActiveDocument.Paragraphs(1).Range.Start, _
    ActiveDocument.Paragraphs(3).Range.End)
  With rgF.Font
    .Name = "楷体_GB2312"
    .Size = 16
  End With
End Sub
```

3.1.2 求字符串次数子程序

首先创建一个 Word 文档，输入或复制一些用于测试的文本。然后用以下方法，实现在 Word 当前文档中统计指定字符串出现次数的功能。

1. 编写子程序 strcnt1

按 Alt+F11 键，进入 VBA 编辑环境，插入一个模块。建立一个子程序 strcnt1，代码如下：

```
Sub strcnt1()
  Dim cnt As Integer
  Dim stt As String
  stt = InputBox("请输入要查找的字符串：", "提示")
```

```
Selection.HomeKey Unit:=wdStory
With Selection.Find
  .ClearFormatting
  .text = stt
  .Execute
  While .Found()
    cnt = cnt + 1
    .Execute
  Wend
End With
MsgBox "该字符串在文档中出现" & cnt & "次。"
End Sub
```

程序中，用语句 Selection.HomeKey Unit:=wdStory 将光标定位到文件头，以便从头开始查找指定的字符串。

With 语句提取 Selection.find 对象，对该对象用 ClearFormatting 方法清除格式，用 Text 属性指定要查找的字符串，用 Execute 方法进行字符串查找。如果找到指定的字符串，则计数器加 1，并继续查找下一处，直至全部找完为止。

最后，弹出一个消息框显示指定的字符串在文档中出现的次数。

运行子程序 strcnt1 后，输入要统计的字符串，将得到统计结果。

2. 将 strcnt1 改为 strcnt2

对子程序 strcnt1 进行改进，得到子程序 strcnt2，代码如下：

```
Sub strcnt2()
  stt = Selection.text
  Selection.HomeKey Unit:=wdStory
  With Selection.Find
    .text = stt
    .Execute
    While .Found()
      cnt = cnt + 1
      .Execute
    Wend
  End With
  MsgBox "该字符串在文档中出现" & cnt & "次。"
End Sub
```

与子程序 strcnt1 相比，子程序 strcnt2 省略了变量声明语句，虽然会降低运行效率，但对此类问题来说，运行效率不是主要问题，而压缩代码量，有利于突出重点。strcnt2 没有使用 InputBox 函数指定字符串，而是用 Selection.tex 直接取出当前在文档中选定的文本作为要统计的字符串，这样可以提高操作效率。在 strcnt2 中还省略了 ClearFormatting 方法，因为系统查找功能的默认情况是"不限定格式"。所以程序的运行结果与 strcnt1 完全相同。

3. 将 strcnt2 改为 strcnt3

对子程序 strcnt2 进行改进，得到子程序 strcnt3，代码如下：

```
Sub strcnt3()
  stt = Selection.text
```

```
With ActiveDocument.Content.Find
  Do While .Execute(FindText:=stt)
    cnt = cnt + 1
  Loop
End With
MsgBox "该字符串在文档中出现" & cnt & "次。"
End Sub
```

这个子程序用 With ActiveDocument.Content.Find 提取当前文档内容的 find 对象，对其循环执行 Execute 方法并计数，最后输出指定字符串在文档中出现的次数。

其中，通过 Execute 方法的参数指定要查找的文本，通过 Execute 方法的返回值(True 或 False)判断查找是否成功。因而代码更紧凑，效率更高。

3.2 表 格 计 算

本节介绍用 VBA 代码对 Word 对象进行操作的技术，并给出一个对 Word 表格进行计算的应用案例。

3.2.1 使用 Word 对象

1. 选定文档中的对象

使用 Select 方法可选定文档中的对象。下面程序选定活动文档中的第一个表格。

```
Sub SeleT()
  ActiveDocument.Tables(1).Select
End Sub
```

下面程序选定活动文档中的前 4 个段落。Range 方法用于创建一个引用前 4 个段落的 Range 对象，然后将 Select 方法应用于 Range 对象。

```
Sub SelR()
  ActiveDocument.Range( _
  ActiveDocument.Paragraphs(1).Range.Start, _
  ActiveDocument.Paragraphs(4).Range.End).Select
End Sub
```

2. 将 Range 对象赋给变量

下列语句将活动文档中的第 1 个和第 2 个单词分别赋给变量 Range1 和 Range2。

```
Set Range1 = ActiveDocument.Words(1)
Set Range2 = ActiveDocument.Words(2)
```

可以将一个 Range 对象变量的值送给另一个 Range 对象变量。例如，下列语句将名为 Range1 的区域变量赋值给 Range2 变量。

```
Set Range2 = Range1
```

这样，两个变量代表同一对象。修改 Range2 的起点、终点或其中的文本，将影响 Range1，反之亦然。

下列语句使用 Duplicate 属性创建一个 Range1 对象的新副本 Range2。它与 Range1 有相同的起点、终点和文本。

```
Set Range2 = Range1.Duplicate
```

3. 修改文档的某一部分

Word 包含 Characters、Words、Sentences、Paragraphs、Sections 对象，用这些对象代表字符、单词、句子、段落和节等文档元素。

例如：

下列语句设置活动文档中第一个单词为大写。

```
ActiveDocument.Words(1).Case = wdUpperCase
```

下列语句将第一节的下边距设为 0.5 英寸。

```
Selection.Sections(1).PageSetup.BottomMargin = InchesToPoints(0.5)
```

下列语句将活动文档的字符间距设为两倍。

```
ActiveDocument.Content.ParagraphFormat.Space2
```

若要修改由一组文档元素(字符、单词、句子、段落或节)组成的某区域的文字，需要创建一个 Range 对象。

下面程序创建一个 Range 对象，引用活动文档的前 10 个字符，然后利用该对象设置字符的字号。

```
Sub SetTC()
    Dim rgTC As Range
    Set rgTC = ActiveDocument.Range(Start:=0, End:=10)
    rgTC.Font.Size = 20
End Sub
```

4. 引用活动文档元素

要引用活动的段落、表格、域或其他文档元素，可使用 Selection 属性返回一个 Selection 对象。然后通过 Selection 对象访问文档元素。

下列语句将边框应用于选定内容的第一段。

```
Selection.Paragraphs(1).Borders.Enable = True
```

下面程序将底纹应用于选定内容中每张表格的首行。For Each...Next 循环用于在选定内容的每张表格中循环。

```
Sub SATR()
    Dim tbl As Table
    If Selection.Tables.Count >= 1 Then
        For Each tbl In Selection.Tables
            tbl.Rows(1).Shading.Texture = wdTexture30Percent
        Next tbl
    End If
End Sub
```

5. 处理表格

下面程序在活动文档的开头插入一张 4 列 3 行的表格。For Each...Next 结构用于循环遍历表格中的每个单元格。InsertAfter 方法用于将文字添至表格单元格。

```
Sub CNT()
    Set docA = ActiveDocument
    Set tblN = docA.Tables.Add(Range:=docA.Range(Start:=0, End:=0), _
        NumRows:=3, NumColumns:=4)
    C = 1
    For Each celT In tblN.Range.Cells
```

```
    celT.Range.InsertAfter "内容" & C
    C = C + 1
  Next celT
End Sub
```
下面程序返回并显示文档中第 1 张表格的第 1 行中每个单元格的内容。
```
Sub RetC()
  Set tbl = ActiveDocument.Tables(1)
  For Each cel In tbl.Rows(1).Cells
    Set rng = cel.Range
    rng.MoveEnd Unit:=wdCharacter, Count:=-1 '取消一个非正常字符
    MsgBox rng.Text
  Next cel
End Sub
```

6. 处理文档

在下面程序中，使用 Add 方法建立一个新的文档并将 Document 对象赋给一个对象变量。然后设置该 Document 对象的属性。
```
Sub NewD()
  Set docN = Documents.Add
  docN.Content.Font.Name = "楷体_GB2312"
End Sub
```
下面语句用 Documents 集合的 Open 方法打开 d 区 li 文件夹中名为 test.doc 的文档。
```
Documents.Open FileName:= "d:\li\test.doc"
```
下面语句用 Documents 对象的 Save 方法保存名为 tmp.doc 的文档。
```
Documents("tmp.doc").Save
```
下面语句用 Document 对象的 SaveAs 方法在当前文件夹中保存活动文档，命名为 tmp2.doc。
```
ActiveDocument.SaveAs FileName:= "tmp2.doc"
```
FileName 参数可以仅包含文件名，也可以包含完整的路径。

下列语句用 Documents 对象的 Close 方法关闭并保存名为 Sales.doc 的文档。
```
Documents("Sales.doc").Close SaveChanges:=wdSaveChanges
```

3.2.2 用程序实现 Word 表格计算

在 Word 中建立一个职工工资表格，并输入基本数据，如图 3.1 所示。

姓名	工资	奖金	津贴	补助	加班	取暖费	水电费	扣款	总额
田新雨	1000	1500	800	800	0	-100	-46.5	0	
李杰	1000	1500	800	800	0	-100	-33.8	-35	
沈磊	1000	1500	800	700	0	-100	-23.5	0	
祁才颂	800	1300	400	700	0	-100	-78.7	0	
管锡凤	800	1300	0	800	0	-100	-66.5	-35	
叶旺海	700	1200	0	800	0	-100	-33.2	0	

图 3.1　职工工资表

进入 VBA 编辑环境，编写一个计算工资总额子程序，代码如下：
```
Sub 计算工资总额()
  Set tbl = ActiveDocument.Tables(1)
  For i = 2 To 7
```

```
    For j = 2 To 9
      c = c + Val(tbl.Cell(i, j))
    Next
    tbl.Cell(i, 10) = c
    c = 0
  Next
End Sub
```

这个程序将当前文档的第 1 张表格用对象变量 tbl 表示，用双重循环结构的程序对表格每一行的 2 至 9 列数据求算术和，添加到第 10 列。程序运行后的结果如图 3.2 所示。

姓名	工资	奖金	津贴	补助	加班	取暖费	水电费	扣款	总额
田新雨	1000	1500	800	800	0	-100	-46.5	0	3953.5
李杰	1000	1500	800	800	0	-100	-33.8	-35	3931.2
沈磊	1000	1500	800	700	0	-100	-23.5	0	3876.5
祁才颂	800	1300	400	700	0	-100	-78.7	0	3021.3
管锡凤	800	1300	0	800	0	-100	-66.5	-35	2698.5
叶旺海	700	1200	0	800	0	-100	-33.2	0	2566.8

图 3.2　程序运行后的结果

3.3　国标汉字的输入和代码获取

我国于 1981 年颁布了信息交换用汉字编码基本字符集的国家标准，即 GB2312。对 6763 个汉字、628 个图形字符进行了统一编码，为信息处理和交换奠定了基础。虽然 Office 2003 中文版支持超大字符集，但在多数情况下，我们用计算机处理的汉字一般都没有超出基本集这 6763 个汉字。

3.3.1　快速输入国标汉字

由于某种特殊应用(例如，打印字帖、打印区位码表等)，需要在 Word 文档中输入 GB2312 的全部汉字。一个个从键盘输入既慢又容易出错，显然不是好办法。编写一个 VBA 程序，可以轻松地解决这个问题。具体做法如下：

进入 Word，选择"工具"→"宏"菜单的"宏"项，在"宏"对话框中输入宏名"输入国标汉字"，指定宏的位置为当前文档，单击"创建"按钮，进入 VBA 编辑环境，建立如下程序段：

```
Sub 输入国标汉字()
  For m = 176 To 247
    For n = 161 To 254                '形成汉字内码
      nm = "&H" & Hex(m) & Hex(n)    '转换为汉字输入到当前文档
      Selection.TypeText Text:=Chr(nm)
    Next
  Next
End Sub
```

这是一个双重循环结构程序，外层循环得到汉字内码的高位(范围是 176 到 247 之间的整数)，内层循环得到汉字内码的低位(范围是 161 到 254 之间的整数)。循环体中，将内码的高位和低位以十六进制数字符形式拼接，即得到一个汉字的完整内码，用 Chr 函数将内码转换为汉字，用 Selection.TypeText 方法输入到当前文档。

运行上述程序，便可在当前文档中得到 GB2312 的全部汉字。

为了便于操作，可以自定义一个工具栏，将宏"输入国标汉字"指定为工具栏上的一个按钮。

方法是：选择"工具"菜单的"自定义"项，在"自定义"对话框中选"工具栏"选项卡，然后单击"新建"按钮，设置工具栏名称"汉字集"，指定工具栏可用于当前文档，单击"确定"按钮。在"自定义"对话框的"命令"卡中选"宏"，将宏"输入国标汉字"用鼠标拖动到自定义工具栏。以后，只要单击自定义工具栏上的按钮，就可以输入全部国标汉字了。

3.3.2 查汉字区位码

为了保证汉字信息输入到计算机的准确性，许多场合要使用汉字的区位码。因此，填报相关材料(如中考、高考志愿表等)时，汉字信息需要同时填写对应的区位码。通常，区位码可以查表得到，但是如果手头暂时没有区位码表，怎么查找每个汉字的区位码呢？下面的 VBA 程序可以帮助我们解决这个问题。

进入 Word，选择"工具"→"宏"菜单的"宏"项，在"宏"对话框中输入宏名"查汉字区位码"，指定宏的位置为当前文档，单击"创建"按钮，进入 VBA 编辑环境，建立如下程序：

```
Sub 查汉字区位码()
    nm = Hex(Asc(Selection.Text))      '内码(四位十六进制形式)
    nm_h = "&H" & Left(nm, 2)          '内码(高两位)
    nm_l = "&H" & Right(nm, 2)         '内码(低两位)
    qm = nm_h - 176 + 16               '得到区码
    wm = nm_l - 161 + 1                '得到位码
    wm = IIf(wm < 10, "0" & wm, wm)    '两位数表示
    MsgBox qm & wm                     '显示区位码
End Sub
```

该程序段首先取出选定文本(单个汉字)，用 ASC 函数求出汉字的内码，用 Hex 函数将汉字的内码转换为 4 位十六进制字符串型数据。然后用 Left 和 Right 函数分别取出内码的高两位和低两位(用十六进制字符串表示)。最后将内码的高两位和低两位分别转换为区码和位码并显示出来。有关函数的详细内容请参考系统帮助信息。

要查询某个汉字的区位码，先在 Word 中选中这个汉字，然后运行"查汉字区位码"程序，就可得到该汉字的区位码。

为了便于操作，可以自定义一个"区位码"工具栏，将宏"查汉字区位码"指定为工具栏上的一个按钮。

3.4 求单词覆盖率

假设 doc 是任意一个文档，dic 是包含一些常用词汇的文档。现在要利用 VBA 程序自动统计 doc 文档中的单词有多少出现在 dic 文档中，也就是求 dic 文档中的单词对 doc 文档的覆盖率。

下面给出具体实现方法。

1. 准备文档

建立两个 Word 文档，分别保存为 doc.doc 和 dic.doc 文件。

在 dic 文档中输入一些常用词汇构成被测试的词汇表。后边将利用 VBA 程序统计这个词汇表对各类文章的单词覆盖率。

2. 编写程序

进入 VBA 编辑环境，在 dic 工程中插入一个模块，在模块中建立如下子程序：

```
Sub cnt()
    Dim c1, c2 As Integer
    Dim wt As String
    Documents.Open FileName:=CurDir & "\doc.doc"
    Windows("doc.doc").Activate
    Selection.HomeKey Unit:=wdStory
    Selection.MoveRight Unit:=wdWord, Count:=1, Extend:=wdExtend
    wt = UCase(Selection.Text)
    Do While wt <> "$$$"
        If Asc(wt) >= 65 And Asc(wt) <= 90 Then
            c1 = c1 + 1
            Windows("dic.doc").Activate
            Selection.HomeKey Unit:=wdStory
            With Selection.Find
                .Text = wt
                .MatchCase = False
                .Execute
            End With
            If Selection.Find.Found() Then
                c2 = c2 + 1
            End If
        End If
        Windows("doc.doc").Activate
        Selection.MoveRight Unit:=wdCharacter, Count:=1
        Selection.MoveRight Unit:=wdWord, Count:=1, Extend:=wdExtend
        wt = UCase(Selection.Text)
    Loop
    c3 = Round(100 * c2 / c1, 2)
    MsgBox "doc 文档中有" & c1 & "个单词,其中" & _
    c2 & "个单词出现在 dic 文档中, 占" & c3 & "%"
End Sub
```

在这个子程序中，声明了两个整型变量：c1 表示 doc 文档单词数，c2 表示 doc 中单词在 dic 文档中出现的数量。声明了字符串变量 wt，用来存放单词文本。

代码首先在当前目录中打开 doc.doc 文档并激活，将光标定位到文件头，向右选中一个单词，将单词文本转换为大写字母送给变量 wt。

接下来进行循环处理直至遇到结束标记"$$$"为止。

每次循环中，判断在 doc 中选择的文本是否为有效的单词。如果是有效单词，则对 doc 文档单词计数，然后选中 dic 文档，设置查找参数并从文件头开始进行查找，找到则计数；如果不是有效的单词，则在 doc 文档中选择下一个单词，进行同样的处理。

循环结束后，利用 c1 和 c2 计算 doc 文档中的单词在 dic 文档中所占比例，并显示出结果信息。

3. 运行程序

为便于使用，在 dic 文档中创建一个自定义工具栏，指定工具栏可用于 dic 文档(而不是 Normal 文档)，并将前面建立的子程序 cnt 指定给工具栏按钮。

打开 doc 文档,输入或粘贴任意文本文档。该文档内容是用来进行测试的抽样文本。

单击 dic 自定义工具栏的按钮,执行 VBA 程序,进行测试,将得到与图 3.3 类似的结果。

图 3.3　测试结果

3.5　文档内容的复制与粘贴

本节我们要实现的目标是,通过 VBA 程序,将 Word 文档原数据区中每道试题和对应的答案,按照编号 0002、0003、0001 的顺序分别复制到目标数据区,如图 3.4 所示。

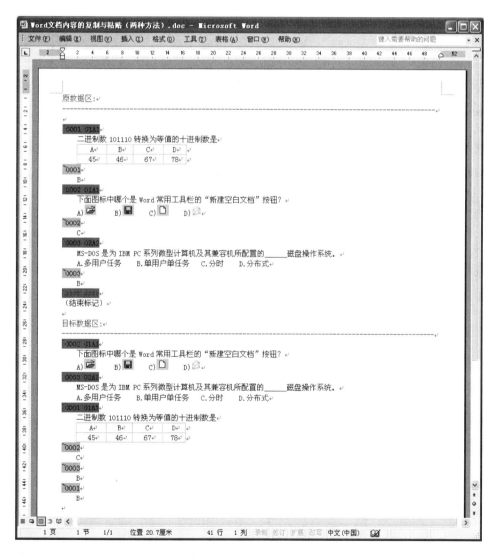

图 3.4　Word 文档原数据区和目标数据区的内容

首先，我们创建一个 Word 文档，输入如图 3.5 所示的内容。

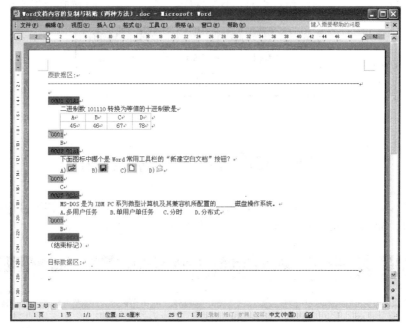

图 3.5　复制数据之前的 Word 文档内容

然后，可以用以下两种方法实现上述目标。

1. 第一种实现方法

进入 VBA 编辑环境，插入一个模块，编写一个子程序 qt1，用来将 Word 当前文档原数据区中某一道试题或答案复制到文档末尾。

子程序 qt1 代码如下：

```
Sub qt1(th, mark)
  Selection.HomeKey Unit:=wdStory '到文件头
  txt = mark & th                 '形成题标
  With Selection
    .Find.Text = txt              '查找"题标"
    .Find.Execute                 '执行查找
    .MoveDown Unit:=wdParagraph, Count:=1, Extend:=wdExtend   '选一段
    Do
      .MoveDown Unit:=wdParagraph, Count:=1, Extend:=wdExtend '选一段
      ss = Left(.Paragraphs(.Paragraphs.Count).Range, 1)     '取出第一个字符
    Loop Until ss = "~" Or ss = "`"                           '直至遇到标记
    .MoveEnd Unit:=wdParagraph, Count:=-1   '退回一段
    .Copy                         '复制
  End With
  Selection.EndKey Unit:=wdStory  '到文件尾
  Selection.PasteAndFormat (wdPasteDefault) '带格式粘贴
End Sub
```

这个子程序的两个形参 th 和 mark 分别表示试题编号和起始标识符。试题编号为 4 位数字，标识符 "`" 为试题的起始标记，标识符 "~" 为答案的起始标记。

程序首先将光标定位到文件头，将起始标识符与试题编号拼接形成题标。然后查找题标，并选中到下一个题标之前，也就是选中一道题的参数和内容，复制到剪贴板。最后，将光标定位到文件末尾，把剪贴板的内容连同格式粘贴到光标所在位置。

　　选中一道题参数和内容的过程是：从题标开始逐次向后扩充选中一个段落，每选中一个新的段落时，都取出最近选中段落的第一个字符。如果这个字符不是"`"或"~"，则继续向后扩充选中一个段落，直至遇到"`"或"~"为止。此时，已经选中到下一个题标，需要退回一个段落，才能保证选中的是一道题的参数和内容。

　　在模块中编写一个子程序"方法1"，代码如下：

```
Sub 方法1()
  Call qt1("0002", "`")
  Call qt1("0003", "`")
  Call qt1("0001", "`")
  Call qt1("0002", "~")
  Call qt1("0003", "~")
  Call qt1("0001", "~")
End Sub
```

　　子程序"方法1"的前3条语句分别调用子程序qt1，将编号为0002、0003、0001的试题依次复制到文档末尾，后3条语句分别调用子程序qt1，将编号为0002、0003、0001的答案依次复制到文档末尾。

　　运行"方法1"子程序后，将得到如图3.4所示的结果。

2. 第二种实现方法

　　将Word当前文档原数据区中某一道试题或答案复制到文档末尾，还可以用下面这个子程序qt2来实现。

　　子程序qt2代码如下：

```
Sub qt2(bh, mark)
    flg = IIf(mark = "`", "~", "`")                           '设置结束标志
    Selection.HomeKey Unit:=wdStory                           '光标到文件头
    Selection.Find.Text = mark & bh                           '指定要查找的试题编号
    Selection.Find.Execute                                    '执行查找
    m = Selection.MoveUntil(Cset:=flg, Count:=wdForward)      '光标移到flg前并计字符数
    Selection.MoveStart Unit:=wdCharacter, Count:=-(m + 4)    '向回选中m+4个字符
    Selection.Copy                                            '复制
    Selection.EndKey Unit:=wdStory                            '到文件尾
    Selection.PasteAndFormat (wdPasteDefault)                 '带格式粘贴
End Sub
```

　　这个子程序同样用两个形参th和mark表示试题编号和起始标识符。

　　程序首先根据起始标识符mark确定结束标志flg。试题的起始标识符为"`"，结束标志为"~"，答案的起始标识符为"~"，结束标志为"`"。

　　然后将光标定位到文件头，将起始标识符与试题编号拼接形成题标进行查找。找到题标后，将光标移动到结束标志flg前，并将题标之后到结束标志前的字符数保存到变量m中。

　　接下来，向回选中m+4个字符，也就是选中一道题的参数和内容，复制到剪贴板。

　　最后，将光标定位到文件末尾，把剪贴板的内容连同格式粘贴到光标所在位置。

　　在模块中编写一个子程序"方法2"，代码如下：

```
Sub 方法2()
   Call qt2("0002", "`")
   Call qt2("0003", "`")
   Call qt2("0001", "`")
   Call qt2("0002", "~")
   Call qt2("0003", "~")
   Call qt2("0001", "~")
End Sub
```

　　子程序"方法2"分别调用子程序 qt2，将编号为 0002、0003、0001 的试题依次复制到文档末尾，再将编号为 0002、0003、0001 的答案依次复制到文档末尾。

　　运行"方法2"子程序后，同样会得到如图 3.4 所示的结果。

上机实验题目

　　1. 创建一个 Word 文档，在该文档中设计两个 VBA 子程序"提取宋体加粗文本"和"删除五号加粗文本"，并通过该文档的自定义工具栏执行这两个子程序。

　　"提取宋体加粗文本"子程序要实现的功能是：显示 Open 对话框，打开任意一个指定的源 Word 文档，将源文档中所有"宋体、加粗"的文本按原格式复制到当前文档，最后关闭源文档。

　　"删除五号加粗文本"子程序要实现的功能是：删除当前文档中所有"五号、加粗"文本，再把剩余的文本设置为"宋体、五号"字，取消加粗，两端对齐，段前、段后间距均为 0 行。

　　提示：显示 Open 对话框可以用 Dialogs(wdDialogFileOpen).Show 语句。

　　2. 参照 2.2 节在 Excel 中生成年历的程序，在 Word 中编写程序，自动生成指定年份的年历。

　　3. 在 Word 中，编写"行转列"和"列转行"两个子程序，实现表格行列数据的相互转换。

　　4. 在 Word 文档中创建一个表格，添加一个命令按钮"计算生肖、干支"，如图 3.6 所示。编写该按钮的程序，根据表格中的年份，求出并填写对应的生肖和干支。

　　5. 在 Word 当前文档中建立一个如图 3.7 所示的表格，填写基本数据，在表格下面添加一个命令按钮。然后编写命令按钮程序，自动填写每个员工的工龄。

年份	生肖	干支
1956		
1958		
2008		

计算生肖、干支

图 3.6　Word 文档的表格和按钮

姓名	参加工作时间	工龄
员工 1	1970-1-4	
员工 2	1986-3-4	
员工 3	1987-3-3	
员工 4	1999-4-2	
员工 5	2000-3-9	
员工 6	2000-1-1	

计算工龄

图 3.7　Word 文档中的表格和按钮

　　6. 在 Word 中编写一个程序，给当前文档的所有图片按顺序添加图注。图注的形式为"图 1.1"、"图 1.2"，等等。

　　7. 编写 VBA 程序，删除 Word 当前文档选定部分的空白行。

　　8. 编写 VBA 程序，删除 Word 当前文档选定部分中指定的字符串。

第4章　控件与窗体

在开发 Office 应用软件时，可以在 Word 文档或 Excel 工作表中放置命令按钮、文本框、复选框、列表框等控件，也可以建立用户窗体，在用户窗体中放置需要的控件实现特定的功能。

本章结合一些案例介绍在 VBA 中使用控件和窗体的方法。

4.1　在 Excel 工作表中使用日期控件

本节先介绍在 Excel 工作表中放置控件、设置控件属性，以及用 VBA 程序对控件进行操作的方法。然后给出一个在工作表上使用日期控件的实例。

4.1.1　在工作表中使用控件

1. "窗体"工具栏控件

在 Excel 工具栏上单击鼠标右键，从快捷菜单中选择"窗体"命令，显示出如图 4.1 所示的"窗体"工具栏。其中有 16 个按钮，9 个是可以放到工作表上的控件。

图 4.1　"窗体"工具栏

"标签"表示静态文本。

"分组框"用于组合其他控件。

"按钮"用于运行宏命令。

"复选框"是一个选择控件，通过单击可以选中和取消选中，可以多项选择。

"选项按钮"通常几个组合在一起使用，在一组中只能选择一个选项按钮。

"列表框"用于显示多个选项供选择。

"组合框"用于显示多个选项供选择。可以选择其中的项目或者输入一个其他值。

"滚动条"是一种选择控制机制。包括水平滚动条和垂直滚动条。

"微调项"是一种数值选择机制。通过单击控件的箭头来选择数值。

要将控件添加到工作表上，可以在"窗体"工具栏中单击需要的控件，此时鼠标变成十字形状。在当前工作表的适当位置按下鼠标左键并拖动鼠标画出一个矩形，这个矩形代表了控件的大小，大小满意后放开鼠标左键，这样一个控件就添加到工作表上了。

在控件上右击，然后在快捷菜单上选择"设置控件格式"命令，可设置控件的格式。不同控件格式各不相同。

例如，滚动条控件的"设置控件格式"对话框中有一个"控制"选项卡，在"单元格链接"中输入或选中一个单元格地址，单击"确定"按钮后，再单击其他任意单元格，退出设置。接下来用鼠标单击滚动条上的箭头,则指定单元格的数值随之改变。

　　复选框控件的"设置控件格式"对话框中也有一个"控制"选项卡,在"单元格链接"中输入或选中一个单元格地址,单击"确定"按钮后,再单击其他单元格,退出设计状态。接下来用鼠标左键单击复选框,对应的单元格出现 TRUE,表示该控件被选中,再次单击该控件,出现 FALSE,表示该控件未被选中。

　　当创建一个控件时,Excel 自动给它指定一个名字。为便于理解和记忆,可以给它重新起一个名字。要给控件改名,只需要用鼠标右击选中控件,在弹出菜单中选择"编辑文字"命令,即可编辑控件名字。

　　在控件上右击鼠标,在弹出的快捷菜单上选择"指定宏"命令,可以为控件指定宏。这样在控件上单击鼠标就可以执行相应的 VBA 程序了。

2. "控件工具箱"工具栏控件

　　在 Excel 工具栏上单击鼠标右键,从快捷菜单中选择"控件工具箱"命令,显示出如图 4.2 所示的"控件工具箱"工具栏。

图 4.2 "控件工具箱"工具栏

　　其中"命令按钮"相当于"窗体"工具栏的"按钮","数值调节钮"相当于"窗体"工具栏的"微调项"。复选框、选项按钮、列表框、组合框、滚动条与"窗体"工具栏上的按钮作用相同。

　　"文本框"用来输入或显示文本信息。

　　"切换按钮"可以在"按下"和"抬起"两种状态中切换和锁定,不像普通"命令按钮"那样只能锁定一种状态,但作用与"命令按钮"相似。

　　"标签"用来放置静态文本。

　　"图像"用来放置图片。

　　"设计模式"有两种状态。该按钮被按下时,工作表上的控件处于设计模式,可以对控件的属性、代码等进行设计。该按钮抬起时,工作表上的控件为运行模式,可执行代码,完成相应的动作。

　　单击"属性"按钮,可以打开"属性"窗口,进行设置或显示控件的属性。在设计模式下,右击某一控件,在快捷菜单中选择"属性"命令,也可以打开"属性"窗口,而且直接列出该控件的属性。

　　单击"查看代码"按钮,可以进入 VBA 编辑器环境,查看或编写控件的代码。在设计模式下,右击某一控件,在快捷菜单中选择"查看代码"命令,也可以直接查看或修改该控件的代码。

　　单击"其他控件"按钮,可以在列表框中选择更多的控件使用。

3. 在工作表上处理控件

　　在 Excel 中,用 OLEObjects 集合中的 OLEObject 对象代表 ActiveX 控件。若要用编程的方式向工作表添加 ActiveX 控件,可用 OLEObjects 集合的 Add 方法。

　　下面程序向当前工作簿的第一张工作表添加命令按钮。

```
Sub acb()
    Worksheets(1).OLEObjects.Add "Forms.CommandButton.1", _
```

```
        Left:=200, Top:=200, Height:=20, Width:=100
End Sub
```

大多数情况下，**VBA** 代码可用名称引用 **ActiveX** 控件。例如，下面语句可更改控件的标题。

```
Sheet1.CommandButton1.Caption = "运行"
```

下面语句可设置控件的左边位置。

```
Worksheets(1).OLEObjects("CommandButton1").Left = 10
```

下面语句也可设置控件的标题。

```
Worksheets(1).OLEObjects("CommandButton1").Object.Caption = "run me"
```

工作表上的 **ActiveX** 控件具有两个名称。一个是可以在工作表"名称"框中看到的图形名称，另一个是可以在"属性"窗口中看到的代码名称。在控件的事件过程名称中使用的是控件代码名称，从工作表的 **Shapes** 或 **OLEObjects** 集合中返回控件时，使用的是图形名称。二者通常情况下保持一致。

例如，假定要向工作表中添加一个复选框，其默认的图形名称和代码名称都是 CheckBox1。如果在"属性"窗口中将控件名称改为 CB1，图形名称也同时改为 CB1。此后，在事件过程名称中需用 CB1，也要用 CB1 从 Shapes 或 OLEObject 集合中返回控件，语句如下：

```
ActiveSheet.OLEObjects("CB1").Object.Value = 1
```

4.1.2 日期控件的使用

1. 在工作表中添加 DTP 控件

创建一个 Excel 工作簿，保存为"日期控件的使用.xls"。

选中 Sheet1 工作表的第 1 列，单击鼠标右键，在快捷菜单中选择"设置单元格格式"命令。在"设置单元格格式"对话框中，设置数字为需要的日期格式，如图 4.3 所示。然后单击"确定"按钮。

图 4.3 "单元格格式"对话框

设置适当的列宽、行高、背景颜色和边框。

在 Excel 任意一个工具栏上单击鼠标右键，在快捷菜单中选择"控件工具箱"命令，打开"控件工具箱"工具栏。

单击"控件工具箱"工具栏的"其他控件"按钮，在列表框中选择 Microsoft Data and Time Picker Control 6.0 项(DTP 控件)，把该控件放到工作表的任意位置。

如果找不到 DTP 控件，可以注册一个。方法是：先在网上下载一个文件 MSCOMCT2.OCX，然后单击"控件工具箱"工具栏的"其他控件"按钮，在如图 4.4 所示的列表框中选择"注册自定义控件"项，再选择并打开文件 MSCOMCT2.OCX。

图 4.4　注册自定义控件界面

2. 工作表的 SelectionChange 事件代码

进入 VBA 编辑环境，用鼠标双击 Microsoft Excel 对象的 Sheet1 工作表，在"对象"下拉列表中选择 Worksheet，在"过程"下拉列表中选择 SelectionChange，编写如下代码：

```
Private Sub Worksheet_SelectionChange(ByVal Target As Range)
    If Target.Count > 1 Then Exit Sub        '选中了多个单元格，退出
    If Target.Column = 1 Then                '是第 1 列
        With Me.DTPicker1
            .Visible = True                  '让 DTP 控件可见
            .Top = Target.Top                '调整 DTP 控件位置，使其显示在当前单元格中
            .Left = Target.Left
            .Height = Target.Height          '设置 DTP 控件的高度等于行高
            .Width = Target.Width + 15       '设置 DTP 控件的宽度略大于列宽
            If Target <> "" Then             '如果当前单元格已有内容
                .Value = Target.Value        '设置 DTP 控件初始值为当前单元格日期
            Else
                .Value = Date                '设置 DTP 控件初始值为系统当前日期
            End If
        End With
    Else
        Me.DTPicker1.Visible = False         '其他列，让 DTP 控件不可见
    End If
End Sub
```

当选中 Sheet1 工作表的任意单元格时，执行上述代码。

它首先判断选中的单元格数量，如果选中了多个单元格，则直接退出子程序。如果选中的是一个单元格，再进一步判断当前列号。

如果当前选中的是第 1 列，则：让 DTP 控件可见，并调整 DTP 控件的位置，使其显示在当前单元格之中。设置 DTP 控件的高度等于行高，宽度略大于列宽，使得 DTP 控件的下拉按钮在单元格的外面。若当前单元格已有内容，则设置 DTP 控件初始值为当前单元格日期，否则设置 DTP 控件初始值为系统当前日期。

如果当前选中的是其他列，则让 DTP 控件不可见。

3. DTP 控件的 CloseUp 事件代码

在"对象"下拉列表中选择 DTPicker1，在"过程"下拉列表中选择 CloseUp，编写如下代码：

```
Private Sub DTPicker1_CloseUp()
    ActiveCell.Value = Me.DTPicker1.Value
    Me.DTPicker1.Visible = False
End Sub
```

当我们在 DTP 控件中选择一个日期后，会产生 CloseUp 事件，执行上述代码。它取出 DTP 控件的值放到当前单元格，然后让 DTP 控件不可见。

4. 工作表的 Change 事件代码

选中第 1 列的一个或多个单元格，按 Delete 键，可以删除原来的内容。但选中一个单元格并删除其内容后，DTP 控件仍保留在当前单元格。为了解决这个问题，我们对 Sheet1 的 Change 事件编写如下代码：

```
Private Sub Worksheet_Change(ByVal Target As Range)
    If Target.Count > 1 Then Exit Sub      '选中了多个单元格，退出
    If Target = "" Then                    '如果删除单元格的内容
        Me.DTPicker1.Visible = False       '隐藏 DTP 控件
    End If
End Sub
```

当 Sheet1 的任意单元格内容发生改变时，执行上述代码。

它首先判断当前单元格数量，如果是多个单元格，则直接退出子程序。如果是一个单元格，并且内容为空，则隐藏 DTP 控件。

5. 运行和测试

打开"日期控件的使用"工作簿，将光标定位到第 1 列的任意一个单元格，则会显示出 DTP 控件。单击 DTP 控件下拉按钮，得到如图 4.5 所示的界面。在 DTP 控件中选择一个日期，该日期将添加到当前单元格中。

用同样的方法也可以修改单元格的日期。

选中一个或多个单元格，按 Delete 键，可以删除原来的内容，同时 DTP 控件被隐藏。

图 4.5　在工作表中显示的 DTP 控件

4.2　在 Word 文档中使用列表框控件

如同在 Excel 工作表中使用控件一样，在 Word 文档中也可以使用控件，从而为用户提供交互方式。本节结合一个实例介绍在 Word 文档中添加控件、设置属性和编写事件过程的有关技术。

1．向文档中添加控件

若要向文档中添加控件，首先要打开"控件工具箱"工具栏，单击要添加的控件，然后在文档中单击鼠标，拖动控件上的调整柄，直至控件的外边框成为所需的大小和形状。

为了在 Word 文档中使用列表框控件，我们创建一个文档，在文档上放置一个列表框 ListBox1 和一个命令按钮 CommandButton1，并根据需要调整大小和位置。

2．设置控件属性

在设计模式下，用鼠标右击控件，然后选择快捷菜单上的"属性"项，打开"属性"窗口。在属性窗口中，属性的名称显示在左边一列，属性的值显示在右边一列，在此可以设置属性值。

这里，我们设置命令按钮 CommandButton1 的 Caption 属性为"添加列表项"。

3．命令按钮编程

在命令按钮上右击鼠标，在弹出的快捷菜单中选"查看代码"，进入 VBA 编辑环境，输入如下代码：

```
Private Sub CommandButton1_Click()
  With ListBox1
    Do While .ListCount >= 1 '列表框包含列表项
      .RemoveItem (0)          '删除第一个列表项(编号 0)
    Loop
    .AddItem "North"           '添加列表项
    .AddItem "South"
    .AddItem "East"
    .AddItem "West"
  End With
End Sub
```

这段程序对列表框控件 ListBox1 进行控制。先用循环语句和 RemoveItem 方法删除列表框中原有的列表项，再用 AddItem 方法添加四个列表项。

退出设计模式，单击文档上的命令按钮，可以看到列表框中添加了列表项。

4．列表框编程

在列表框上单击鼠标右键，在快捷菜单中选"查看代码"，进入 VBA 编辑环境，输入如下代码：

```
Private Sub ListBox1_Change()
  With ActiveDocument.Content
    .InsertAfter Chr(10)
    .InsertAfter ListBox1.Value
  End With
End Sub
```

当在列表框中选择的列表项发生改变时，上述程序就会被执行。

它用 InsertAfter 方法在 Word 当前文档的末尾插入一个回车符后，再把列表框中当前被选中的列表项插入到文档的末尾。

退出设计模式，在列表框中选择任意一个列表项，该列表项就会被添加到文档末尾。

所有的控件都有一组预定义事件。例如，当用户单击命令按钮时，该命令按钮就引发一个 Click 事件。当用户在列表框中选择一个新的列表项时，该列表框就会引发一个 Change 事件。

编写事件处理过程，可以完成相应的操作。

要编写控件的事件处理过程，除了前面提到的方法外，还可以双击控件进入代码编辑环境，从"过程"下拉列表框内选择事件，再进行编码。

过程名包括控件名和事件名。例如，命令按钮 Command1 的 Click 事件过程的名为 Command1_Click。

4.3 用户窗体及控件示例

用户窗体，也就是我们通常所说的窗口或对话框，是人机交互的界面。在利用 Office 开发应用软件时，多数情况下可以不必建立用户窗体，而直接使用系统工作界面。但是，如果希望创建专业级的应用软件，或者需要专门的数据输入、输出和操作界面，则应该使用用户窗体。

1. 创建用户窗体

在 Excel 或 Word 中创建用户窗体，可以在 VBA 编辑器中实现。

在 VBA 编辑环境中，选择工具栏上的"插入用户窗体"按钮或者在"插入"菜单选"用户窗体"项，便会插入一个用户窗体，同时打开一个如图 4.6 所示的"工具箱"窗口。

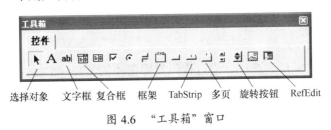

图 4.6 "工具箱"窗口

在"工具箱"窗口中有许多已经熟悉的控件，但名字可能不同。其中"文字框"相当于"控件工具箱"工具栏的"文本框"，"复合框"相当于"控件工具箱"工具栏的"组合框"，"框架"相当于"窗体"工具栏的"分组框"，"旋转按钮"相当于"窗体"工具栏的"微调项"和"控件工具箱"工具栏的"数值调节钮"。

按下"选择对象"按钮时，可以用鼠标在用户窗体上选择控件。

"工具箱"窗口中还有几个新的控件。

"选项卡条(TabStrip)"是包含多个选项卡的控件。通常用来对相关的信息进行组织或分类。

"多页"外观类似选项卡条，是包含一页或多页的控件。选项卡条给人相似的外观，而多页控件的各页包含各自不同的控件，有各自不同的布局。如果每一页都具有相同布局,则应选择选项卡条，否则应该选择多页。

"RefEdit"的外观像文本框，通过这个控件可以将用户窗体折叠起来，以便选择单元格区域。

向"用户窗体"中添加控件，可在"工具箱"中找到需要的控件，将该控件拖放到窗体上，然后拖动控件上的调整柄，调整大小和形状。

向窗体添加了控件之后，可用 VBA 编辑器中"格式"菜单上的命令，调整多个控件的对齐方式和间距。

用鼠标右击某一控件，然后选择"属性"项，显示出属性窗口。属性的名称显示在该窗口的左侧，属性的值显示在右侧。在属性名称的右侧可以设置属性的值。

下面,我们进入 VBA 编辑环境,打开"工程资源管理器"窗口,插入一个用户窗体 UserForm1。在窗体上放置两个命令按钮 CommandButton1 和 CommandButton2，放置一个文字框 TextBox1。适当调整这些控件的大小和位置。

右击命令按钮 CommandButton1，在弹出菜单中选"属性"，设置 Caption 属性值为"显示"。用同样的方法设置 CommandButton2 的 Caption 属性值为"清除"。

2. 用户窗体和控件编程

双击"显示"命令按钮，输入如下代码：

```
Private Sub CommandButton1_Click()
    TextBox1.Text = "你好，欢迎学习VBA！"
End Sub
```

用户窗体运行后，当我们单击"显示"按钮时，产生 Click 事件，执行上述过程。该过程通过设置使文字框的 Text 属性显示一行文字。

双击"清除"命令按钮，为其 Click 事件编写代码如下：

```
Private Sub CommandButton2_Click()
    TextBox1.Text = ""
End Sub
```

该过程将文字框的 Text 属性设置为空串，即清除文字。

最后，双击用户窗体，为其 Activate 事件编写如下代码：

```
Private Sub UserForm_Activate()
    Me.Caption = "欢迎"
End Sub
```

Activate 事件在窗体激活时产生。通过代码设置窗体的 Caption 属性为"欢迎"。Me 代表当前用户窗体。

3. 运行用户窗体

选择"运行"菜单的"运行子过程/用户窗体"项，或按 F5 键，运行该窗体。我们会看到窗体的标题已改为"欢迎"。单击"显示"命令按钮，得到如图 4.7 所示结果。

图 4.7　窗体运行结果

单击"清除"命令按钮，文字框的内容被清除。

4.4　进度条窗体的设计

开发一个应用软件的时候，往往要使用不同类型的窗体，通过窗体实现软件和用户的交互，也可以使用窗体实现一些特殊功能。下面给出一个应用窗体的例子。

4.4.1　简单的进度条窗体

进入 Excel 的 VBA 编辑环境，在当前工程中添加一个窗体 UserForm1，窗体上添加两个标签 Label1 和 Label2，根据实际需要调整标签的大小、位置和字体，设置窗体的 Caption 属性为"进度条"。

双击用户窗体 UserForm1，对其 Activate 事件编写如下代码：

```
Private Sub UserForm_Activate()
    On Error GoTo ext    '启动错误处理
    Label1.Caption = ""
```

```
   Label2.Caption = ""
   Label1.BackColor = RGB(100, 255, 255)
   For k = 1 To 100
     Label2.Caption = Format(k / 100, "0%")
     Label1.Width = k / 100 * (Width - 30)
     For j = 1 To 3000  '延时
       DoEvents          '转让控制权，以便中途关闭窗口
     Next j
   Next k
ext:
   Unload UserForm1      '卸载窗体
   On Error GoTo 0       '取消错误处理(恢复原态)
End Sub
```

这段代码当窗体被打开或激活时自动执行，实现简单的进度显示。其中 Label1 是一个进度条，宽度随进度变化，最终宽度为窗体的宽度减去 30。Label2 显示进度的百分比。

在显示进度过程中，每前进一步，都用循环程序进行延时，其间用语句 DoEvents 转让控制权，以便中途可以随时关闭窗口。启动错误处理的目的是屏蔽中途关闭窗口时产生的错误信息。

为了便于测试，我们在当前工程中插入一个模块，在模块中编写如下子程序：

```
Sub test()
   UserForm1.Show
End Sub
```

然后，在 Excel 当前工作表中添加一个自选图形(比如"矩形")，输入提示信息"显示进度条"，将宏"test"指定给自选图形，这样就可以通过自选图形来执行子程序(宏)了。

进度条窗体运行时的效果如图 4.8 所示。可以通过调整标签在窗体的位置和属性来获得更好的效果。

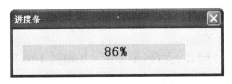

图 4.8　进度条窗体

4.4.2　改进的进度条窗体

下面我们再设计一个改进的进度条窗体。要求：当进度到达显示的数值后，数值设置为白色，否则数值设置为蓝色。

1．设置用户窗体和控件

创建一个 Excel 工作簿，进入 VBA 编辑环境，在当前工程中添加一个用户窗体 UserForm1。设置窗体的 Height、Width 属性分别为 60 和 240，ShowModal 属性为 False。

在窗体上添加一个文字框 TextBox1，作为进度条的白色背景。设置其 Height、Width、Left、Top 属性分别为 18、220、8 和 8，TabStop 属性为 False，Text 属性为空白。背景颜色 BackColor 属性用默认的"白色"，BackStyle 属性用默认的 1(不透明)，SpecialEffect 属性用默认的 2(凹下)。

在窗体上添加一个文字框 TextBox2，用来显示进度的百分比。设置其 Height、Width、Left、Top 属性分别为 18、40、98 和 12，TabStop 属性为 False，TextAlign 属性为 2(水平居中)，文字颜

色为蓝色，BackStyle 属性设置为 0(透明)，SpecialEffect 属性设置为 0(平面)。

在窗体上添加一个标签 Label1，作为进度条。设置其 Height、Width、Left、Top 属性分别为 18、0、8 和 8，Caption 属性为空白，BackColor 属性为"蓝色"。

2. 编写子程序 jd

为了在窗体中显示进度条和完成的百分比，我们在模块中建立一个子程序 jd，代码如下：

```
Sub jd(h, lr)
  UserForm1.Label1.Width = Int(h / lr * 220)   '显示进度条
  If UserForm1.Label1.Width > 105 Then          '进度到达显示数值
    UserForm1.TextBox2.ForeColor = &HFFFFFF    '数值设置为白色
  Else
    UserForm1.TextBox2.ForeColor = &HFF0000    '数值设置为蓝色
  End If
  pct = Int(h / lr * 100)                       '进度值
  pct = IIf(pct < 10, " " & pct & "%", pct & "%")
  UserForm1.TextBox2.Text = pct                 '显示进度值
End Sub
```

这个子程序的两个形式参数 h 和 lr，分别表示"当前次数"和"总次数"。

3. 测试进度条

为了测试这个无标题栏窗体进度条，我们在模块中再建立一个子程序"进度条"，代码如下：

```
Sub 进度条()
  UserForm1.Show      '显示用户窗体
  cnt = 10000         '循环次数控制
  For m = 1 To cnt
    Call jd(m, cnt)
    DoEvents          '转让控制权给操作系统
  Next
  Unload UserForm1    '卸载用户窗体
End Sub
```

执行"进度条"子程序后，屏幕上将显示如图 4.9 和图 4.10 所示的进度信息。

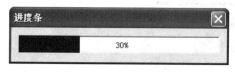

图 4.9　进度到达显示数值前　　　　　　　　图 4.10　进度到达显示数值后

4.5　出生年份、生肖、年龄互查

本节设计一个软件，用来查询出生年份、生肖和年龄。设计目标是：在 Excel 工作表上放三个选项按钮，用来选择"年份"、"年龄"和"生肖"。当选择"年份"项时，在指定的单元格中输入一个出生年份；单击"查询"按钮，显示出对应的年龄和生肖；当选择"年龄"项时，在指定的单元格中输入一个年龄，单击"查询"按钮，显示出对应的出生年份和生肖；当选择"生肖"项时，指定一个生肖，单击"查询"按钮，显示出与其对应的若干个出生年份和年龄。

1. 工作表设计

创建一个 Excel 工作薄，保存为"出生年份、生肖、年龄互查.xls"。保留 Sheet1 工作表，删除区域工作表。

在 Sheet1 工作表中，放置控件，设置属性，得到如图 4.11 所示的工作表界面。

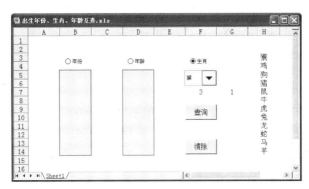

图 4.11　工作表界面

设计步骤如下：

(1) 选择全部单元格，设置背景颜色为"白色"。

(2) 打开"窗体"工具栏。在工作表上添加 3 个选项按钮，分别标记为"年份"、"年龄"和"生肖"。在任意一个选项按钮上单击鼠标右键，在快捷菜单中选择"设置控件格式"项，在"设置控件格式"对话框的"控制"选项卡中，设置单元格链接为 F7。这样，单击任意一个选项按钮，F7 单元格就会出现对应的序号。

(3) 在 H3:H14 单元格区域输入十二生肖名字。在工作表上添加一个组合框。在组合框上单击鼠标右键，在快捷菜单中选择"设置控件格式"项，在如图 4.12 所示的"设置控件格式"对话框的"控制"选项卡中，设置数据源区域为 H3:H14，单元格链接为 G7，下拉显示项数为 12。这样，便可通过组合框选择任意一个生肖，G7 单元格会出现对应的序号。

图 4.12　"设置控件格式"对话框

(4) 在工作表上添加两个按钮，分别标记为"查询"和"清除"，用来执行相应的子程序。

(5) 选中 B5:B14 和 D5:D14 单元格区域，填充"浅青绿"颜色，设置外边框，用来输入或显示对应的信息。

(6) 参照图 4.11 调整各控件的大小和位置。

(7) 选中 F7、G7、H3:H14 单元格区域，设置字体颜色为"白色"，把该区域的内容隐藏起来。

2. 编写自定义函数

进入 VBA 编辑环境，插入一个模块，编写以下几个函数：

(1) a2y。本函数的功能既可由当前年龄求出生年份，也可由出生年份求当前年龄。形参 a 既可表示当前年龄，也可表示出生年份。具体代码如下：

```
Function a2y(a)
  a2y = Year(Date) - a
End Function
```

调用函数时，如果实参是当前年龄，则返回值是出生年份。如果实参是出生年份，则返回值是当前年龄。例如，实参为 28，返回值为 1984，实参为 1956，返回值为 56。

(2) y2b。这个函数的功能是由出生年份求生肖的序号。形参 y 表示出生年份，返回值为生肖数据区序号。具体代码为：

```
Function y2b(y)
  y2b = (y Mod 12) + 1
End Function
```

例如，调用函数时，实参为 2012，则函数的返回值为 9，对应生肖数据区的第 9 个生肖"龙"。

(3) b2a。这个函数的功能是由生肖求当前最小年龄。形参 s 表示生肖序号，返回值为当前最小年龄。比如，当前年份是 2012，生肖为"猴"，当前最小年龄为 8。具体代码如下：

```
Function b2a(s)
  m = Year(Date) Mod 12
  n = (m + 1) - s
  If n < 0 Then n = n + 12
  b2a = n
End Function
```

这段代码中，形参 s 表示生肖序号。首先求出当前年份除以 12 的余数，用变量 m 表示。用 (m+1)-s 得到最小年龄初值，用变量 n 表示。n 的值大于或等于 0，即为当前最小年龄，否则加 12 为当前最小年龄。

3. "查询"子程序设计

在模块中编写一个子程序"查询"，代码如下：

```
Sub 查询()
  k = Cells(7, 6)                '取出选项按钮值
  Select Case k
    Case 1                       '选中第一个选项按钮
      nf = Cells(5, 2)           '取出出生年份
      Cells(5, 4) = a2y(nf)      '求出当前年龄
      Cells(7, 7) = y2b(nf)      '求出生肖序号
    Case 2                       '选中第二个选项按钮
      ag = Cells(5, 4)           '取出当前年龄
      nf = a2y(ag)               '求出出生年份
      Cells(5, 2) = nf           '填写出生年份
      Cells(7, 7) = y2b(nf)      '求出生肖序号
    Case 3                       '选中第三个选项按钮
      sx = Cells(7, 7)           '取出生肖序号
      nn = b2a(sx)               '求出当前最小年龄
      For r = 0 To 9             '循环10次
```

```
        Cells(r + 5, 2) = a2y(nn) - r * 12   '填写出生年份
        Cells(r + 5, 4) = nn + r * 12            '填写年龄
      Next
    End Select
End Sub
```

在这个子程序中，首先从 7 行 6 列单元格，也就是 F7 单元格中取出选项按钮的序号，用变量 k 表示。然后用 Select Case 语句，根据不同的 k 值进行相应处理。

如果 k 的值为 1，说明选中的是第一个选项按钮，需要由出生年份求年龄和生肖。从 5 行 2 列单元格取出出生年份，用 a2y 函数求出当前年龄填写到 5 行 4 列单元格。用 y2b 函数求出生肖序号填写到 7 行 7 列单元格(G7 单元格)，使组合框显示出对应的生肖。

如果 k 的值为 2，说明选中的是第二个选项按钮，需要由当前年龄求出生年份和生肖。从 5 行 4 列单元格取出当前年龄，用 a2y 函数求出生年份填写到 5 行 2 列单元格。同样用 y2b 函数求出生肖序号填写到 7 行 7 列单元格，使组合框显示出对应的生肖。

如果 k 的值为 3，说明选中的是第三个选项按钮，需要由生肖求出生年份和年龄。从 7 行 7 列单元格取出生肖序号，用 b2a 函数求出该生肖对应的当前最小年龄，送给变量 nn。再用 For 语句循环 10 次，每次往 2 列和 4 列数据区的末尾添加一个出生年份和一个年龄。年份的间隔、年龄的间隔都是 12。

4. "清除" 子程序设计

在模块中编写一个"清除"子程序，用来清除特定区域的原有内容，以便进行新的查询。子程序代码如下：

```
Sub 清除()
   Range("B5:B14,D5:D14,G7").ClearContents
End Sub
```

5. 运行与测试

在工作表中，将"查询"和"清除"子程序分别指定给两个按钮。

单击"年份"选项按钮，在 5 行 2 列单元格输入一个出生年份，再单击"查询"按钮，显示出对应的年龄和生肖；单击"年龄"选项按钮，在 5 行 4 列单元格输入一个年龄，再单击"查询"按钮，显示出对应的出生年份和生肖；单击"生肖"选项按钮，指定一个生肖，再单击"查询"按钮，显示出与其对应的 10 个出生年份和年龄。

例如，单击"生肖"选项按钮，指定生肖为"猴"，将得到如图 4.13 所示的查询结果。

任何时候，单击"清除"按钮，将清除数据区和组合框的内容，以便重新查询。

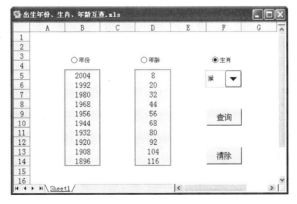

图 4.13 软件运行结果

上机实验题目

1. 创建一个 Excel 工作簿，进入 VBA 编辑环境，插入一个用户窗体，在窗体上放置 3 个复合框。然后对窗口的 Activate 事件编写一个尽可能简单的程序，使得窗口打开时，自动在每个复合框中添加列表项。3 个复合框的列表项分别来源于当前工作表的 A～C 列。

2. 创建一个 Word 文档，进入 VBA 编辑环境，插入一个用户窗体，在窗体中放置一个复合框，一个文字框和一个命令按钮。按后对按钮的 Click 事件编写程序，使得窗体运行后，单击命令按钮，能够统计文字框中字符串在 Word 当前文档中出现的次数。复合框用来区分大小写。

3. 在 Excel 中建立如图 4.14 所示的表格，然后编写程序实现以下功能：当在 B3 单元格中输入任意一个日期后，系统自动求出对应的干支、生肖、星座、年龄，填写到相应的单元格中。

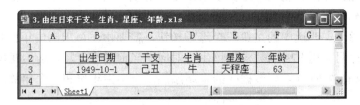

图 4.14 Excel 工作表界面

第 5 章　Office 命令栏

在 Microsoft Office 中，工具栏、菜单栏和快捷菜单都可由同一种类型的对象进行编程控制，这类对象就是命令栏(CommandBar)。

通过 VBA 程序，可以对系统菜单栏或工具栏进行修改，可以为应用程序创建和修改自定义工具栏、菜单栏和快捷菜单栏，还可以给命令栏添加按钮、文字框、下拉式列表框和组合框等控件。

命令栏控件和 ActiveX 控件尽管具有相似的外观和功能，但两者并不相同。所以既不能在命令栏中添加 ActiveX 控件，也不能在文档或表格中添加命令栏控件。

5.1　创建自定义工具栏

本节先结合实例介绍用 VBA 程序添加和修改工具栏及其控件的基本技术，然后给出一个创建自定义工具栏的案例。

5.1.1　添加和修改工具栏

利用 VBA 代码可以创建和修改工具栏。如：改变按钮的状态、外观、功能，添加或修改组合框控件等等。这些都属于运行时间修改。

1. 对工具栏作运行时间修改

在运行时间可对工具栏作多种不同的修改。一种修改是改变命令栏按钮在工具栏上的状态。每个按钮控件都有两种状态：按下状态 (True) 和未按下状态 (False)。要改变按钮控件的状态，可为 State 属性赋予适当的值；另一种修改是改变按钮的外观或功能。要改变按钮的外观而不改变其功能，可用 CopyFace 和 PasteFace 方法。CopyFace 方法将某个特殊按钮的图符复制到剪贴板，PasteFace 方法将按钮图符从剪贴板粘贴到指定的按钮上。要将按钮的动作改为自定义的功能，可给该按钮的 OnAction 属性指定一个自定义过程名。

表 5.1 列举了常用的修改按钮状态、外观或动作的属性和方法。

表 5.1　命令栏按钮常用的属性和方法

属性或方法	说　　明
CopyFace	将指定按钮的图符复制到"剪贴板"上
PasteFace	将"剪贴板"上的内容粘贴到指定按钮的图符上
Id	指定代表按钮内置函数的值
State	指定按钮的外观或状态
Style	指定按钮图符是显示其图标还是显示其标题
OnAction	指定在用户单击按钮、显示菜单或更改组合框控件的内容时所运行的过程
Visible	指定控件对用户是显示还是隐藏
Enabled	使一个命令栏生效或失效。失效的命令栏名不显示在有效命令栏列表中

下面，我们创建包含一个命令按钮的命令栏，用代码改变按钮外观。

进入 Excel 的 VBA 编辑器，插入一个模块，在模块中输入如下三个过程：

```
Sub CreateCB()
  Set myBar = CommandBars.Add(Name:= "cbt", Position:=msoBarTop)
  myBar.Visible = True
  Set oldc = myBar.Controls.Add(Type:=msoControlButton, ID:=23)
  oldc.OnAction = "ChangeFaces"
End Sub
Sub ChangeFaces()
  Set newc = CommandBars.FindControl(Type:=msoControlButton, ID:=19)
  newc.CopyFace
  Set oldc = CommandBars("cbt").Controls(1)
  oldc.PasteFace
End Sub
Sub DelCB()
  CommandBars("cbt").Delete
End Sub
```

过程 CreateCB 首先用 add 方法建立一个工具栏，命名为 cbt，停靠在窗口上方。然后让工具栏可见。接下来在工具栏上添加一个命令按钮，设置按钮的 ID 值为 23(对应于"常用"工具栏的"打开"按钮)。最后通过 CommandBarButton 对象的 OnAction 属性指定其执行的过程为 ChangeFace。

ChangeFace 过程首先找到 ID 为 19 的工具栏按钮，然后用 CopyFace 方法将该按钮的图符复制到"剪贴板"上，再用 PasteFace 方法将其粘贴到 cbt 工具栏的按钮上。这样就在运行时间修改了命令栏按钮的外观。

过程 DelCB 用 Delete 方法删除工具栏 cbt。

2. 添加和修改组合框控件

编辑框、下拉式列表框和组合框都是功能强大的控件，可以添加到 VBA 应用程序的工具栏中，这通常需要用 VBA 代码来完成。

要设计一个组合框，需要用到表 5.2 所示的属性和方法。

表 5.2　组合框常用属性和方法

属性或方法	说　　明
Add	如果要在命令栏中添加一个组合框控件，可为 Type 参数指定以下 MsoControlType 常量之一：msoControlEdit、msoControlDropdown 或 msoControlComboBox
AddItem	在下拉式列表框或组合框的下拉式列表区中添加一个列表项。可为已有列表中的新项指定一个索引号，但其数值不能大于列表中的项目数，否则 AddItem 方法失败
Caption	为组合框控件指定标签。如果将 Style 属性设置为 msoComboLabel，那么该标签将在该控件旁显示
Style	确定指定控件的标题是否显示在该控件旁。该值可设置为 MsoComboStyle 的以下常量之一：msoComboLabel(显示)或 msoComboNormal(不显示)
OnAction	指定当用户改变组合框控件的内容时要运行的过程

下面过程在自定义工具栏中添加一个组合框，并给该控件指定一个名为"STOQ"的过程。

```
Sub test()
  Set myBar = CommandBars.Add(Name:= "Custom", _
```

```
    Position:=msoBarTop, Temporary:=True)
  myBar.Visible = True
  Set newCombo = myBar.Controls.Add(Type:=msoControlComboBox)
  With newCombo
    .AddItem "Q1"
    .AddItem "Q2"
    .AddItem "Q3"
    .AddItem "Q4"
    .Style = msoComboNormal
    .OnAction = "STOQ"
  End With
End Sub
```

该过程首先建立一个自定义工具栏 Custom，停靠在窗口上方，设置临时属性(关闭当前文档或工作簿后，工具栏自动消失)，使其可见。然后在工具栏上建立一个组合框，添加四个列表项，不显示控件的标题。最后指定当用户改变组合框控件的内容时要运行的过程 STOQ。

在运行程序时，每次用户改变组合框控件时，都将调用该控件 OnAction 属性指定的过程。ListIndex 属性将返回组合框中所键入或选择的项。

5.1.2 自定义工具栏案例

下面，我们创建一个 Excel 工作簿，保留工作簿的三张工作表，通过 VBA 程序实现以下功能：当工作簿打开时，自动建立一个临时自定义工具栏。工具栏上放置一个组合框、两个按钮。选中第一张工作表时，工具栏不可见；选中第二张工作表时，工具栏可见，组合框和第一个按钮可用，第二个按钮不可用；选中第三张工作表时，工具栏可见，组合框和第二个按钮可用，第一个按钮不可用。选择组合框的任意一个列表项，该列表项文本添加到当前单元格区域。单击两个按钮，分别显示不同的提示信息。

首先创建一个 Excel 工作簿，保存为"自定义工具栏案例.xls"。

然后，在 VBA 编辑环境中，单击工具栏上的"工程资源管理器"按钮，在当前工程中的"Microsoft Excel 对象"中双击"ThisWorkBook"，对当前工作簿进行编程。

在代码编辑窗口上方的"对象"下拉列表框中选择 Workbook，在"过程"下拉列表框中选择 Open，对工作簿的 Open 事件编写如下代码：

```
Private Sub Workbook_Open()
  Set tbar = Application.CommandBars.Add(Name:= "我的工具栏", Temporary:=True)
  Set combx1 = tbar.Controls.Add(Type:=msoControlComboBox)
  With combx1
    .Width = 200
    .DropDownLines = 8
    .OnAction = "fill"
    .AddItem ("信息科学技术")
    .AddItem ("软件工程")
    .AddItem ("电子信息工程")
  End With
  Set butt1 = tbar.Controls.Add(Type:=msoControlButton)
  With butt1
    .Caption = "各省学生人数"
```

```
        .Style = msoButtonCaption
        .OnAction = "gsrs"
    End With
    Set butt2 = tbar.Controls.Add(Type:=msoControlButton)
    With butt2
        .Caption = "教材发放情况"
        .Style = msoButtonCaption
        .OnAction = "jcff"
    End With
    tbar.Left = 360
    tbar.Top = 360
    Worksheets(1).Activate
End Sub
```

当工作簿打开时，这段程序被自动执行。它完成以下操作：

(1) 建立一个临时工具栏，命名为"我的工具栏"，用对象变量 tbar 表示。设置自定义工具栏的临时属性，为了不影响 Excel 系统环境，工作簿打开时建立，工作簿关闭时删除。

(2) 在工具栏上添加一个组合框，保存到对象变量 combx1 中。设置组合框的宽度、下列项目数，添加三个列表项，指定要执行的过程为 fill。

(3) 在工具栏上添加两个按钮，保存到对象变量 butt1 和 butt2 中。标题分别为"各省学生人数"和"教材发放情况"。为按钮分别指定要执行的过程为 gsrs 和 jcff。

(4) 设置工具栏的左上角位置，选中第一张工作表。

为了在选中不同工作表的情况下，控制工具栏的可见性以及按钮的可用性，我们对工作簿的 **SheetActivate** 事件编写如下代码：

```
Private Sub Workbook_SheetActivate(ByVal Sh As Object)
    Select Case Sh.Index
        Case 1
            tbar.Visible = False
        Case 2
            tbar.Visible = True
            butt1.Enabled = True
            butt2.Enabled = False
        Case Else
            tbar.Visible = True
            butt1.Enabled = False
            butt2.Enabled = True
    End Select
End Sub
```

这段代码在工作簿的当前工作表改变时被执行。

如果当前选中的是第一张工作表，让工具栏不可见；是第二张工作表，让工具栏可见，第一个按钮可用，第二个按钮不可用；是第三张工作表，让工具栏可见，第二个按钮可用，第一个按钮不可用。组合框的 Enabled 属性默认值为 True，所以始终可用。

由于对象变量 tbar、combx1、butt1 和 butt2 在工作簿的 Open 事件中被赋值，而要在其他过程中引用，所以把它们声明为全局变量。

在 **VBA** 编辑环境中，用"插入"菜单插入一个模块。在模块的顶部用下面语句声明全局型对象变量：

```
Public tbar, combx1, butt1, butt2 As Object
```
最后，在模块中编写以下三个过程：
```
Sub fill()
  Selection.Value = combx1.Text
End Sub
Sub gsrs()
  MsgBox "统计各省学生人数模块"
End Sub
Sub jcff()
  MsgBox "统计教材发放情况模块"
End Sub
```
这样，当我们选择组合框的任意一个列表项，该列表项文本将被添加到当前单元格区域中。单击两个按钮，将分别显示不同的提示信息。

5.2 创建自定义菜单

本节先结合实例介绍用 VBA 程序控制菜单栏、菜单项和快捷菜单的基本技术，然后给出一个创建自定义菜单的案例。

5.2.1 管理菜单栏和菜单项

1. 添加和修改菜单栏

要在运行时间给应用程序添加一个菜单栏，可用 CommandBars 集合的 Add 方法并将 MenuBar 参数指定为 True。

下面过程建立一个名为 mBar 的菜单栏，放置在应用程序窗口的右边。然后设属性，使其可见、不可移动。

```
Sub test()
  Set MenuBar = CommandBars.Add(Name:= "mBar", _
  Position:=msoBarRight, MenuBar:=True)
  With MenuBar
    .Protection = msoBarNoMove
    .Visible = True
  End With
End Sub
```

在运行时间可修改菜单栏及其控件。对菜单栏可修改其外观或位置，对控件可修改其类型等。

表 5.3 给出了在运行时间修改菜单栏的常用属性和方法。

表 5.3 菜单栏的常用属性和方法

属性或方法	说　　明
Add	添加一个菜单栏，指定 MenuBar 参数为 True
Enabled	设置菜单栏的可用性
Protection	禁止用户对菜单栏进行特定操作
Position	指定菜单栏相对于应用程序窗口的位置
Visible	指定对用户是显示还是隐藏控件。如果该控件对用户是隐藏的，那么该菜单栏名仍将显示在有效命令栏列表中

2．添加和修改菜单项

对菜单项的修改范围取决于控件的类型。通常，按钮有可见、可用两种属性，而编辑框、下拉式列表框和组合框可进行的操作更为多样化，可在列表中添加或删除列表项，也可根据选中的值确定要执行的动作。用户可将任意控件的动作改为内置功能或自定义功能。

表 5.4 给出了改变控件状态、动作或内容的常用属性和方法。

表 5.4　菜单栏控件的常用属性和方法

属性或方法	目　　的
Add	在菜单栏中添加一个菜单项
AddItem	在下拉式列表框或组合框的下拉式列表区中添加一个列表项
Style	指定按钮外观是显示其图标还是显示其标题
OnAction	指定当用户改变特定控件的值时要运行的过程
Visible	指定控件对用户是显示还是隐藏

下面过程将系统当前活动菜单栏对象送给变量 myM，然后在活动菜单栏的末尾添加一个临时弹出式菜单项，命名为 Custom，接下来在该菜单项中添加一个按钮控件，命名为 Import。

```
Sub test()
    Set myM = CommandBars.ActiveMenuBar
    Set newM = myM.Controls.Add(Type:=msoControlPopup, Temporary:=True)
    newM.Caption = "Custom"
    Set ctrl1 = newM.Controls.Add(Type:=msoControlButton, ID:=1)
    ctrl1.Caption = "Import"
End Sub
```

3．添加和显示快捷菜单

快捷菜单是一个浮动命令栏，它在用户单击鼠标右键时显示。快捷菜单可包含与命令栏同样的控件类型，控件在其中的行为与在命令栏中一样。与其他命令栏的区别是：用 Add 方法创建快捷菜单时，必须将 msoBarPopUp 指定为 Position 参数的值。

下面过程创建一个快捷菜单，在其中添加两个菜单项(带标题)，然后用 ShowPopup 方法显示该菜单。

```
Sub test()
    Set capm = CommandBars.Add(Name:= "Custom", _
    Position:=msoBarPopup, Temporary:=True)
    Set Copy = capm.Controls.Add
    With Copy
        .FaceId = 23
        .Caption = "复制"
    End With
    Set Paste = capm.Controls.Add
    With Paste
        .FaceId = 17
        .Caption = "图表向导"
    End With
    capm.ShowPopup 200, 200
End Sub
```

该过程首先建立一个名为"Custom"的临时快捷菜单，用对象变量 capm 表示，然后添加两个菜单项"复制"和"图表向导"，设置其图标和标题属性，最后用 ShowPopup 方法显示该菜单。

其中用到了命令栏控件的 FaceId 属性。FaceId 属性确定一个命令栏按钮的外观(其中包括图符)。

5.2.2　自定义菜单案例

本例在 Excel 工作簿中建立一个如图 5.1 所示的自定义菜单。工作簿打开时用自定义菜单取代系统菜单，当选择"输入"、"修改"、"删除"菜单命令时显示出相应的信息，选择"退出"菜单命令，恢复系统菜单。

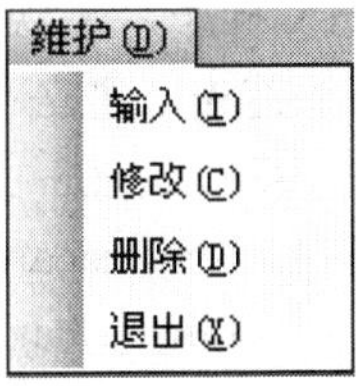

实现方法如下：

(1) 在 Excel 环境中，选择"工具"→"宏"菜单的"Visual Basic 编辑器"命令，或按 Alt+F11 键，打开 VBA 编辑器。

(2) 打开"工程资源管理器"，在"Microsoft Excel 对象"的"ThisWorkbook"上双击鼠标，打开代码编辑器窗口，在上面的"对象"下拉列表中选择"Workbook"，在"过程"下拉列表中选择"Open"，输入代码，得到如下过程：

图 5.1　自定义菜单

```
Private Sub Workbook_Open()
    Set mb = MenuBars.Add("MyMenu")                                    '建立菜单栏
    Set mt = mb.Menus.Add("维护(&D)")                                  '添加水平菜单项
    mt.MenuItems.Add Caption:= "输入(&I)", OnAction:= "in_p"            '添加竖直菜单项
    mt.MenuItems.Add Caption:= "修改(&C)", OnAction:= "modi"
    mt.MenuItems.Add Caption:= "删除(&D)", OnAction:= "dele"
    mt.MenuItems.Add Caption:= "退出(&X)", OnAction:= "quit"
    mb.Activate                                                        '激活自定义菜单
End Sub
```

(3) 在 VBA 编辑环境的"标准"工具栏上单击"模块"按钮，或选择"插入"菜单的"模块"命令，插入一个模块。在模块中输入如下 4 个过程：

```
Sub in_p()
    MsgBox ("执行输入功能")
End Sub
Sub modi()
    MsgBox ("执行修改功能")
End Sub
Sub dele()
    MsgBox ("执行删除功能")
End Sub
Sub quit()
    MenuBars("MyMenu").Delete  '删除自定义菜单
End Sub
```

(4) 保存工作簿。

再次打开这个工作簿时，自定义菜单会自动被激活，取代系统菜单。选择"输入"、"修改"、"删除"菜单项时，显示相应的提示信息，选择"退出"菜单命令，恢复系统菜单。

5.3　系统菜单和工具栏控制

本节通过两个例子，介绍用 VBA 程序对 Excel 系统菜单进行控制，以及获取 Excel 系统工具栏按钮的 ID、FaceID 和标题的有关技术。

5.3.1　系统菜单项控制

有时候，需要使系统菜单中某一部分菜单项可见，而将其他部分隐藏起来。下面通过编写 VBA 程序，实现对 Excel 菜单栏的控制，显示或隐藏部分菜单项。

首先，建立一个 Excel 工作簿，进入 VBA 编辑环境，添加一个模块，在模块里编写如下过程：

```
Sub MenuCtrl(ByVal flag As Boolean)    'flag 用来作为菜单项属性
    Dim cmdbar As CommandBar            '菜单栏变量
    Dim cmdbarpp As CommandBarPopup     '菜单项变量
    '取得 Excel 的菜单栏
    Set cmdbar = Application.CommandBars("Worksheet Menu Bar")
    '控制菜单项的可见、可用性
    For i = 1 To cmdbar.Controls.Count
      tmpstr = cmdbar.Controls(i).Caption
      If tmpstr = "编辑(&E)" Then
        '设置下级菜单项的属性
        Set cmdbarpp = cmdbar.Controls(tmpstr)
        For j = 1 To cmdbarpp.Controls.Count
          tmp = cmdbarpp.Controls(j).Caption
          If tmp = "剪切(&T)" Or tmp = "复制(&C)" Or tmp = "粘贴(&P)" Then
            cmdbarpp.Controls(j).Visible = True
            cmdbarpp.Controls(j).Enabled = True
          Else
            cmdbarpp.Controls(j).Visible = flag
            cmdbarpp.Controls(j).Enabled = flag
          End If
        Next
      Else
        '设置当前菜单项的属性
        cmdbar.Controls(i).Visible = flag
        cmdbar.Controls(i).Enabled = flag
      End If
    Next
End Sub
```

在这段程序里，首先取得 Excel 的菜单栏，然后查找"编辑"菜单。对于"编辑"菜单之外的菜单项，直接利用参数 flag 进行控制。对于"编辑"菜单，则进一步选择，让"剪切"、"复制"、"粘贴"菜单项的可见、可用，其余菜单项也根据参数 flag 进行控制。

选择菜单项时利用了菜单的标题(Caption)属性，标题的写法可以直接参照 Excel 菜单栏里每一项的写法，字母下面的下划线用"&"加字母的形式表示。

编写了上面的子过程，我们就可以编写宏

```
Sub test0()
   MenuCtrl False
End Sub
```

和

```
Sub test1()
   MenuCtrl True
End Sub
```

来调用它。

其中 test0 使得选定之外的菜单项不可见，test1 使所有菜单项可见。

5.3.2　列出系统工具栏按钮的 ID、FaceID 和标题

控制系统内置工具栏按钮时，需要知道每个内置按钮的 ID、FaceId 属性值，以便设计出更专业、美观的工具栏。

在 Excel 中编写以下过程，可以列出所有内置工具栏命令按钮的 ID 和标题。

```
Sub OutputIDs()
   Set cbr = CommandBars.Add(Name:="tmp", _
   Position:=msoBarTop, Temporary:=True)    '创建一个临时工具栏
   cbr.Visible = True                       '让工具栏可见
   For K = 1 To 4000
      On Error Resume Next                  '错误发生时，转到下一语句
      cbr.Controls.Add ID:=K                '添加工具栏命令按钮
   Next
   On Error GoTo 0                          '禁止当前过程中错误处理程序(恢复原态)
   Cells(1, 1).Select
   For Each btn In cbr.Controls             '输出命令按钮的 ID 和标题
      Selection.Value = btn.ID
      Selection.Offset(0, 1).Value = btn.Caption
      Selection.Offset(1, 0).Select        '选择下一行
   Next
End Sub
```

在这段程序里，假设最大的内置命令按钮 ID 为 4000。首先创建一个临时的工具栏，将内置命令按钮都添加到这个临时工具栏上，然后对这个临时工具栏进行操作，获得内置命令按钮的 ID 值和对应的标题。

这里需要注意的是，内置命令按钮的 ID 并不是连续的，找不到对应的内置命令按钮时，语句 cbr.Controls.Add 就会出错，所以要在程序里面添加一条错误处理语句。

在 Excel 中运行以下过程，可以创建一个自定义工具栏，该工具栏包含了 Excel 里常用的前 300 个 FaceId 属性值所对应的图标，每个按钮设置一个提示文本。

```
Sub ShowFaceIds()
   Set tb = CommandBars.Add(Temporary:=True)
   For k = 0 To 299
      Set btn = tb.Controls.Add
```

```
        btn. FaceId = k
        btn. TooltipText = "FaceId = " & k
    Next
    tb. Width = 591
    tb. Visible = True
End Sub
```

5.4　动态设置列表项

针对如图 5.2 所示的"信息"工作表，如图 5.3、图 5.4 所示的"课程表"工作表，写程序实现以下功能：

(1) 工作簿打开时创建一个临时自定义工具栏，在工具栏上添加一个组合框，设置组合框宽度、下拉项数、要执行的过程，让工具栏可见。

(2) 在"课程表"工作表中，选中"课程"单元格时，将"信息"工作表"课程"列的信息添加到组合框作为下拉列表项；选中"班级"、"教师"、"教室"单元格时，将"信息"工作表对应列的信息添加到组合框作为下拉列表项。

(3) 在组合框中选择任意列表项，则将该项填写到当前单元格中。

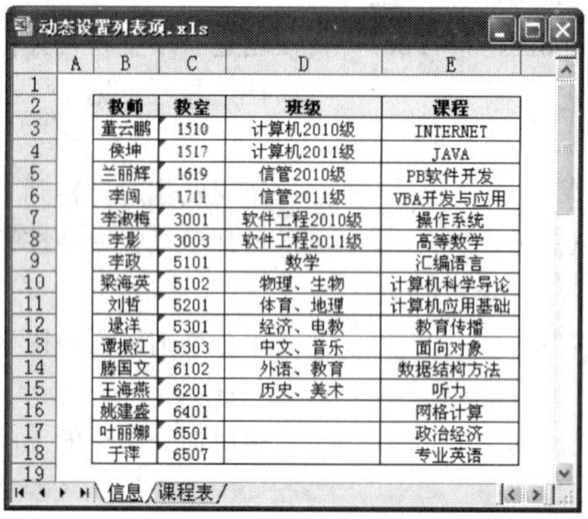

图 5.2　"信息"工作表内容

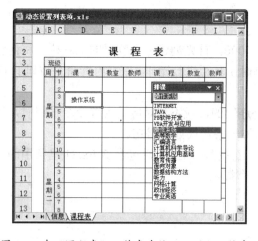

图 5.3　在"课程表"工作表中输入"课程"信息

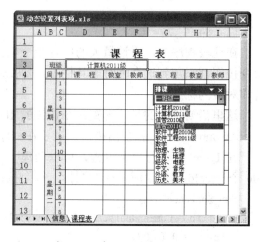

图 5.4　在"课程表"工作表中输入"班级"信息

1. "信息"工作表设计

创建一个 Excel 工作簿。将工作簿中的一个工作表重命名为"信息"。

本工作表的作用是提供排课时用到的"教师"、"教室"、"班级"和"课程"信息，对格式无特殊要求。但为了使数据清晰、规整，我们对工作表进行如下设置：

选中所有单元格，填充背景颜色为"白色"。

设计如图 5.2 所示的表格。包括设置边框线，设置表头背景颜色、添加文字，设置字体、字号等。

表格区域的单元格格式设置为水平居中，数字作为文本处理。

选中所有单元格，设置"最合适的行高"和"最合适的列宽"。

在表格中输入一些"教师"、"教室"、"班级"和"课程"信息，以便进行测试。

2. "课程表"工作表设计

将工作簿中的另一个工作表重命名为"课程表"。然后进行如下设置：

选中所有单元格，填充背景颜色为"白色"。

单元格格式设置为水平居中，垂直居中，数字作为文本处理，文本控制设置为自动换行。

标题为宋体、16 号字、加粗，上部表头和左边表头为宋体、10 号字、褐色，课表内容为宋体、9 号字、绿色。

选中各"课程"列，用"格式|列|列宽"菜单，设置列宽为 9。选中各"教师"、"教室"列，设置列宽为 5，其余列按实际情况手动调整。

选中所有行，在"格式|行"菜单中选"最合适的行高"项。

合并必要的单元格，设置边框线。

最后得到如图 5.3 和图 5.4 所示的"课程表"工作表样式。

3. 创建自定义工具栏

按照要求，当工作簿打开时，要创建一个临时自定义工具栏，在工具栏上添加一个组合框，设置组合框宽度、下拉项目数、要执行的过程，让工具栏可见。为此，我们对工作簿的 Open 事件编写如下代码：

```
Private Sub Workbook_Open()
    Set tbar = Application.CommandBars.Add(Name:="排课", Temporary:=True)
    Set combox = tbar.Controls.Add(Type:=msoControlComboBox)
    With combox
        .Width = 120                    '组合框宽度
        .DropDownLines = 80             '下拉项目数
        .OnAction = "fill"              '指定要执行的过程
    End With
    tbar.Visible = True                 '工具栏可见
End Sub
```

这段程序首先建立一个临时自定义工具栏"排课"，在工具栏上添加一个组合框 combox。然后设置组合框的宽度为 120、下拉项目数为 80，指定要执行的过程为 fill。最后，让工具栏可见。

为了能够在其他过程中对组合框进行控制和引用，我们在当前工程中插入一个"模块 1"，用下面语句声明 combox 为全局对象变量：

```
Public combox As Object
```

4. 动态设置组合框的下拉列表项

为了实现在"课程表"工作表中，选中"课程"单元格时，将"信息"工作表"课程"列的信息添加到组合框作为下拉列表项；选中"班级"、"教师"、"教室"单元格时，将"信息"工作表对应列的信息添加到组合框作为下拉列表项。我们对工作簿的 SheetSelectionChange 事件编写如下代码：

```
Private Sub Workbook_SheetSelectionChange(ByVal Sh As Object, ByVal Target As Range)
    If InStr(Sh.Name, "课程表") Then
        col = Target.Column                      '求当前列号
        ron = Target.Row                         '求当前行号
        If ron = 3 Then                          '第 3 行
            Call add_ComboBox(4, "—班级—")      '将 4 列班级名放入组合框
        ElseIf col = 4 Or col = 7 Then
            Call add_ComboBox(5, "—课程—")      '将 5 列课程名放入组合框
        ElseIf col = 5 Or col = 8 Then
            Call add_ComboBox(3, "—教室—")      '将 3 列教室名放入组合框
        ElseIf col = 6 Or col = 9 Then
            Call add_ComboBox(2, "—教师—")      '将 2 列教师名放入组合框
        End If
    End If
End Sub
```

工作簿任意一个工作表的单元格焦点改变时，都会产生 SheetSelectionChange 事件，执行上述程序。如果当前工作表是"课程表"，则取出当前单元格的列号和行号，再根据行、列位置，调用子程序 add_ComboBox，向组合框添加相应的项目。

5. 子程序 add_ComboBox 设计

子程序 add_ComboBox 的功能是从"信息"工作表的 col 列、从第 3 行开始依次取出各单元格的内容，添加到组合框中，最后在组合框中显示 title。具体代码如下：

```
Public Sub add_ComboBox(col, title)
    combox.Clear                             '清除组合框原项目
    hs = Sheets("信息").Cells(2, col).End(xlDown).Row '求有效行数
    For k = 3 To hs
        entry = Sheets("信息").Cells(k, col)  '取得一项信息
        combox.AddItem (entry)                '添加组合框项
    Next
    combox.Text = title                       '添加标题项
End Sub
```

比如，执行语句 Call add_ComboBox(2, "—教师—")，会将"信息"工作表第 2 列的各教师名依次添加到组合框，并在组合框中显示"—教师—"字样。

执行语句 Call add_ComboBox(3, "—教室—")，会将"信息"工作表第 3 列的各教室名依次添加到组合框，并在组合框中显示"—教室—"字样。

6. 将组合框的列表项填写到单元格

为了实现在组合框中选择任意一个列表项，将该项填写到当前单元格中。我们在"模块 1"中编写一个子程序 fill。当自定义工具栏组合框选项改变时，该子程序被执行。代码如下：

```
Public Sub fill()
    cv = Trim(combox.Text)      '取出组合框值
    If Left(cv, 1) <> "—" Then '不是标题项
```

```
        ActiveCell.Value = cv       '填写到当前单元格
    End If
End Sub
```

这个子程序先将组合框的值送给变量 cv，然后根据左边第一个字符判断组合框的值是否为“标头”，如果不是标头，则将组合框的值填写到当前单元格中。

7. 运行和测试

打开工作簿，我们会看到一个自定义工具栏，工具栏有一个组合框。

当我们在“课程表”工作表中将光标定位到任意一个“课程”单元格时，“信息”工作表“课程”列的信息将添加到组合框作为下拉列表项。光标定位到“班级”、“教师”、“教室”单元格时，组合框的下拉列表项随之改变。

在组合框中选择任意列表项，该项内容将填写到当前单元格中。结果如图 5.3 和图 5.4 所示。

上机实验题目

1. 编写 VBA 程序，列出 Word 中前 200 个内置命令按钮的 ID 值和对应的标题。

2. 对如图 5.5 所示的学生考试成绩进行筛选。要求通过选择自定义工具栏中组合框的列表项，列出总分前 5 名、总分后 5 名、600 分以上、500 ~ 600 分、400 ~ 500 分、300 ~ 400 分、300 分以下的学生名单。图中左下角为筛选出来的总分前 5 名的数据。

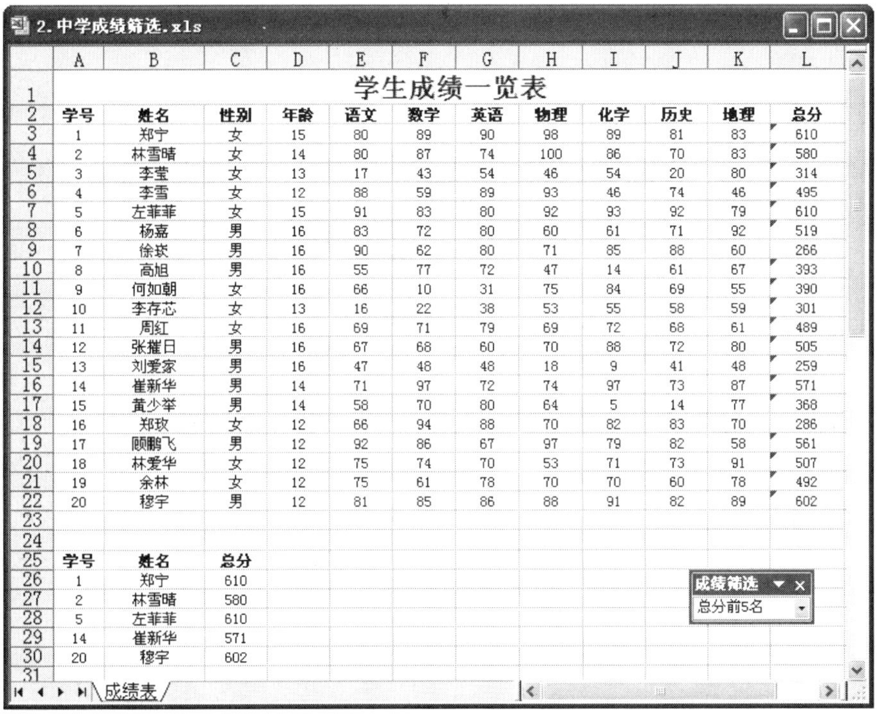

2.中学成绩筛选.xls

学生成绩一览表

学号	姓名	性别	年龄	语文	数学	英语	物理	化学	历史	地理	总分
1	郑宁	女	15	80	89	90	98	89	81	83	610
2	林雪晴	女	14	80	87	74	100	86	70	83	580
3	李莹	女	13	17	43	54	46	54	20	80	314
4	李雪	女	12	88	59	89	93	46	74	46	495
5	左菲菲	女	15	91	83	80	92	93	92	79	610
6	杨嘉	男	16	83	72	80	60	61	71	92	519
7	徐铁	男	16	90	62	80	71	85	88	60	266
8	高旭	男	16	55	77	72	47	14	61	67	393
9	何如朝	女	16	66	10	31	75	84	69	55	390
10	李存芯	女	13	16	22	38	53	55	58	59	301
11	周红	女	16	69	71	79	69	72	68	61	489
12	张耀日	男	16	67	68	60	70	88	72	80	505
13	刘爱家	男	16	47	48	48	18	9	41	48	259
14	崔新华	男	14	71	97	72	74	97	73	87	571
15	黄少举	男	14	58	70	80	64	5	14	77	368
16	郑玫	女	12	66	94	88	70	82	83	70	286
17	顾鹏飞	男	12	92	86	67	97	79	82	58	561
18	林爱华	女	12	75	74	70	53	71	73	91	507
19	余林	女	12	75	61	78	70	70	60	78	492
20	穆宇	男	12	81	85	86	88	91	82	89	602

学号	姓名	总分
1	郑宁	610
2	林雪晴	580
5	左菲菲	610
14	崔新华	571
20	穆宇	602

图 5.5　成绩一览表及筛选结果

3. 利用 Excel 和 VBA 设计一个带有自定义工具栏的超市会员积分管理软件。要求能够对会员基本信息进行维护和查询，根据消费记录自动统计每位会员的消费总额和总积分(每消费 50 元可获得 1 个积分)。会员信息表、消费记录表的结构和模拟数据如图 5.6、图 5.7 所示。

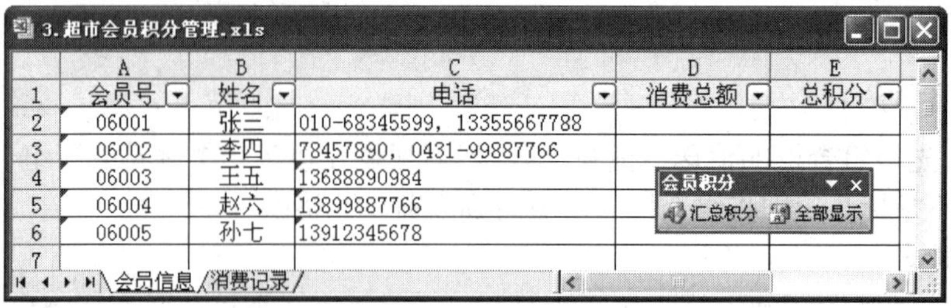

图 5.6 "会员信息"工作表

"会员信息"工作表内容：

	A	B	C	D	E
1	会员号	姓名	电话	消费总额	总积分
2	06001	张三	010-68345599, 13355667788		
3	06002	李四	78457890, 0431-99887766		
4	06003	王五	13688890984		
5	06004	赵六	13899887766		
6	06005	孙七	13912345678		

（工具栏："会员积分" 汇总积分 全部显示；工作表标签：会员信息／消费记录）

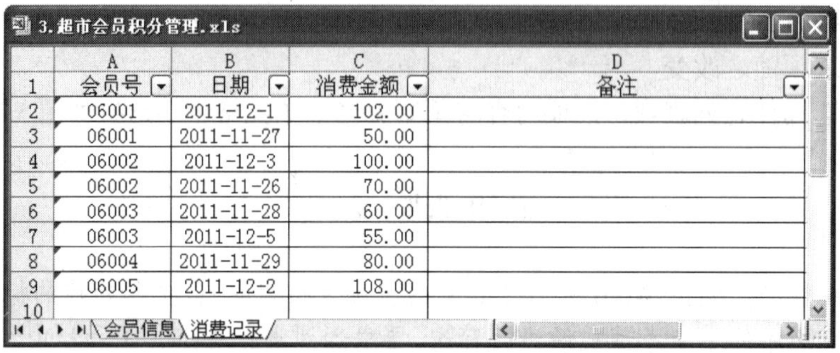

图 5.7 "消费记录"工作表

"消费记录"工作表内容：

	A	B	C	D
1	会员号	日期	消费金额	备注
2	06001	2011-12-1	102.00	
3	06001	2011-11-27	50.00	
4	06002	2011-12-3	100.00	
5	06002	2011-11-26	70.00	
6	06003	2011-11-28	60.00	
7	06003	2011-12-5	55.00	
8	06004	2011-11-29	80.00	
9	06005	2011-12-2	108.00	

（工作表标签：会员信息／消费记录）

第6章　应用程序之间调用与通讯

有时候我们需要在 Office 各组件之间传递数据，以便利用各组件的特性进行不同的处理。本节通过几个案例介绍 Office 应用程序之间调用与通讯的有关技术。

6.1　从 Excel 中进行 Word 操作

在某个 Office 应用程序中可以通过 VBA 代码处理其他 Office 应用程序对象。比如，在 Excel 中，可以通过对象连接与嵌入(OLE)或动态数据交换(DDE)等技术与 Word、PowerPoint、Access 等其他应用程序进行数据交换，反过来也一样。

下面给出一个在 Excel 中对 Word 进行操作的例子。

创建一个 Excel 工作簿，在 Sheet1 工作表中输入如图 6.1 所示的数据。

进入 VBA 编辑器，在"工具"菜单中选"引用"项，在对话框中选择 MicroSoft Word 11.0 Object Libarary 项。

在 Sheet1 中编写一个通用子程序，代码如下：

```
Public Sub ExportWord()
  Dim WordApp As Word.Application
  Set WordApp = CreateObject("Word.Application")
  WordApp.Visible = True
  With WordApp
    Set newDoc = .Documents.Add
    With .Selection
      For Each C In Worksheets("Sheet1").Range("A1:B10")
        .InsertAfter Text:=C.Value
        Count = Count + 1
        If Count Mod 2 = 0 Then
          .InsertAfter Text:=vbCr
        Else
          .InsertAfter Text:=vbTab
        End If
      Next
      .Range.ConvertToTable Separator:=wdSeparateByTabs
      .Tables(1).AutoFormat Format:=wdTableFormatClassic1
    End With
  End With
  Set WordApp = Nothing
End Sub
```

该程序运行后，将创建一个 Word 文档，将 Execl 工作表指定区域的数据传递到 Word 文档，并将文本转换成表格，得到如图 6.2 所示的结果。

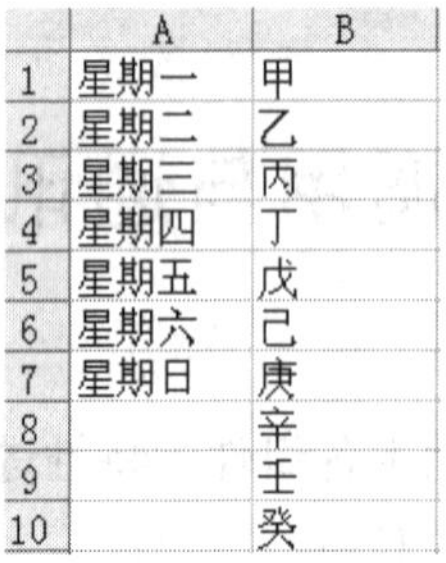

	A	B
1	星期一	甲
2	星期二	乙
3	星期三	丙
4	星期四	丁
5	星期五	戊
6	星期六	己
7	星期日	庚
8		辛
9		壬
10		癸

图 6.1 Excel 工作表的数据

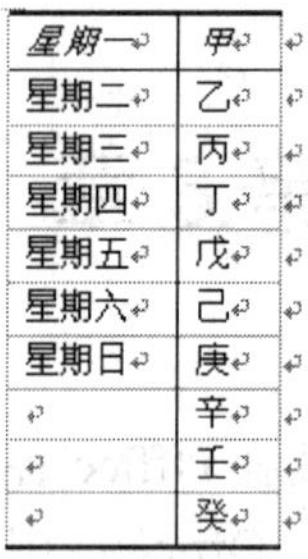

星期一	甲
星期二	乙
星期三	丙
星期四	丁
星期五	戊
星期六	己
星期日	庚
	辛
	壬
	癸

图 6.2 Word 文档中的结果

在 Office 中，自动功能允许通过引用其他应用程序的对象、属性和方法来返回、编辑和输出数据。可由其他应用程序引用的应用程序对象称为 Automation 对象。

若要使其他应用程序使用 Word 的自动功能，需要首先创建一个对 Word Application 对象的引用。在 VBA 中，可使用 CreateObject 或 GetObject 功能返回一个到 Word Application 对象的引用。

在 Excel 过程中，可以使用下面语句创建一个 Word Application 对象的引用。

```
Set WordApp = CreateObject("Word.Application")
```

该语句使 Word 中的 Application 对象可用于自动功能。使用 Word 的 Application 对象的对象、属性和方法，可以控制 Word。

下面语句用 Visible 属性使 Word 对象可见。

```
WordApp.Visible = True
```

下面语句用于创建一个新的 Word 文档，并用对象变量表示。

```
Set newDoc = WordApp.Documents.Add
```

下面程序段，用 For...Each 语句把 Sheet1 工作表 A1:B10 区域每个单元格的内容输出到 Word 新建的文档中，数据之间用 Tab(制表符)分隔，每一行的末尾输出一个回车符，最后将文本转换为表格并设置格式。

```
With WordApp.Selection
  For Each C In Worksheets("Sheet1").Range("A1:B10")
    .InsertAfter Text:=C.Value
    Count = Count + 1
    If Count Mod 2 = 0 Then
      .InsertAfter Text:=vbCr
    Else
      .InsertAfter Text:=vbTab
    End If
  Next
  .Range.ConvertToTable Separator:=wdSeparateByTabs
  .Tables(1).AutoFormat Format:=wdTableFormatClassic1
End With
```

CreateObject 功能启动一个 Word 会话，当引用 Application 对象的变量过期时，不会关闭自动功能。使用 Quit 方法可关闭 Word 应用程序。用 Set WordApp = Nothing 语句可以释放对象变量。

这个程序使用了前绑定，因此必须在 VBE 中建立到 Microsoft Word 对象库的引用，即通过“工具|引用”菜单引用 MicroSoft Word 11.0 Object Libarary 项。

6.2　从 Word 中进行 Excel 操作

下面给出在 Word 中对 Excel 进行操作的两种方法。

1. 第一种实现方法

创建一个 Word 文档，进入 VBA 编辑器，在"工具"菜单中选"引用"项，在对话框中选择 MicroSoft Excel 11.0 Object Libarary 项。

在当前文档中编写一个通用子程序，代码如下：

```
Public Sub 方法1()
    Dim xlsObj As Excel.Application                          '声明对象变量
    If Tasks.Exists("Microsoft Excel") Then                  '如果 Excel 已打开
        Set xlsObj = GetObject(,"Excel.Application")         '获取 Excel 对象
    Else
        Set xlsObj = CreateObject("Excel.Application")       '打开 Excel 对象
    End If
    xlsObj.Visible = True                                    '让 Excel 可见
    If xlsObj.Workbooks.Count = 0 Then xlsObj.Workbooks.Add  '若无工作表,则添加
    xlsObj.ActiveSheet.Range("A1").Value = Selection.Text    '将选中内容添加到 Excel
    Set xlsObj = Nothing                                     '释放对象变量
End Sub
```

这个程序的功能是将 Word 中选中的文本传送到 Excel。

要在 Word 中通过自动功能与其他应用程序交换数据，首先使用 CreateObject 或 GetObject 函数获得应用程序的引用。然后设置应用程序对象的可见性，将 Word 中选中的内容添加到 Excel 当前工作表的 A1 单元格。最后使用 VBA 带有 Nothing 关键字的 Set 语句释放对象变量。

2. 第二种实现方法

此种方法的特点是不需要引用 MicroSoft Excel 11.0 Object Libarary 项。

创建一个 Word 文档，进入 VBA 编辑环境，建立一个过程，编写如下代码：

```
Sub 方法2()
    Dim Exsht As Object
    Set Exsht = CreateObject("Excel.Sheet")                  '设置 Application 对象
    Exsht.Application.Visible = True                         '使 Excel 可见
    Exsht.Application.Cells(1, 1).Value = Selection.Text     '在单元中填写文本
    fd = ActiveDocument.Path & "\Test.xls"                   '形成路径和文件名
    Exsht.SaveAs fd                                          '保存工作簿
    Exsht.Application.Quit                                   '关闭 Excel
    Set Exsht = Nothing                                      '释放对象变量
End Sub
```

该程序首先创建一个工作表对象，设置其可见性。然后将 Word 选中的文本填写到工作表 A1 单元格中，并将工作簿保存到当前文件夹，命名为 Test.xls。最后，关闭 Excel，释放对象变量。

6.3　在 Word 中使用 Access 数据库

数据访问对象(DAO)的属性、对象和方法的用法与 Word 属性、对象和方法的用法相同。在

建立对 DAO 对象库的引用之后，可打开数据库，设计和运行查询，并将结果记录集返回 Word。

为便于测试，我们首先建立一个 Access 数据库，在数据库中建立一个表 cj，并输入一些记录，如图 6.3 所示。将数据库保存为 test.mdb。

然后创建一个 Word 文档，并建立对 DAO 对象库的引用。方法是：进入"Visual Basic 编辑器"环境，在"工具"菜单上单击"引用"，在"可使用的引用"框中单击"Microsoft DAO 3.6 Object Library"。

接下来编写一个子程序，代码如下：

```
Sub DAOW()
    Dim dcN As Document                        '文档对象变量
    Dim dbN As DAO.Database                     'DAO 数据库对象变量
    Dim rdS As Recordset                        '记录集对象变量
    dbpn = ThisDocument.Path & "\test.mdb"      '数据库路径及文件名
    Set dcN = ActiveDocument                     '当前文档
    Set dbN = OpenDatabase(Name:=dbpn)           '数据库
    Set rdS = dbN.OpenRecordset(Name:= "cj")    '记录集
    For k = 1 To rdS.RecordCount                  '按记录数循环
      dcN.Content.InsertAfter Text:=rdS.Fields(0).Value & " "
      dcN.Content.InsertAfter Text:=rdS.Fields(1).Value & " "
      dcN.Content.InsertAfter Text:=rdS.Fields(2).Value & " "
      dcN.Content.InsertAfter Text:=rdS.Fields(3).Value & " "
      dcN.Content.InsertAfter Text:=rdS.Fields(4).Value
      dcN.Content.InsertParagraphAfter
      rdS.MoveNext                                '下一条记录
    Next
    rdS.Close                                    '关闭记录集
    dbN.Close                                    '关闭数据库
End Sub
```

该程序的功能是打开当前目录下的"test.mdb"数据库，将其中"cj"表中的记录插入 Word 当前文档，结果如图 6.4 所示。

学号	姓名	数学	语文	外语
101	张三	89	90	67
102	李四	98	87	90
103	王五	80	69	96
		0	0	0

图 6.3　test.mdb 数据库 cj 表内容

```
101 张三 89 90 67
102 李四 98 87 90
103 王五 80 69 96
```

图 6.4　Word 文档中的结果

程序中使用 OpenDatabase 方法连接并打开数据库，用 OpenRecordset 方法打开数据库的表(记录集)。RecordCount 属性表示记录集中记录的个数。MoveNext 方法用来移动记录指针。结束对数据库的操作后，用 Close 方法关闭记录集和数据库。

6.4　在 Excel 中使用 Access 数据库

本例将在 Excel 中实现以下功能：向 Access 数据库添加记录，从数据库中提取记录，删除 Access 数据库中的记录。

为便于测试，首先建立一个 Access 数据库，在数据库中建立一个表 table1，并输入一些记录，如图 6.5 所示。将数据库保存为 test.mdb。

然后建立一个 Excel 工作簿，在 Sheet1 工作表上放置"添加记录"、"删除记录"、"提取记录"三个命令按钮，设置两个数据区，如图 6.6 所示。每个命令按钮与一个子程序相对应。A6:B6 区域用来提供向数据库添加的记录值，A6 单元格用来提供要删除记录的第 1 个字段值，D、E 列从6 行开始的区域用来显示从数据库提取的记录值。

图 6.5　test.mdb 数据库 table1 表内容　　　　　图 6.6　Excel 工作表内容

1. 向数据库添加记录

为了简化对 Access 数据库的操作，需要有一系列实用模块负责处理到该数据库的 ADO 连接。ADO(ActiveX Data Objects)是一个用于存取数据源的 COM 组件。它提供了编程语言和统一数据访问方式 OLE DB 的一个中间层。允许开发人员编写访问数据的代码而不用关心数据库是如何实现的，只需关心到数据库的连接。特定数据库支持的 SQL 命令可以通过 ADO 中的命令对象来执行。

在 VBA 编辑环境中，通过"工具|引用"菜单设置 Microsoft ActiveX Data Object 2.1 Library 项。

定义好 ADO 连接后，通过下列步骤向当前文件夹中数据库 test.mdb 的表 table1 添加一条记录：

(1) 打开准备添加记录的数据库和数据表。

(2) 用 AddNew 方法添加一个新的记录。

(3) 设置新记录各个字段的值(A6、B6 单元格的内容)。

(4) 利用 Update 更新记录集。

(5) 关闭记录集并断开 ADO 连接。

具体代码如下：

```
Sub AddTransfer()
    Set cnn = New ADODB.Connection            '创建 ADO 对象
    cnn.Provider = "Microsoft.Jet.OLEDB.4.0"  '设置 ADO 对象属性
    cnn.Open ThisWorkbook.Path & "\test.mdb"  '打开数据库
    Set rst = New ADODB.Recordset             '定义记录集、打开数据表
    rst.Open Source:= "table1", ActiveConnection:=cnn, LockType:=adLockOptimistic
    rst.AddNew              '添加新记录
    rst("a1") = Cells(6, 1) '设置记录值
    rst("a2") = Cells(6, 2)
    rst.Update             '更新记录
    rst.Close              '关闭记录集
    cnn.Close              '关闭 ADO 对象
End Sub
```

2. 从数据库中提取记录

从 Access 数据库读取记录十分简单。在定义记录集时，可以传递一个 SQL 字符串，返回需

105

要的记录。

记录集定义好之后，可以使用 CopyFromRecordset 方法将所有匹配的记录从 Access 复制到工作表的指定区域。

下面子程序从当前文件夹数据库 test.mdb 的表 table1 中提取全部记录，结果放到 Excel 当前工作表 D6 单元格开始的区域。

```
Sub GetTransfers()
    Set cnn = New ADODB.Connection              '创建 ADO 对象
    cnn.Provider = "Microsoft.Jet.OLEDB.4.0"    '设置 ADO 对象属性
    cnn.Open ThisWorkbook.Path & "\test.mdb"    '打开数据库
    Set rst = New ADODB.Recordset               '定义记录集
    sSQL = "SELECT A1, A2 FROM table1"          '定义 SQL 语句
    rst.Open Source:=sSQL, ActiveConnection:=cnn '提取数据
    Range("D6:E65536").ClearContents            '清除原有内容
    Range("D6").CopyFromRecordset rst           '复制记录集
    rst.Close                                   '关闭记录集
    cnn.Close                                   '关闭 ADO 对象
End Sub
```

3. 通过 ADO 删除记录

删除记录的关键是编写特定的 SQL 语句，来唯一地识别想要删除的一条或多条记录。

下面子程序从当前文件夹数据库 test.mdb 的表 table1 中删除指定的记录。要删除记录的关键字在 Excel 当前工作表 A6 单元格中指定。如果数据表 A1 字段的内容与单元格所指定的内容相等，则用 Execute 方法将 Delete 命令传递到 Access，删除对应的记录。

```
Sub DeleteRecord()
    RecID = Cells(6, 1)                          '提取要删除的关键字
    With New ADODB.Connection                    '创建 ADO 对象
        .Provider = "Microsoft.Jet.OLEDB.4.0"   '设置 ADO 对象属性
        .Open ThisWorkbook.Path & "\test.mdb"   '打开数据库
        .Execute "Delete From table1 Where A1='" & RecID & "'" '删除指定记录
        .Close                                   '关闭 ADO 对象
    End With
End Sub
```

6.5　将 Word 文本传送到 PowerPoint

下面，我们编写一个 VBA 程序，将 Word 当前文档中第 1 段文本传送到 PowerPoint 演示文稿的幻灯片中。

1. 创建文档

创建一个 Word 文档，保存为"将 Word 文本传送到 PowerPoint.doc"。在文档中输入一些用于测试的文本，如图 6.7 所示。

2. 编写程序

进入 VBA 编辑器，在"工具"菜单中选"引用"项。在"引用"对话框中选择"MicroSoft PowerPoint 11.0 Object Libarary"项。

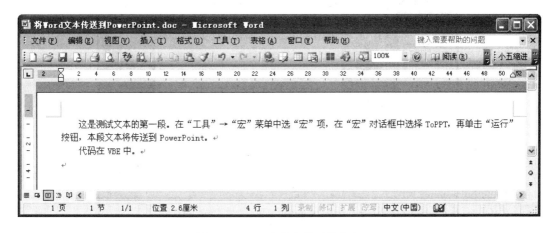

图 6.7 Word 文档中的测试文本

插入一个模块，编写如下子程序：

```
Sub ToPPT()
  Dim pptObj As PowerPoint.Application
  If Tasks.Exists("Microsoft PowerPoint") Then
    Set pptObj = GetObject(,"PowerPoint.Application")
  Else
    Set pptObj = CreateObject("PowerPoint.Application")
  End If
  pptObj.Visible = True
  Set pptPres = pptObj.Presentations.Add    '创建演示文稿
  Set aSlide = pptPres.Slides.Add(Index:=1, Layout:=ppLayoutText) '添加幻灯片
  aSlide.Shapes(1).TextFrame.TextRange.Text = ActiveDocument.Name '填入文档名
  aSlide.Shapes(2).TextFrame.TextRange.Text = _
  ActiveDocument.Paragraphs(1).Range.Text '填入第一段文本
  Set pptObj = Nothing                      '释放对象变量
End Sub
```

这个程序首先声明一个对象变量 pptObj，用以保存 PowerPoint 对象引用。

然后查看 Microsoft PowerPoint 是否正在运行，是则用 GetObject 函数获取 PowerPoint 对象引用，否则用 CreateObject 函数创建 PowerPoint 对象引用。

接下来，让 PowerPoint 对象可见。创建一个演示文稿。在演示文稿中添加一张标题和文本版式的幻灯片。在幻灯片的第 1 个占位符中填入 Word 当前文档名。在幻灯片的第 2 个占位符中填入 Word 当前文档第一段文本。

最后，释放对象变量 pptObj。

3. 运行程序

打开"将 Word 文本传送到 PowerPoint.doc"文档。在"工具"→"宏"菜单中选"宏"项。在"宏"对话框中选择子程序 ToPPT，单击"运行"按钮，将创建一个 PowerPoint 演示文稿，插入一张幻灯片，并填入指定的内容。结果如图 6.8 所示。

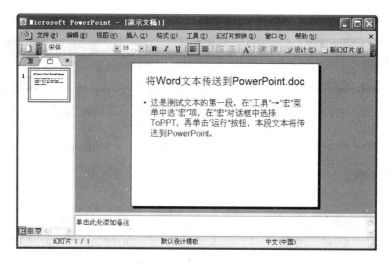

图 6.8　PowerPoint 演示文稿中幻灯片的内容

6.6　自动替换 Excel 工作簿的 VBA 代码

本节通过一个案例介绍自动替换任意一个 Excel 工作簿 VBA 代码的方法。这种技术可用于对 VBA 软件进行升级或者打补丁，具有重要的应用价值。

通常情况下，用 Excel 和 VBA 编写的软件，在使用过程中会保存大量数据到工作簿，如果软件升级或者打补丁，则用户要把原有数据重新导入新软件的工作簿，这样很不方便。如果通过程序自动将新的 VBA 代码传送到现有软件的工作簿，替换原来的代码，就可实现软件升级，而工作簿的结构和数据不受影响，达到软件代码与数据相互独立的效果。

下面介绍具体实现方法。

创建一个 Excel 工作簿，保存为"自动替换 Excel 工作簿的 VBA 代码.xls"。

进入 VBA 编辑环境，插入一个模块，单击工具栏的"属性窗口"按钮，在"属性窗口"中设置该模块的名称为"工具"，意思是本模块中的过程为代码替换工具。

在"工具"模块中，先用语句

Public sfn As String

声明一个全局字符串型变量 sfn，用于保存目标文件名。然后编写 3 个过程 dbd、delm 和 addm。

1. 过程 dbd

过程 dbd 是替换代码的主控程序，内容如下：

```
Sub dbd()
  Application.EnableEvents = False                      '禁止触发事件
  With Application.FileDialog(msoFileDialogFilePicker)  '选取目标文件
    .Filters.Clear                                      '清除文件过滤器
    .Filters.Add "Excel Files", "*.xls"                 '设置文件过滤器
    If .Show = -1 Then                                  '选择文件、确定
      sfn = .SelectedItems(1)                           '取文件全路径名
    End If
  End With
  Call delm                                             '删除代码和模块
```

```
    Call addm                                        '添加代码和模块
    MsgBox "代码替换成功!"
    Application.EnableEvents = True                  '恢复触发事件
    Application.Quit                                 '退出 Excel
    ThisWorkbook.Close savechanges:=False            '关闭当前工作簿
End Sub
```

其中，第一条语句的作用是禁止触发事件。这样，当打开目标文件(工作簿)时，使 Open 事件不能触发。

然后，通过 FileDialog 对象打开系统的用 Open 对话框，用于选取一个 Excel 工作簿文件。当选定一个文件并单击"确定"按钮后，通过 FileDialog 对象的 SelectedItems 属性获取目标文件的全路径名，保存到全局变量 sfn 中。

接下来，分别调用过程 delm 和 addm，删除目标文件原有的 Excel 对象代码和模块，再添加新的 Excel 对象代码和模块，达到替换 VBA 代码之目的。

最后，提示"代码替换成功!"，恢复触发事件，退出 Excel，关闭但不保存当前工作簿。

2. 过程 delm

过程 delm 用于删除目标文件原有的 Excel 对象代码和模块，内容如下：

```
Sub delm()
  Set wbk = Workbooks.Open(sfn)                              '打开目标文件
  For Each vbc In wbk.VBProject.VBComponents                 '遍历模块
    If vbc.Type = vbext_ct_Document Then                     'Excel 对象
      vbc.CodeModule.DeleteLines 1, vbc.CodeModule.CountOfLines '清除代码
    Else                                                     '标准或类模块
      wbk.VBProject.VBComponents.Remove vbc                  '移除模块
    End If
  Next vbc
  wbk.Close savechanges:=True                                '关闭文件
End Sub
```

它首先打开目标工作簿文件，用对象变量 wbk 表示。

然后用 For Each 语句遍历工作簿的每个模块。如果是 Excel 对象模块，则清除其中的代码。如果是标准模块或类模块，则移除整个模块。

最后关闭并保存目标文件。

3. 过程 addm

过程 addm 用于给目标文件添加新的 Excel 对象代码和模块，内容如下：

```
Sub addm()
  bfn = ThisWorkbook.Path & "\Test.bas"                          '设置导出文件
  ThisWorkbook.VBProject.VBComponents("模块 1").Export bfn       '导出"模块 1"
  Set wbk = Workbooks.Open(sfn)                                  '打开目标文件
  wbk.VBProject.VBComponents.Import bfn                          '导入新的模块
  Set vbc = wbk.VBProject.VBComponents("ThisWorkbook")           '确定工作簿对象
  cds = "Private Sub Workbook_SheetActivate(ByVal Sh As Object) "
  cds = cds & vbCrLf & " Call sact(Sh) "
  cds = cds & vbCrLf & "End Sub"                                 '形成事件代码
  vbc.CodeModule.AddFromString cds                               '添加事件代码
```

```
    wbk.Close savechanges:=True                         '关闭并保存文件
    Kill bfn                                             '删除临时文件
End Sub
```

它首先将当前工作簿的"模块 1"，导出到当前文件夹的临时文件 Test.bas 中。打开目标工作簿文件，用对象变量 wbk 表示。

然后，将临时文件 Test.bas 中的"模块 1"导入目标工作簿，再向目标工作簿填写如下代码：

```
Private Sub Workbook_SheetActivate(ByVal Sh As Object)
    Call sact(Sh)
End Sub
```

为了向目标工作簿填写特定的代码，用对象变量 vbc 表示目标工作簿的 ThisWorkbook 对象，在变量 cds 中形成工作簿 SheetActivate 事件代码字符串，用 AddFromString 方法将代码添加到目标工作簿的 ThisWorkbook 对象中。

最后，关闭并保存目标文件，删除临时文件 Test.bas。

4. "模块 1"示例代码

在当前工程中插入一个"模块 1"，并在其中编写以下两个过程：

```
Sub 新宏()
    MsgBox "这是从另一个文件中传送过来的宏！"
End Sub
Sub sact(Sh)
    MsgBox "已经切换到" "& Sh.Name & " "工作表！"
End Sub
```

5. 运行与测试

为便于测试，在当前工作簿的第一个工作表上通过"窗体"工具栏添加一个按钮，标记为"替换 VBA 代码"，将过程 dbd 指定给该按钮。

打开"自动替换 Excel 工作簿的 VBA 代码"工作簿，在"工具"→"宏"菜单中选择"安全性"项，在"可靠发行商"选项卡中，选中"信任对于 Visual Basic 项目的访问"项。

单击"替换 VBA 代码"按钮，打开任意一个 Excel 工作簿作为目标文件，系统将删除该工作簿原有的 VBA 代码，然后在工作簿的 SheetActivate 事件和"模块 1"中填写新的代码。

之后，打开目标工作簿文件，进入 VBA 编辑环境，会看到其中的"模块 1"有"新宏"和 sact 两个过程，ThisWorkbook 的 SheetActivate 事件有一行代码

```
Call sact(Sh)
```

运行过程"新宏"，将显示"这是从另一个文件中传送过来的宏！"。切换不同的工作表，将显示"已经切换到××工作表！"。

6. VBProject 代码操作补充示例

下面再给出几个 VBProject 代码操作的示例，使读者多掌握一些有关技术。

(1) 下面过程可以在当前工程中添加模块、用户窗体和类模块。

```
Sub addm()
    With ThisWorkbook.VBProject.VBComponents
        .Add(1).Name = "我的模块"
        .Add(3).Name = "我的窗体"
        .Add(2).Name = "我的类"
    End With
End Sub
```

(2) 下面过程可以删除当前工程中指定的模块、用户窗体和类模块。

```
Sub delm()
  With ThisWorkbook.VBProject.VBComponents
    .Remove ThisWorkbook.VBProject.VBComponents("我的模块")
    .Remove ThisWorkbook.VBProject.VBComponents("我的窗体")
    .Remove ThisWorkbook.VBProject.VBComponents("我的类")
  End With
End Sub
```

(3) 下面过程在"模块 1"的开始增加一个子程序 test。增加的代码放在公共声明 option、全局变量等后面。

```
Sub addc()
  sv = "sub test()" & Chr(10) & "msgbox ""Hello! """ & Chr(10) & "end sub"
  ThisWorkbook.VBProject.VBComponents("模块 1").CodeModule.AddFromString sv
End Sub
```

子程序 test 代码为:

```
Sub test()
MsgBox "Hello! "
End Sub
```

如果将"模块 1"可改为 Sheet1、Thisworkbook、Userform1 等对象名,则可将子程序添加到指定的对象中。

(4) 下面过程替换"模块 1"第 2 行语句。

```
Sub chgc()
  ThisWorkbook.VBProject.VBComponents("模块 1").CodeModule.ReplaceLine 2, "A=6"
End Sub
```

(5) 下面过程删除"模块 1"第 2 行开始的 1 行代码,其中"1"可省略。

```
Sub delc()
  ThisWorkbook.VBProject.VBComponents("模块 1").CodeModule.DeleteLines 2, 1
End Sub
```

(6) 下面过程删除"模块 1"中的过程 test。

```
Sub delp()
  With ThisWorkbook.VBProject.VBComponents("模块 1").CodeModule
  .DeleteLines .ProcStartLine("test", 0), .ProcCountLines("test", 0)
  End With
End Sub
```

上机实验题目

1. 创建一个 Word 文档并编写程序,将如图 6.1 所示 Execl 工作表特定区域的数据导入到 Word 当前文档,并将文本转换成表格,得到如图 6.2 所示的结果。

2. 在如图 6.9 所示的 Excel 工作表中编写一个程序,根据"试题分布表"中各题型、各章、各难度要抽取的题数,在 Word 文档中生成试卷大小题标,得到如图 6.10 所示的结果。

3. 在 PowerPoint 中编写程序,将当前演示文稿中所有幻灯片的文本、图片、表格等内容导出到 Word 文档。

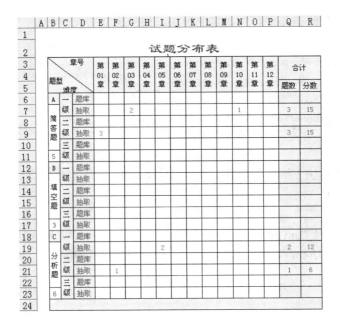

图 6.9　工作表结构与数据

图 6.10　生成的 Word 文档结果

第7章 网络功能

本章通过 6 个案例讨论 VBA 的网络功能和有关技术。包括：用 VBA 代码下载网络上的文件，用 Web 查询获取网页信息，定时刷新 Web 查询，打开网页获取 Web 信息，人民币汇率 Web 数据获取与加工，用 WebBrowser 自动获取网页特定数据。

7.1 用 VBA 代码下载网络上的文件

创建一个 Word 文档，进入 VBA 编辑环境，插入一个模块，在模块中编写如下子程序：

```
Sub 下载文件()
    Set H = CreateObject("Microsoft.XMLHTTP")
    fp = "http://web.jlnu.edu.cn/jsjyjs/xz/down/Excel_ydm.rar"
    H.Open "GET", fp, False
    H.send
    Set S = CreateObject("ADODB.Stream")
    S.Type = 1
    S.Open
    S.write H.Responsebody
    S.savetofile "e:\Excel_ydm.rar", 2
    S.Close
End Sub
```

在联网的情况下，执行上述子程序可以下载网络上的文件 Excel_ydm.rar 到 E 区根目录。

在这个子程序中，首先建立一个 XMLHTTP 对象，用变量 H 表示，对 H 对象用 Open 方法指定网络中文件的 URL 以及同步传送方式，用 send 方法向指定的 URL 发送 GET 消息。然后建立一个 ADODB.Stream 流对象，用变量 S 表示，设置对象为二进制类型，对 S 对象用 Open 方法从特定的 URL 打开一个流，用 write 方法向一个流写服务器响应数据，用 savetofile 方法将流的内容保存为本地文件，用 Close 方法关闭 stream 对象。更详细的信息请参考 XMLHTTP 和 ADO 的帮助文档。

在脱机情况下，如果将语句

```
fp = "http://web.jlnu.edu.cn/jsjyjs/xz/down/Excel_ydm.rar"
```

改为

```
fp = "file:///" & ThisDocument.Path & "\Excel_ydm.rar"
```

则可将当前文件夹中的文件 Excel_ydm.rar 下载到 E 区根目录，以此模拟下载网络上的文件。

7.2 用 Web 查询获取网页信息

首先，我们在 Excel 中手动创建一个 Web 查询。

打开 Excel，在当前工作表上找到一个空白区域，选中空白区域的起始单元格。从 Excel 的"数据"→"导入外部数据"菜单中选择"新建 Web 查询"项。

在打开的"新建 Web 查询"对话框中输入或复制 URL 到"地址"文本框并单击"转到"按钮，相应的 Web 页面将会显示在对话框中。

比如，给定地址 http://web.jlnu.edu.cn/jsjyjs/xz/，"新建 Web 查询"对话框的内容如图 7.1 所示。

图 7.1 "新建 Web 查询"对话框内容

在"新建 Web 查询"对话框中，除了 Web 页，还有很多带有黑色箭头的黄色方块 ➡，这些方块位于 Web 页面各个表的左上角。

单击包含想要数据的方块，一个蓝色的边框会出现，黄色箭头变成绿色的选中标记 ✅，以确认它就是将要导入的表格。

单击"新建 Web 查询"对话框的"导入"按钮，再单击"导入数据"对话框中的"确定"按钮，就会看到实时数据被导入到 Excel 工作表指定的区域中。

下面，我们在 Excel 中编写一个 VBA 程序，自动建立一个 Web 查询并刷新数据。

建立一个 Excel 工作簿，进入 VBA 编辑环境，插入一个模块，编写如下子程序：

```
Sub CreateNewQuery()
  For Each QT In ActiveSheet.QueryTables
    QT.Delete
  Next QT
  Cells.Clear
  S = "URL;http://web.jlnu.edu.cn/jsjyjs/xz/"
  Set QT = ActiveSheet.QueryTables.Add(S, Range("A1"))
  QT.Refresh
End Sub
```

在这个子程序中，首先用 For Each 语句清除当前工作表原来的所有 Web 查询，以防止新建 Web 查询时出错。然后用 Clear 方法清除当前工作表的全部内容。接下来设置网页地址，在当前工作表上用 Add 方法建立一个新的 Web 查询，目标数据区的起始单元格地址为 A1，网页中默认的数据区为第 2 个标记 ➡ 对应的表格。最后用 Refresh 方法刷新查询，将网页数据导入到 Excel

工作表指定的区域中。

导入 Web 信息时，如果不需要原来的格式，只导入数据，可用下面语句设置为无格式：

QT.WebFormatting = xlWebFormattingNone

在脱机情况下，如果将语句

S = "URL;http://web.jlnu.edu.cn/jsjyjs/xz/"

改为

S = "URL;file:/// " & ThisWorkbook.Path & "\xz.htm"

则可用当前文件夹中的网页文件 xz.htm 模拟真实网页。

7.3　定时刷新 Web 查询

本节我们要在 Excel 当前工作表 A2 单元格建立一个 Web 查询，用于导入即时变化的网页数据，然后编写程序，每隔 15 秒刷新一次 Web 查询，并保存 Web 查询结果到指定的数据区。

1. 工作表设计

创建一个 Excel 工作簿，保存为"定时刷新 Web 查询.xls"。将第一张工作表改名为 WebQuery，删除其余工作表。

在 WebQuery 工作表中，选中所有单元格，填充背景颜色为"白色"。选中 A、B 两列，设置全部边框，再把 A3:B4 区域的中间表格线取消。在 A1:B1、A5:B5 单元格设置表头，填充背景颜色为"浅青绿"。

打开"窗体"工具栏，在当前工作表上添加一个按钮"启动定时刷新"。

得到如图 7.2 所示的工作表界面。

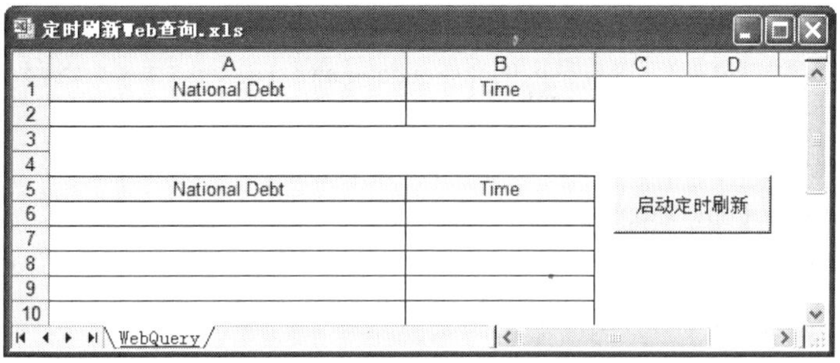

图 7.2　WebQuery 工作表界面

2. 建立 Web 查询

在 WebQuery 工作表中，选择 A2 单元格，单击"数据"→"导入外部数据"菜单的"新建 Web 查询"项。

在"新建 Web 查询"对话框的"地址"栏中输入网址

http://www.brillig.com/debt_clock

单击"转到"按钮，转到指定的网页。

单击页面中第 2 个图标█，该图标变为█，对应的表格被选中，得到如图 7.3 所示的界面。

单击"导入"按钮，选中的表格内容被填写到当前单元格。

此外，为了显示系统当前时间，我们在 WebQuery 工作表的 B2 单元格输入公式"=NOW()"，并设置 B 列数字为自定义格式"yyyy-mm-dd hh:mm:ss"。

图 7.3 "新建 Web 查询"对话框

3. "启动定时刷新"程序设计

进入 VBA 编辑环境,插入一个模块,编写一个过程 DebtClock,代码如下:

```
Sub DebtClock()
    '当前工作表用变量表示
    Set WSQ = Worksheets("WebQuery")
    '每隔 15 秒执行一次本过程
    Application.OnTime EarliestTime:=Time + TimeSerial(0, 0, 15), Procedure:= "DebtClock"
    '更新 Web 查询结果
    WSQ.Range("A2").QueryTable.Refresh BackgroundQuery:=False
    '复制 Web 查询结果到新行
    NextRow = WSQ.Range("A65536").End(xlUp).Row + 1
    WSQ.Range("A2:B2").Copy WSQ.Cells(NextRow, 1)
    '冻结日期、时间
    WSQ.Cells(NextRow, 2).Value = WSQ.Cells(NextRow, 2).Value
End Sub
```

这个过程首先将当前工作表用对象变量 WSQ 表示。

然后用 OnTime 方法,设置从当前时刻开始,15 秒后再次运行本过程。也就是说,本过程一旦被启动,会每隔 15 秒重新执行一次。

接下来,刷新 A2 单元格的 Web 查询结果,并将 Web 查询结果以及当前时间复制到数据区的新行。

最后,重新填写数据区新行的时间值,达到冻结日期、时间之目的。

4. 运行与测试

在 WebQuery 工作表的"启动定时刷新"按钮上单击鼠标右键,在弹出的快捷菜单中选择"指定宏"项,将过程 DebtClock 指定给该按钮。

在联网的情况下,单击"启动定时刷新"按钮,每隔 15 秒,在工作表中将添加一行新的数据。这行数据包括最新 Web 查询结果和当前日期、时间值,如图 7.4 所示。

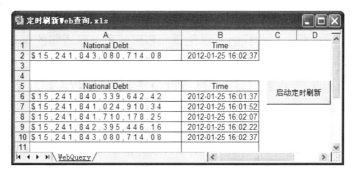

图 7.4 定时刷新的 Web 查询结果

7.4 打开网页获取 Web 信息

在 Excel 中，可以打开指定网页，并将网页信息复制到当前工作表的特定区域，以便进一步加工和应用。

为便于测试，我们建立一个工作簿，在 Sheet1 工作表的 B1 单元格输入需要的网页地址，放置一个命令按钮，用于执行相应的子程序。如图 7.5 所示。

	A	B
1		http://web.jlnu.edu.cn/jsjyjs/xz/
2		
3		获取网页信息
4		

图 7.5 Excel 工作表界面

进入 VBA 编辑环境，插入一个模块，编写如下子程序：

```
Sub CopyWebData()
    Workbooks.Open Range("B1").Value        '打开 B1 单元格指定的 Web 页
    n = Range("A3").End(xlDown).Row         '求有效行数
    Range("A3:D" & n).Select                '选中 Web 页特定区域
    Selection.Copy                          '复制
    ActiveWindow.Close                      '关闭临时工作簿
    Range("A10").Select                     '选中目标起始单元格
    ActiveSheet.Paste                       '粘贴
    Range("A1").Select                      '取消选中状态
End Sub
```

这个程序首先创建一个新的 Excel 临时工作簿，在新的工作簿中打开 B1 单元格所指定的 Web 页。然后求出数据的有效行数，选中 Web 页特定区域，将数据复制到目标区域，关闭临时工作簿。

在工作表的"获取网页信息"按钮上单击鼠标右键，在弹出的快捷菜单中选择"指定宏"项，将过程 CopyWebData 指定给该按钮。

在联网情况下，单击"获取网页信息"按钮，网页特定区域的内容将被复制到当前工作表 A10 开始的区域。

在脱机情况下，如果将语句

```
Workbooks.Open Range("B1").Value
```

改为

```
Workbooks.Open ThisWorkbook.Path & "\xz.htm"
```

则可用当前文件夹中的网页文件 xz.htm 模拟真实网页。

建议读者单步跟踪执行上面的代码，以便进一步理解每一条语句的作用。

7.5 人民币汇率 Web 数据获取与加工

本节将按以下要求制作一个人民币对欧元汇率动态图表。

(1) 从网上自动获取指定日期范围的人民币对欧元汇率数据，复制到 Excel 工作表。数据项包括"年"、"月"、"日期"和"中间价"。

(2) 能够按年、月对数据进行筛选。

(3) 根据筛选结果生成对应的图表。

比如，对 2012 年 1 月的数据进行筛选，得到如图 7.6 所示的结果。对应的图表如图 7.7 所示。

	A 年	B 月	C 日期	D 中间价
239	2012	1	2012-1-2	8.1625
240	2012	1	2012-1-3	8.1625
241	2012	1	2012-1-4	8.2204
242	2012	1	2012-1-5	8.1668
243	2012	1	2012-1-6	8.0777
244	2012	1	2012-1-9	8.0221
245	2012	1	2012-1-10	8.0650
246	2012	1	2012-1-11	8.0491
247	2012	1	2012-1-12	8.0372
248	2012	1	2012-1-13	8.1021
249	2012	1	2012-1-16	8.0104
250	2012	1	2012-1-17	8.0217
251	2012	1	2012-1-18	8.0653
252	2012	1	2012-1-19	8.1225
253	2012	1	2012-1-20	8.1865
254	2012	1	2012-1-23	8.1865
255	2012	1	2012-1-24	8.1865
256	2012	1	2012-1-25	8.1865
257	2012	1	2012-1-26	8.1865

图 7.6 2012 年 1 月外汇牌价

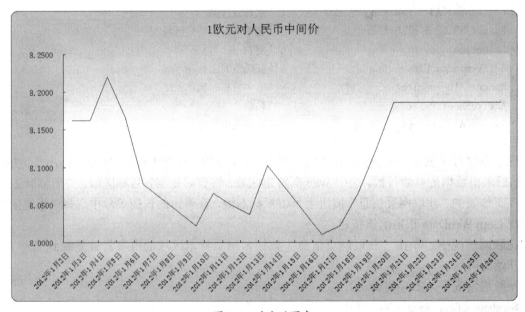

图 7.7 对应的图表

1. 工作表设计

创建一个 Excel 工作簿，保存为"人民币对欧元汇率动态图表.xls"。在工作簿中保留 Sheet1 工作表，删除其余工作表。

在 Sheet1 工作表中，选中所有单元格，填充背景颜色为"白色"。设置"宋体"、10 号字。

选中 A～D 列，设置虚线边框。

选中 C 列，将单元格的数字设置为日期格式。水平右对齐。

选中 D 列，将单元格的数字设置为 4 位小数数值格式。水平右对齐。

填充 A1:D1 区域的背景颜色为"浅青绿"，设置水平居中对齐方式。输入标题文字"年"、"月"、"日期"和"中间价"。

调整适当的列宽、行高。

打开"窗体"工具栏，在工作表上放置一个按钮，按钮标题设置为"导入数据"。得到如图 7.8 所示的工作表样式。

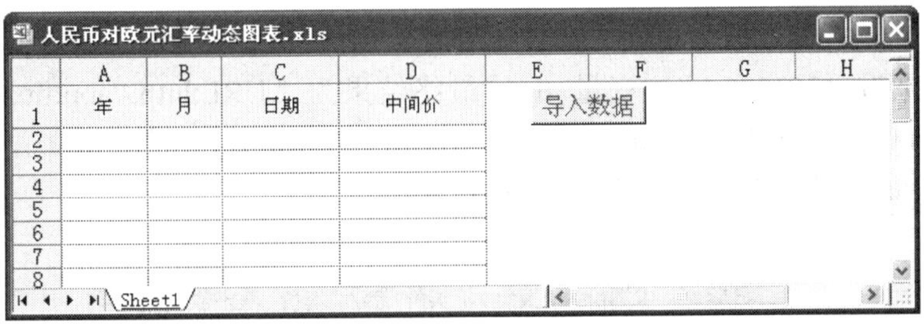

图 7.8　工作表样式

2. Web 数据获取

进入 VBA 编辑环境，插入一个模块，在模块中编写如下子程序：

```
Sub 导入数据()
  n = [C65536].End(xlUp).Row
  d = Cells(n, 3)
  If IsDate(d) Then
    d = d + 1
  Else
    d = Date - 365
  End If
  u = "URL;http://app.finance.ifeng.com/hq/rmb/quote.php?symbol=EUR"
  u = u & "&begin_day=" & d & "&end_day=" & Date
  Set QT = ActiveSheet.QueryTables.Add(u, Range("T1"))
  QT.Refresh BackgroundQuery:=False
  m = [T65536].End(xlUp).Row
  For r = 2 To m
    Cells(n + r - 1, 3) = Cells(r, 20)
    Cells(n + r - 1, 4) = Cells(r, 21) / 100
    Cells(n + r - 1, 1).FormulaR1C1 = "=YEAR(RC[2])"
    Cells(n + r - 1, 2).FormulaR1C1 = "=MONTH(RC[1])"
  Next
  ActiveSheet.QueryTables(1).Delete
```

```
        Range("T:Z").Delete
        Columns("A:D").Sort Key1:=Range("C2"), Order1:=xlAscending, Header:=xlGuess
        Range("A1").AutoFilter
End Sub
```

这个子程序的功能是从凤凰网财经栏目中获取指定日期范围的"欧元-人民币"汇率数据，导入当前工作表 C、D 列现有数据的后面，并提取每个日期中的年份、月份数填写到 A、B 列。

程序中，首先求出 C 列有效数据最大行号，并取出 C 列最后一行数据。如果是日期型数据，则加一天得到新的起始日期，否则将当前日期减去 365 天，得到一年前的一个日期作为起始日期。起始日期用变量 d 表示。

然后，在字符串变量 u 中形成凤凰网财经栏目指定日期范围的"欧元-人民币"汇率数据网页地址 URL，在当前工作表上用 Add 方法建立一个新的 Web 查询，目标数据区的起始单元格地址为 T1，网页中默认的数据区为第 2 个标记➡对应的表格。用 Refresh 方法，以同步方式刷新查询，将网页数据导入到 Excel 工作表从 T1 开始的区域中(工作表的 E 到 S 列之间用于放置图表)。

假设 C 列最后一行的数据为日期"2011-12-31"，当前日期为"2012-1-26"，程序执行后，变量 d 的最终结果为"2012-1-1"，变量 u 的最终结果为"URL;http://app.finance.ifeng.com/hq/rmb/quote.php?symbol=EUR&begin_day=2012-1-1&end_day=2012-1-26"。建立并刷新查询后，当前工作表 T1 开始的区域将得到如图 7.9 所示的结果。

	T	U	V	W	X	Y	Z
1	日期	中间价	钞买价	汇买价	钞/汇卖价	涨跌额	涨跌幅
2	2012-1-26	818.65	799.39	824.86	831.49	0	0.00%
3	2012-1-25	818.65	794.51	819.82	826.41	0	0.00%
4	2012-1-24	818.65	794.51	819.82	826.41	0	0.00%
5	2012-1-23	818.65	786.52	811.58	818.1	0	0.00%
6	2012-1-20	818.65	789.98	815.14	821.69	6.4	0.79%
7	2012-1-19	812.25	786.66	811.73	818.25	5.72	0.71%
8	2012-1-18	806.53	780.68	805.55	812.02	4.36	0.54%
9	2012-1-17	802.17	778.21	803.01	809.46	1.13	0.14%
10	2012-1-16	801.04	772.37	796.97	803.37	-9.17	-1.13%
11	2012-1-13	810.21	781.03	805.92	812.39	6.49	0.81%
12	2012-1-12	803.72	776.97	801.73	808.16	-1.19	-0.15%
13	2012-1-11	804.91	779.17	803.99	810.45	-1.59	-0.20%
14	2012-1-10	806.5	779.77	804.61	811.07	4.29	0.53%
15	2012-1-9	802.21	777.73	802.51	808.95	-5.56	-0.69%
16	2012-1-6	807.77	779.48	804.32	810.78	-8.91	-1.09%
17	2012-1-5	816.68	781.28	806.17	812.64	-5.36	-0.65%
18	2012-1-4	822.04	792.79	818.05	824.62	5.79	0.71%
19	2012-1-3	816.25	786.42	811.48	818	0	0.00%

图 7.9　导入工作表的 Web 查询结果

接下来，求 T 列有效数据最大行号，保存到变量 m 中。用 For 语句从 2 到 m 行循环，将 20 列(T 列)、21 列(u 列)的数据转存到 3、4 列原有数据的后面，并在 1、2 列分别填写公式"=YEAR(RC[2])"和"=MONTH(RC[1])"，用以从日期中提取年份和月份数。

最后，删除 Web 查询和 T～Z 列的临时数据，对 A～D 列数据按日期升序排序，设置自动筛选功能，以便按年、月进行筛选。这时，在"年"下拉列表中选择"2012"，在"月"下拉列表中选择"1"，就会得到如图 7.6 所示的筛选结果。在"数据"→"筛选"菜单中选择"全部显示"命令，将显示全部数据。

在工作表的"导入数据"按钮上单击鼠标右键，在弹出的快捷菜单中选择"指定宏"项，将"导入数据"子程序指定给该按钮，以便于操作。

120

3. 图表设计与动态刷新

打开"人民币对欧元汇率动态图表"工作簿，在"插入"→"名称"菜单中选择"定义"命令。

在"定义名称"对话框中，定义名称 n 的引用位置为"=COUNTA(Sheet1!$C:$C)"。相当于用变量 n 表示 C 列非空单元格的个数，即有效数据的行数。定义名称 v 的引用位置为"=OFFSET(Sheet1!$D$1,1,0,n-1)"。相当于用变量 v 表示 D 列从第 2 行到有效数据最后一行所对应的区域。定义名称 x 的引用位置为"=OFFSET(Sheet1!$C$1,1,0,n-1)"。相当于用变量 x 表示 C 列从第 2 行到有效数据最后一行所对应的区域。

将名称 v 和 x 用于图表"值"和"分类轴标志"，图表会随数据区的变化自动调整，达到动态刷新目的。

在 Sheet1 工作表中，选中 C、D 列，单击"常用"工具栏的"图表向导"按钮。

在"图表向导"对话框中，选择图表类型为"折线图"，单击"完成"按钮，得到如图 7.10 所示的图表。

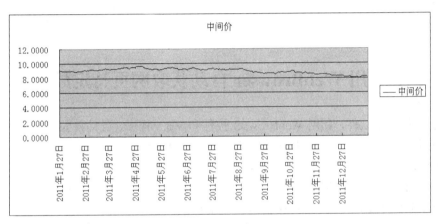

图 7.10　最初得到的图表

选中图表区右侧的"图例"项，按 Delete 键将其删除。

在图表区上单击鼠标右键，在快捷菜单中选择"图表区格式"命令。在"图表区格式"对话框的"图案"选项卡中，设置"红色"边框，选中"圆角"复选项，填充"双色"、"中心辐射"效果，颜色 1 为白色，颜色 2 为淡蓝。在"属性"选项卡中，设置对象位置为"大小、位置均固定"。

在图表区上单击鼠标右键，在快捷菜单中选择"图表选项"命令。在"图表选项"对话框的"标题"选项卡中，设置标题为"1 欧元对人民币中间价"。在"网格线"选项卡中，取消"主要网格线"复选项。

在图表区上单击鼠标右键，在快捷菜单中选择"源数据"命令。在"源数据"对话框的"系列"选项卡中，设置"值"为"=人民币对欧元汇率动态图表.xls!v"，设置"分类轴标志"为"=人民币对欧元汇率动态图表.xls!x"。此处引用了名称 v 和 x。

在绘图区上单击鼠标右键，在快捷菜单中选择"绘图区格式"命令。在"绘图区格式"对话框中，设置边框为"无"，填充效果为浅茶色。

在分类轴上单击鼠标右键，在快捷菜单中选择"坐标轴格式"命令。在"坐标轴格式"对话框的"对齐"选项卡中，设置文本方向为 45 度。

最后得到如图 7.11 所示的图表。

此后，在工作表的数据区中，不论是添加、删除数据，还是对数据进行筛选，图表都会自动刷新。

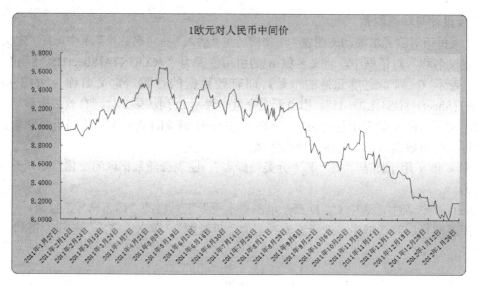

图 7.11　最后得到的图表样式

7.6　用 WebBrowser 自动获取网页特定数据

本节我们设计一个软件，利用 WebBrowser 控件和 VBA 程序，自动将大连日报多媒体数字报刊网站中，指定日期范围每一天的天气预报信息提取到 Word 文档。

1. 用户窗体设计

创建一个 Word 文档，保存为"用 WebBrowser 自动获取网页特定数据.doc"。

进入 VBA 编辑环境，在当前工程中插入一个用户窗体 UserForm1，设置其 Caption 属性为"获取网页数据"。在"控件箱"工具栏上单击鼠标右键，在快捷菜单中选择"附加控件"项，在如图 7.12 所示的"附加控件"对话框中选中"Microsoft Web 浏览器"项，单击"确定"按钮，将 WebBrowser 控件添加到"控件箱"工具栏中。

在用户窗体上添加一个 WebBrowser 控件 WebBrowser1；添加一个标签控件 Label1，设置其 Caption 属性为"起始日期"；添加一个文字框控件 TextBox1，通过其 Text 属性预置一个起始日期，比如"2012-01-01"；添加一个命令按钮控件 CommandButton1，设置其 Caption 属性为"开始"。根据需要调整窗体及各个控件的大小、位置，得到如图 7.13 所示的界面。

图 7.12　"附加控件"对话框

图 7.13　用户窗体及控件布局

2. 命令按钮代码

在"开始"命令按钮上单击鼠标右键，在快捷菜单中选"查看代码"项，对该按钮的 Click 事件编写如下代码：

```
Private Sub CommandButton1_Click()
    UserForm1.Hide
    Call bwb
End Sub
```

用户窗体运行后，单击"开始"命令按钮，执行这段程序。它先把用户窗体隐藏，然后调用子程序 bwb，在 Web 浏览器中打开指定日期的大连日报首版网页。

3. 子程序 bwb

在用户窗体中编写一个通用子程序 bwb，代码如下：

```
Sub bwb()
    rq = CDate(TextBox1.Text)
    rq = Format(rq, "yyyy-mm\/dd")
    ul = "http://szb.dlxww.com/dlrb/html/" & rq & "/node_2.htm"
    WebBrowser1.Navigate ul
End Sub
```

这个子程序首先从文字框 TextBox1 中取出日期字符串，转换为日期型数据，再将日期型数据转换为特定格式的字符串。然后形成一个大连日报指定日期首版网页地址保存到变量 ul 中，在 Web 浏览器 WebBrowser1 中打开该网页。

比如，文字框 TextBox1 中的日期字符串为"2012-01-01"，转换格式后的字符串为"2012-01/01"，变量 ul 的值为大连日报 2012 年 1 月 1 日首版网页地址：

```
http://szb.dlxww.com/dlrb/html/2012-01/01/node_2.htm
```

4. WebBrowser1 控件的 DocumentComplete 事件代码

WebBrowser 控件的 DocumentComplete 事件在网页完成调入时发生。通过对该事件编写程序，可以对网页进行数据处理。

如果网页上没有子框架(Frames)，发生 DocumentComplete 事件即表明当前页面(即主框架)已完成调入；若网页上有多个框架，则每个框架完成时都会发生 DocumentComplete 事件，所有子框架都完成后，主框架最后产生一次 DocumentComplete 事件。

为了在大连日报指定日期首版中找到天气预报条目的网址，进而打开对应的网页，我们在 WebBrowser1 控件的 DocumentComplete 事件中编写如下代码：

```
Private Sub WebBrowser1_DocumentComplete(ByVal pDisp As Object, URL As Variant)
    Set tbs = WebBrowser1.Document.getElementsByTagName("Table")
    ur = WebBrowser1.LocationURL
    For Each tb In tbs
        For Each ce In tb.Cells
            hh = ce.innerHTML
            p1 = InStr(hh, "天气预报")
            If p1 = 0 Then p1 = InStr(hh, "今日天气")
            If p1 = 0 Then p1 = InStr(hh, "℃")
            If p1 > 0 Then
                p2 = InStrRev(hh, "content", p1)
                p3 = InStr(p2, hh, ".")
```

```
            dd = Mid(hh, p2, p3 - p2 + 4)
            p4 = InStr(ur, "node")
            uu = Left(ur, p4 - 1) & dd
            Call qwb(uu)
            Exit Sub
         End If
      Next
   Next
   rq = CDate(TextBox1.Text)
   Selection.TypeText (rq & ": " & "***未找到数据!" & vbCrLf)
   Call grq(rq)
End Sub
```

这段代码首先用 getElementsByTagName 方法，从 Web 浏览器 WebBrowser1 打开的网页中获取表格集，保存到对象变量 tbs 中。通过 LocationURL 属性取出 WebBrowser1 当前网址，保存到变量 ur 中。

然后，用双重循环语句，对当前网页所有表格的每个单元格进行以下处理：

(1) 取出单元格的 HTML 字符串，求出字符串中关键词"天气预报"、"今日天气"或"℃"的位置，用变量 p1 表示。

(2) 如果字符串中包含 3 个关键词的任意一个，则在字符串中从 p1 开始，反向查找超级链关键词 content 的位置，用变量 p2 表示。在字符串中从 p2 开始，查找小数点的位置，用变量 p3 表示。取出超级链关键词(由 content 开头的若干个字符)，用变量 dd 表示。在当前网址中找到关键词 node 的位置，用变量 p4 表示。修改当前网址，保留 node 左边的部分，右面拼接上变量 dd 的值，得到天气预报条目的网址，保存到变量 uu 中。调用子程序 qwb，打开以变量 uu 的值为网址的网页，提取该网页的天气预报具体信息，之后退出本过程。

假如变量 ur 中当前网址为

```
http://szb.dlxww.com/dlrb/html/2012-01/01/node_2.htm
```

则变量 dd 的值为"content_594189.htm"，变量 uu 的值为

```
http://szb.dlxww.com/dlrb/html/2012-01/01/content_594189.htm
```

如果双重循环正常结束，说明当前网页中没有关键词"天气预报"、"今日天气"或"℃"。这时，用 TypeText 方法在 Word 当前文档中输出该日期"未找到数据!"，并调用子程序 grq 调整日期，获取新日期的天气预报信息。

5. 子程序 grq

在用户窗体中编写一个通用子程序 grq，代码如下：

```
Sub grq(rq)
   Selection.EndKey Unit:=wdStory
   rq = rq + 1
   If rq > Date Then
      MsgBox "正常结束!"
   Else
      TextBox1.Text = rq
      Call bwb
   End If
End Sub
```

124

子程序的形参 rq 为日期型数据。

在这个子程序中，首先将光标定位到当前 Word 文档的末尾。然后将日期 rq 加上 1 天。如果 rq 中的日期大于系统当前日期，则显示信息"正常结束！"，并结束本过程。否则，将 rq 中新的日期添加到文字框 TextBox1 中，再次调用子程序 bwb，在 Web 浏览器中打开新日期大连日报首版网页。

6. 子程序 qwb

在 WebBrowser1 控件的 DocumentComplete 事件代码中，如果某单元格的 HTML 字符串中包含关键词"天气预报"、"今日天气"或"℃"，则会取出天气预报条目的网址，保存到变量 uu 中，然后调用子程序 qwb，打开以变量 uu 的值为网址的网页，提取该网页的天气预报具体信息。

子程序 qwb 代码如下：

```
Sub qwb(uu)
    rq = CDate(TextBox1.Text)
    Selection.TypeText (rq & ": " & vbCrLf)
    Set dor = Documents.Open(uu)
    Selection.Find.Text = "相对湿度："
    Selection.Find.Execute
    If Selection.Find.Found() Then
        Selection.Tables(1).Select
        Selection.Copy
        dor.Close (wdDoNotSaveChanges)
        Selection.PasteAndFormat (wdFormatPlainText)
    Else
        dor.Close (wdDoNotSaveChanges)
    End If
    Call grq(rq)
End Sub
```

在这个子程序中，首先取出文字框 TextBox1 中的日期字符串，转换为日期型数据，输出到 Word 当前文档，作为日期标识信息。

然后，在 Word 新文档中打开以变量 uu 的值为网址的网页，并在新文档中查找关键词"相对湿度："。

如果查找成功，则选中关键词所在的表格，把它复制到剪切板，关闭新的临时文档，把剪贴板中的无格式文本粘贴到 Word 当前文档。这样就获取了一天的天气预报信息。

如果查找不成功，则直接关闭新的临时文档。

最后，再次调用子程序 grq，获取下一个日期的天气预报信息。

7. 运行与测试

打开"用 WebBrowser 自动获取网页特定数据"文档，进入 VBA 编辑环境，在当前工程中运行用户窗体 UserForm1。

在文字框中输入一个起始日期，然后单击"开始"命令按钮，系统将自动从网上获取指定日期到系统当前日期的大连天气预报信息，保存到 Word 当前文档，以便进一步加工和利用。

为便于操作，可以另外编写一个子程序来打开用户窗体，然后创建一个自定义工具栏，通过自定义工具栏的按钮来执行这个子程序。

上机实验题目

1. 参照 7.5 节案例，制作一个人民币对美元汇率动态图表。要求：

(1) 从网上自动获取指定日期范围的人民币对美元汇率数据。

(2) 能够按年、月对数据进行筛选，并求出筛选结果中"中间价"的最高值、最低值、平均值及其对应的日期。

(3) 根据筛选结果生成对应的图表。

(4) 在工作簿的"插入"→"名称"菜单中选择"定义"命令，删除所有名称，用程序实现同样的功能。

2. 参照 7.6 节案例设计一个软件，自动将长春日报多媒体数字报刊网站中，指定日期范围每一天的天气预报信息提取到 Word 文档。

3. 创建如图 7.14 所示的 Excel 工作簿，其中设置"图表"、"大连天气数据"、"长春天气数据"三张工作表。将两个城市的天气预报数据整理后填入各自的工作表。要求在"图表"工作表中，通过组合框指定年份、月份和温度对比方式，动态刷新图表。

温度对比方式包括：大连每日最高气温和最低气温对比、长春每日最高气温和最低气温对比、两个城市每日最高气温对比、两个城市每日最低气温对比等。

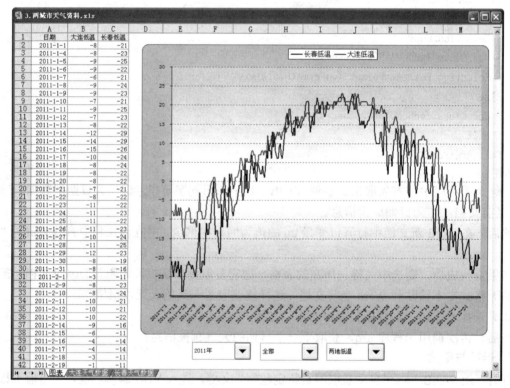

图 7.14　两城市每日气温对比图表

第8章 文件管理

本章结合几个应用案例介绍 VBA 的文件管理功能。涉及的主要技术包括：Dir 函数、文件对话框对象、文件系统对象、文件夹对象、Filesearch 对象的应用，递归程序设计，二进制文件管理。

8.1 在 Word 中列文件目录

本节我们编写一个 VBA 程序，在 Word 文档中，提取当前文件夹中所有文件名、扩展名，转换为表格，并按扩展名、文件名排序。

1. 设计子程序

创建一个 Word 文档，保存为"在 Word 中列文件目录.doc"。

进入 VBA 编辑环境，在当前工程中双击 ThisDocument 对象，编写一个通用子程序"列文件目录"，代码如下：

```
Sub 列文件目录()
    cpath = ThisDocument.Path
    adoc = Dir(cpath & "\*.*")
    Do While adoc <> ""
        Selection.TypeText Text:=adoc
        Selection.TypeParagraph
        adoc = Dir()
    Loop
    Selection.WholeStory
    Selection.MoveLeft Unit:=wdCharacter, Count:=1, Extend:=wdExtend
    Selection.ConvertToTable Separator:= "."
    Selection.Sort FieldNumber:= "列 2", FieldNumber2:= "列 1"
    Selection.HomeKey Unit:=wdStory
End Sub
```

这个子程序中，先用 ThisDocument.Path 取出当前路径名，用 Dir 函数取出当前路径下第一个文件名(含扩展名)。

然后用 Do While 循环将当前路径下的所有文件名、扩展名输出到 Word 文档，文件名和扩展名之间用小数点"."分隔，各文件之间用回车符分隔。

接下来，选中除最后一个回车符之外的全部文本，用 ConvertToTable 方法将选中的内容，以小数点为分隔符转换为表格。

最后，用 Sort 方法对表格内容按扩展名、文件名进行排序并取消选中状态。

2. 运行子程序

在"工具"→"宏"菜单中选择"宏"项，在"宏"对话框中选择"列文件目录"项，然后单击"运行"按钮，在当前文档中将以表格形式列出当前文件夹的所有文件名、扩展名，并按扩展名、文件名排序。

8.2　在 Excel 中列文件目录

在 Excel 中编写一个程序，提取当前文件夹中所有文件名、扩展名，分别填入当前工作表的 A 列和 B 列。

1. 创建工作簿

创建一个 Excel 工作簿，保存为"在 Excel 中列文件目录.xls"。在此工作簿中只保留一个工作表，重命名为"文件目录"。

在"文件目录"工作表中，根据需要调整 A、B 列的宽度，以便保存文件名和扩展名。

2. 编写子程序

进入 VBA 编辑环境，插入一个模块。在模块中编写一个子程序"列文件目录"，代码如下：

```
Sub 列文件目录()
  Cells.Clear                      '清当前工作表所有单元格
  With Application.FileSearch      '使用 FileSearch 对象
   .LookIn = ThisWorkbook.Path     '搜索当前路径
   .Filename = "*.*"               '所有文件
   .Execute                        '启动搜索
   For n = 1 To .FoundFiles.Count  '按文件数循环
     fn = .FoundFiles(n)           '取出一个文件名(含路径名)
     p = InStrRev(fn, "\")         '从右边找"\"出现的位置
     fn = Mid(fn, p + 1)           '取出一个文件名(不含路径名)
     p = InStr(fn, ".")            '从左边找"."出现的位置
     Cells(n, 1) = Left(fn, p - 1) '填入文件名
     Cells(n, 2) = Mid(fn, p + 1)  '填入扩展名
   Next n
  End With
End Sub
```

在这个子程序中，先将当前工作表所有单元格内容清除，然后用 FileSearch 对象实现文件查找，并对找到的每个文件进行处理。

其中，用 FileSearch 对象的 lookin 属性设置当前路径为搜索路径。用 Filename 属性设置要搜索的文件名，"*.*"表示所有文件。用 Execute 方法开始文件搜索。FoundFiles.Count 属性表示找到的文件数量。FoundFiles(n)表示找到的第 n 个文件的全路径名。

For 循环语句用来将搜索到的每一个文件名、扩展名提取出来，依次填入当前工作表的 A、B 列。

3. 运行子程序

在"工具"→"宏"菜单中选择"宏"项，在"宏"对话框中选择"列文件目录"项，单击"运行"按钮，在当前工作表的 A、B 列，将列出当前文件夹中所有文件名、扩展名。

8.3　列出指定路径下的文件和文件夹名

有时候，需要列出某个路径下的文件名和文件夹名。下面编写一个 VBA 程序，在 Excel 工作表中实现这一目标。

1. 创建工作簿和自定义工具栏

创建一个 Excel 工作簿，保存为"列出文件和文件夹名.xls"。

进入 VBA 编辑环境，在"工具"菜单中选择"引用"命令。在对话框"可使用的引用"列表框中选择"Microsoft Scripting Runtime"，然后单击"确定"按钮。

单击工具栏上的"工程资源管理器"按钮，在当前工程中双击 ThisWorkBook 对象，对工作簿的 Open 事件编写如下代码：

```
Private Sub Workbook_Open()
  Set tbar = Application.CommandBars.Add(Name:="自定义", Temporary:=True)
  With tbar.Controls.Add(Type:=msoControlButton)
    .Caption = "列出文件和文件夹名"
    .Style = msoButtonCaption
    .OnAction = "fa"
  End With
  tbar.Visible = True
End Sub
```

工作簿打开时，自动执行这段代码。它建立一个临时的自定义工具栏，在工具栏上添加一个按钮，指定要执行的子程序为 fa。最后让工具栏可见。

2. 子程序 fa

在 VBA 编辑环境中，插入一个模块，编写一个子程序 fa，代码如下：

```
Sub fa()
  Cells.Clear                              '清单元格
  Set fd = Application.FileDialog(msoFileDialogFolderPicker) '创建对象
  k = fd.Show                              '打开文件对话框
  If k = 0 Then Exit Sub                   '在对话框中单击了"取消"按钮
  dn = fd.SelectedItems.Item(1)            '取出选中的文件夹名
  Dim fs As New FileSystemObject           '创建文件系统对象
  Set ff = fs.GetFolder(dn)                '创建文件夹对象
  r = 1                                    '起始行号
  For Each f In ff.SubFolders              '对文件夹中的所有子文件夹进行操作
    Cells(r, 1) = f.Name                   '填写文件夹名
    r = r + 1                              '调整行号
  Next
  For Each f In ff.Files                   '对文件夹中的所有文件进行操作
    Cells(r, 1) = f.Name                   '填写文件名
    r = r + 1                              '调整行号
  Next
  Cells.Columns.AutoFit                    '设置最合适的列宽
  Range("A1").Sort Key1:=Range("A1"), Order1:=xlAscending    '排序
End Sub
```

这个子程序，首先把当前工作表所有单元格的内容清除。

然后，使用应用程序对象 Application 的 FileDialog 属性返回一个文件对话框对象。参数 msoFileDialogFolderPicker 用来确定文件对话框类型为"文件夹选取器"，让用户选择一个文件夹。

接下来，用 Show 方法显示文件对话框。如果用户在对话框中单击了"取消"按钮，则退出子程序。否则，进行以下操作：

(1) 从文件对话框对象的 SelectedItems 集合中取出选中的文件夹名送给变量 dn。

(2) 创建一个文件系统对象，用变量 fs 表示。

(3) 用文件系统对象的 GetFolder 方法，由文件夹名 dn 创建一个文件夹对象，用变量 ff 表示。

(4) 用 For Each 循环语句，把文件夹对象 ff 的每个子文件夹名，依次填写到当前工作表第 1 列、从第 1 行开始的单元格中。

(5) 用 For Each 循环语句，把文件夹对象 ff 的每个文件名，依次填写到当前工作表第 1 列的后继单元格中。

(6) 设置当前工作表的所有列为最合适的列宽，对第 1 列的内容进行排序。

3. 运行程序

打开工作簿文件"列出文件和文件夹名.xls"，单击自定义工具栏上的"列出文件和文件夹名"按钮，在对话框中选择一个文件夹，单击"确定"按钮后，在 Excel 当前工作表的第 1 列将列出该路径下的文件名和文件夹名。

8.4 列出指定路径下全部子文件夹和文件名

本节我们要在 Excel 中编写 VBA 程序，列出指定路径下全部子文件夹和文件名。

实现方法：一是使用文件系统对象 FileSystemObject，结合递归程序来完成；二是使用 Filesearch 对象，结合循环程序来完成。

8.4.1 使用 FileSystemObject 对象

下面介绍在 Excel 中用文件系统对象 FileSystemObject 和递归程序列出指定文件夹下的所有子文件夹和文件名的方法。

1. 创建工作簿和自定义工具栏

创建一个 Excel 工作簿，保存为"列出全部子文件夹和文件名.xls"。

进入 VBA 编辑环境，在"工具"菜单中选择"引用"命令。在对话框"可使用的引用"列表框中选择"Microsoft Scripting Runtime"，然后单击"确定"按钮。

单击工具栏上的"工程资源管理器"按钮，在当前工程中双击 ThisWorkBook 对象，对 Open 事件编写如下代码：

```
Private Sub Workbook_Open()
  Set tbar = Application.CommandBars.Add(Name:="自定义", Temporary:=True)
  With tbar.Controls.Add(Type:=msoControlButton)
    .Caption = "实现方案 1"
    .Style = msoButtonCaption
    .OnAction = "fa1"
  End With
  With tbar.Controls.Add(Type:=msoControlButton)
    .Caption = "实现方案 2"
    .Style = msoButtonCaption
    .OnAction = "fa2"
  End With
  tbar.Visible = True
End Sub
```

当工作簿打开时，将自动执行这段代码。它建立一个临时的自定义工具栏，在工具栏上添加两个按钮"实现方案 1"和"实现方案 2"，分别指定要执行的子程序为 fa1 和 fa2。最后让工具栏可见。

2. 子程序 fa1

在 VBA 编辑环境中，插入一个模块，创建如下子程序：

```
Sub fa1()
    Columns("A:D").Delete Shift:=xlToLeft      '删除 1～4 列
    Set fd = Application.FileDialog(msoFileDialogFolderPicker)  '创建对象
    k = fd.Show                                '打开文件对话框
    If k = 0 Then Exit Sub                     '在对话框中单击了"取消"按钮
    dn = fd.SelectedItems.Item(1)              '取出选中的文件夹名
    Call getf(dn)                              '调用递归子程序
    Cells.Columns.AutoFit                      '设置最合适的列宽
End Sub
```

这个子程序首先删除当前工作表的 1～4 列，目的是删除这 4 列的原有信息并使用默认列宽。

然后创建一个文件对话框对象，用变量 fd 表示。用 Show 方法显示文件对话框，用于选择文件夹。如果用户在对话框中单击了"取消"按钮，则退出子程序。否则，从文件对话框对象的 SelectedItems 集合中取出被选中的文件夹路径名送给变量 dn。

最后，以当前文件夹路径名为实参，调用递归子程序 getf，将文件夹路径名和该文件夹下的所有文件名填写到 Excel 当前工作表中，并设置最合适的列宽。

3. 递归子程序 getf

子程序 getf 将当前文件夹路径名和该文件夹下的所有文件名填写到 Excel 工作表，再递归调用自身，对当前文件夹下的所有子文件夹进行同样操作，从而列出每一个子文件夹路径名以及子文件夹下的所有文件名。

子程序 getf 代码如下：

```
Sub getf(path)
    Dim fs As New FileSystemObject             '创建文件系统对象
    r = Range("A65536").End(xlUp).Row + 1      '空白区起始行号
    With Range(Cells(r, 1), Cells(r, 4))
        .Merge                                 '合并单元格
        .Interior.ColorIndex = 35              '填充颜色
        .Value = path                          '填写当前路径名
    End With
    Set fd = fs.GetFolder(path)                '创建文件夹对象
    For Each f In fd.Files                     '对文件夹中的所有文件进行操作
        r = r + 1                              '调整行号
        Cells(r, 1) = f.Name                   '填写目录信息
        Cells(r, 2) = f.Size
        Cells(r, 3) = f.Type
        Cells(r, 4) = f.DateLastModified
    Next
    For Each s In fd.SubFolders                '对当前文件夹下的所有子文件夹进行操作
        Call getf(s.path)
    Next
End Sub
```

131

该子程序的形参 path 为指定的文件夹路径名。

它首先创建一个文件系统对象，用变量 fs 表示。求出当前工作表 A 列空白区起始行号，用变量 r 表示。将 r 行 1～4 列合并，填写当前文件夹路径名，并填充"浅绿"颜色，以便区分文件名和文件夹路径名。

然后，用 GetFolder 方法创建指定的文件夹对象，并把该文件夹中的每一个文件名、大小、类型、修改日期依次填入当前工作表的 1～4 列。

最后，递归调用 getf 自身，对指定文件夹下的每一个子文件夹进行同样的操作。即：填写文件夹路径名，填写该文件夹每个文件信息，再递归调用 getf，对下一级的每一个子文件夹进行同样的操作。

4．运行程序

打开 Excel 工作簿文件"列出全部子文件夹和文件名.xls"，单击自定义工具栏上的"实现方案 1"按钮，弹出文件夹选择对话框。

选择一个文件夹，单击"确定"按钮后，在 Excel 当前工作表中将列出指定文件夹下的所有文件夹、子文件夹的路径名以及所有文件名信息，其中文件夹路径名所在单元格用"浅绿"颜色标识。

8.4.2 使用 Filesearch 对象

本方法列出的所有文件名都是绝对路径的形式，缺点是不能列出空文件夹的路径信息。

1．子程序 fa2

打开 Excel 工作簿文件"列出全部子文件夹和文件名.xls"，在 VBA 编辑环境中，创建如下子程序：

```
Sub fa2()
  Columns("A:D").Delete Shift:=xlToLeft   '删除 1～4 列
  Set fd = Application.FileDialog(msoFileDialogFolderPicker) '创建对象
  k = fd.Show                             '打开文件对话框
  If k = 0 Then Exit Sub                  '在对话框中单击了"取消"按钮
  dn = fd.SelectedItems.Item(1)           '取出选中的文件夹名
  With Application.FileSearch
    .LookIn = dn                          '指定文件夹
    .FileType = msoFileTypeAllFiles       '指定文件类型
    .SearchSubFolders = True              '包含子文件夹
    .Execute                              '搜索文件
    For i = 1 To .FoundFiles.Count        '列出所有文件
      Cells(i, 1) = .FoundFiles(i)
    Next i
  End With
  Cells.Columns.AutoFit                   '设置最合适的列宽
End Sub
```

这个子程序的前 5 条语句与子程序 fa1 相同。

在 With 语句中，用 LookIn 属性指定 FileSearch 对象要查找的文件夹，用 FileType 属性指定全部文件类型，SearchSubFolders 属性设置为 True 表示要包含子文件夹。用 Execute 方法进行查找，用循环语句和 FoundFiles.Count 属性在当前工作表的 A 列依次填写所有文件的绝对路径名。

最后，设置最合适的列宽。

2. 运行程序

打开 Excel 工作簿文件"列出全部子文件夹和文件名.xls",单击自定义工具栏上的"实现方案 2"按钮,弹出文件夹选择对话框。

选择一个文件夹,单击"确定"按钮后,在 Excel 当前工作表 A 列将显示出指定文件夹和子文件夹下的所有文件绝对路径名。

8.5 批量重命名文件

下面我们在 Excel 中编写一个 VBA 程序,对指定文件夹下的文件进行批量重新命名。

1. 创建工作簿和自定义工具栏

创建一个 Excel 工作簿,保存为"批量重命名文件.xls"。

在 Sheet1 工作表中,选中所有单元格,设置背景颜色为"白色"。选中 A~D 列,设置虚线边框,水平居中对齐方式。在 A1:D1 单元格区域中填写表头,设置"浅青绿"背景颜色。得到如图 8.1 所示的工作表结构。

	A	B	C	D
1	原文件名	原扩展名	新文件名	新扩展名
2				
3				
4				
5				
6				
7				
8				
9				

图 8.1 Sheet1 工作表结构

进入 VBA 编辑环境,在"工具"菜单中选择"引用"命令,选中"Microsoft Scripting Runtime"项。

对工作簿的 Open 事件编写如下代码:

```
Private Sub Workbook_Open()
    Set tbar = Application.CommandBars.Add(Name:="功能", Temporary:=True)
    tbar.Visible = True
    Set butt1 = tbar.Controls.Add(Type:=msoControlButton)
    With butt1
      .Caption = "选文件夹"
      .Style = msoButtonCaption
      .OnAction = "wjj"
    End With
    Set butt2 = tbar.Controls.Add(Type:=msoControlButton)
    With butt2
      .Caption = "重新命名"
      .Style = msoButtonCaption
      .OnAction = "cmm"
      .Enabled = False
    End With
End Sub
```

工作簿打开时,通过这段程序建立一个临时的自定义工具栏,并使其可见。在工具栏上添加

133

两个按钮"选文件夹"和"重新命名"，指定要执行的子程序分别为 wjj 和 cmm。"重新命名"按钮的初始状态设置为不可用。

2．子程序 wjj

在 VBA 编辑环境中，插入一个模块。在模块的顶部用以下语句声明两个全局对象变量 butt1、butt2，用来保存工具栏按钮对象。声明一个全局字符串变量 dn，用来保存选定的文件夹名。

```
Public butt1, butt2 As Object
Public dn As String
```

在模块中，编写一个子程序 wjj，代码如下：

```
Sub wjj()
  Set fd = Application.FileDialog(msoFileDialogFolderPicker)
  If fd.Show = 0 Then Exit Sub
  rm = Range("A65536").End(xlUp).Row + 1
  Range("A2:D" & rm).ClearContents
  dn = fd.SelectedItems.Item(1)
  Dim fs As New FileSystemObject
  Set ff = fs.GetFolder(dn)
  r = 2
  For Each f In ff.Files
    p = InStrRev(f.Name, ".")
    If p > 0 Then
      Cells(r, 1) = Left(f.Name, p - 1)
      Cells(r, 3) = Left(f.Name, p - 1)
      Cells(r, 2) = Mid(f.Name, p + 1)
      Cells(r, 4) = Mid(f.Name, p + 1)
    Else
      Cells(r, 1) = f.Name
      Cells(r, 3) = f.Name
    End If
    r = r + 1
  Next
  Cells.Columns.AutoFit
  rm = Range("A65536").End(xlUp).Row
  Range("A1:D" & rm).Sort Key1:=Range("B2"), Order1:=xlAscending, _
  Key2:=Range("A2"), Order2:=xlAscending, Header:=xlGuess
  Cells(2, 3).Select
  butt1.Enabled = False
  butt2.Enabled = True
End Sub
```

这个子程序用来选择文件夹，并将该文件夹下所有文件名、扩展名填写到当前工作表的数据区。

它首先用 Application 的 FileDialog 属性返回一个文件对话框对象，用 Show 方法显示文件对话框。如果用户在对话框中单击了"取消"按钮，则退出子程序。否则，进行以下操作：

(1) 求出当前工作表 A 列空白区起始行号，用变量 rm 表示。清除 A～D 列第 1 行以外的数据区，目的是清除原有数据。

(2) 从文件对话框对象的 SelectedItems 集合中取出选中的文件夹名，送给全局变量 dn。

(3) 创建一个文件系统对象，用变量 fs 表示。

(4) 用文件系统对象的 GetFolder 方法，由文件夹名 dn 创建一个文件夹对象，用变量 ff 表示。

(5) 设置目标起始行号，用变量 r 表示。

(6) 用 For Each 循环语句，对文件夹中的每个文件进行处理。如果文件全名中包含小数点"."，说明该文件有扩展名，则将文件名填写到 r 行的 1、3 列，扩展名填写到 r 行的 2、4 列。如果文件全名中不含小数点"."，说明该文件无扩展名，则只将文件名填写到 r 行的 1、3 列。每填写一行信息后，都调整目标行号 r 的值。

(7) 对所有单元格设置最适合的列宽。

(8) 取出数据区最大行号，对数据区按扩展名、文件名排序。光标定位到 2 行 3 列单元格。让工具栏按钮"选文件夹"不可用性、"重新命名"可用。

3. 子程序 cmm

在模块中，编写一个子程序 cmm，代码如下：

```
Sub cmm()
    rm = Range("A65536").End(xlUp).Row            '取出数据区最大行号
    For r = 2 To rm                               '循环
        sf = dn & "\" & Cells(r, 1) & "." & Cells(r, 2)    '源文件全路径名
        df = dn & "\" & Cells(r, 3) & "." & Cells(r, 4)    '目标文件全路径名
        Name sf As df                             '重新命名
    Next
    MsgBox "文件重命名成功！"
    butt1.Enabled = True                          '设置工具栏按钮的可用性
    butt2.Enabled = False
End Sub
```

这个子程序的功能是：将当前工作表以 A、B 列为文件名、扩展名的所有文件，改为 C、D 列指定的文件名、扩展名。

它首先取出数据区最大行号，然后用 For 语句从第 2 行到最后一个数据行循环。从每一行的 1、2 列取出源文件名、扩展名，拼接成文件全名，保存到变量 sf 中。从 3、4 列取出新文件名、扩展名，拼接成文件全名，保存到变量 df 中。用 Name 语句源文件名改为新文件名。

循环结束后，提示"文件重命名成功！"，让工具栏按钮"选文件夹"可用性、"重新命名"不可用。

4. 运行与测试

打开"批量重命名文件"工作簿，单击自定义工具栏上的"选文件夹"按钮，在对话框中选择一个文件夹，单击"确定"按钮后，当前工作表得到如图 8.2 所示的结果。

将 C2 单元格的内容改为"12001"，并向下以序列方式填充，得到如图 8.3 所示的结果。

	A	B	C	D
1	原文件名	原扩展名	新文件名	新扩展名
2	0433101	jpg	0433101	jpg
3	0433102	jpg	0433102	jpg
4	0433103	jpg	0433103	jpg
5	0433104	jpg	0433104	jpg
6	0433105	jpg	0433105	jpg
7	0433106	jpg	0433106	jpg
8	0433107	jpg	0433107	jpg
9	0433108	jpg	0433108	jpg
10	0433109	jpg	0433109	jpg
11	0433110	jpg	0433110	jpg
12	0433111	jpg	0433111	jpg
13	0433112	jpg	0433112	jpg

图 8.2　打开文件夹时的工作表信息

	A	B	C	D
1	原文件名	原扩展名	新文件名	新扩展名
2	0433101	jpg	12001	jpg
3	0433102	jpg	12002	jpg
4	0433103	jpg	12003	jpg
5	0433104	jpg	12004	jpg
6	0433105	jpg	12005	jpg
7	0433106	jpg	12006	jpg
8	0433107	jpg	12007	jpg
9	0433108	jpg	12008	jpg
10	0433109	jpg	12009	jpg
11	0433110	jpg	12010	jpg
12	0433111	jpg	12011	jpg
13	0433112	jpg	12012	jpg

图 8.3　修改新文件名后的工作表信息

这时，单击自定义工具栏的"重新命名"按钮，该文件夹下的所有文件就被改成新文件名了。通过设置工作表内容，可以灵活地修改部分文件名或扩展名。

8.6 提取汉字点阵信息

本节给出一个从 16 点阵字库中提取汉字点阵信息的例子。能够在如图 8.4 所示的 Excel 工作表中显示任意一个汉字的点阵信息。

1. 工作表设计

建立一个文件夹，将一个宋体 16 点阵汉字库文件 hzk16 复制到该文件夹。然后创建一个 Excel 工作簿，将其保存到该文件夹，命名为"显示任意一个汉字的点阵信息.xls"。

在工作簿中，将其中一个工作表重命名为"字模"，删除其余的工作表。

选中所有单元格，填充背景颜色为"白色"。

选中 B～Q 列，在"格式"菜单的"列"项中选择"列宽"命令，设置列宽为 0.77。选中 4～19 行，在"格式"菜单的"行"项中选择"行高"命令，设置行高为 8。

选中 B4:Q19 区域，设置虚线边框。

将 B2:F2 单元格区域合并及居中，输入文字"汉字："。合并 G2:Q2 单元格区域，设置左对齐方式，用于输入一个汉字。

打开"窗体"工具栏，在工作表上放置一个按钮"取字模"。得到如图 8.5 所示的工作表结构。

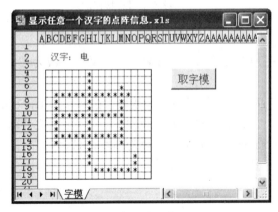

图 8.4 汉字点阵信息显示界面

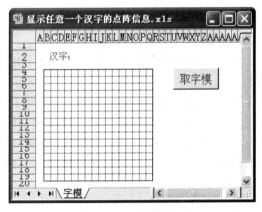

图 8.5 工作表结构

2. 子程序设计

在当前工程中插入一个模块，在模块中编写一个子程序 qzm，代码如下：

```
Sub qzm()
    Dim Hz(0 To 31) As Byte               '存放 1 个汉字 32 字节的字模数据
    Range("4:19").ClearContents           '清显示区原有内容
    tt = Range("G2").Value                '取出汉字
    zk = ThisWorkbook.Path & "\hzk16"     '形成字库全路径名
    Open zk For Binary Access Read As #1  '打开字库文件用于读
    nm = Hex(Asc(tt))                     '汉字内码，十六进制
    nm_h = "&H" & Left(nm, 2)             '高两位
    nm_l = "&H" & Right(nm, 2)            '低两位
    C1 = nm_h - &HA1                      '区码
```

```
    C2 = nm_l - &HA1                   '位码
    rec = C1 * 94 + C2                 '记录号
    Location = CLng(rec) * 32 + 1      '该汉字字模在字库中的起始位置
    Get #1, Location, Hz               '读取该汉字在字库中的字模送数组 Hz
    For k = 0 To 31                    '按字节循环
      For p = 7 To 0 Step -1           '按二进制位循环
        bit = Hz(k) And 2 ^ p          '取第 p 位
        If bit Then                    '该位为 1，显示"*"
          Cells(4 + k \ 2, 8 * (k Mod 2) + 9 - p) = "*"
        End If
      Next p
    Next k
    Close #1                           '关闭文件
End Sub
```

这个子程序通过"取字模"按钮来执行，其功能是从字库 hzk16 中提取指定汉字的字模，也就是组成这个汉字的点阵信息，在 Excel 当前工作表特定的单元格区域中显示出用"*"组成的汉字。

由于选用的是 16×16 点阵汉字库，每个汉字的字形由 16×16 个点组成，每个点用一个二进制位，每个汉字的字形码需要 32 个字节的存储空间。因此，程序中声明了一个字节型数组 Hz(0 To 31)，用于存放从字库中取出的一个汉字的 32 个字节点阵数据。

程序首先清除 4～19 行原有数据，从当前工作表的 G2 单元格中取出汉字，然后进行如下操作：

(1) 打开当前文件夹的字库文件 hzk16，取出汉字的内码(4 位十六进制数)，拆分为高位字节和低位字节，进而求出区码和位码，算出记录号，根据记录号求出该汉字的字形码在 16×16 点阵字库的起始位置，读取该汉字在字库中的字模到数组 Hz。

(2) 用循环程序，对汉字的 32 个字节字形码，用逻辑"与"分别取出每一个二进制位进行判断，如果该位是 1，则在 Excel 工作表对应的单元格中填写一个"*"，组成一个汉字的字形。

其中，汉字字模数据中第 k 个字节、第 p 个二进制位对应于 Excel 单元格的行号为"4 + K \ 2"、列号为"8 * (K Mod 2) + 9 - p"。

(3) 关闭字库文件。

3. 运行与测试

在当前工作表的"取字模"按钮上单击鼠标右键，在快捷菜单上选择"指定宏"项，将子程序 qzm 指定给按钮。

在 G2 单元格输入任意一个汉字，比如"电"字，单击"取字模"按钮，将会得到如图 8.4 所示的结果。输入其他汉字，同样会得到相应的结果。

上机实验题目

1. 创建一个 Excel 工作簿并编写程序，使之能够将任意一个选定工作簿的所有工作表复制到当前工作簿。

2. 参考如图 8.6 所示的界面和工具栏，设计一个 24×24 点阵字模生成软件。要求能够选择不同的字体，设置前景颜色和背景颜色。

图 8.6　点阵字模生成软件界面和工具栏

3. 编写一个尽可能简单的程序，将当前工作表中如图 8.7 所示的原数据区 8 个数据复制到目标数据区指定的位置。

图 8.7　原数据区与目标数据区的位置关系

第9章 考试证生成模板

本章介绍一个用 Excel 和 VBA 实现的学生考试专用证生成模板。该模板利用 Excel 工作表的学生基本信息，生成可以直接打印的考试证，具有实用价值。

涉及的主要技术包括：单元格内容的转存与位置变换，图片对象的控制，条形码控件的应用。

9.1 软件概述

高校学生经常要参加一些考试，比如期中考试、期末考试、上机考试、基本功测试等。为便于管理，学校通常要为每位学生制作一个考试专用证，要求学生参加各种考试时随身携带，以便进行身份检查。

考试专用证可以通过专门的软件进行设计、打印，然后用专门的工具进行剪切、封装。

如果学生的基本信息已经保存到 Excel 工作簿，通过本章介绍的模板，可以直接提取需要的信息，添加每个学生对应的照片和条形码，进行排版和打印，制作每个学生的考试证。

这个软件的形式为带有 VBA 程序的 Excel 工作簿。其中有"说明"、"学生名册"、"考试证"和"背面"4 张工作表，分别保存使用说明、学生基本信息、考试证正面和背面内容。各工作表的页面、结构、布局、格式以及部分内容都已事先设计好，用户在使用过程中，只需通过自定义工具栏按钮执行相应的功能，就可以生成、打印和清除考试证信息。

软件的主要功能是通过程序自动从"学生名册"工作表中提取出每个学生的"院系"、"班级"、"学号"、"姓名"、"性别"和"身份证号"信息，找到对的应照片文件，按照指定的位置和格式添加到"考试证"工作表，生成与学号对应的条形码。其次是通过程序控制，打印考试证的正面和背面内容，清除考试证内容。

使用本软件，要求计算机系统中装有 Excel 2003，并设置"宏"的安全级别为"低"或"中"。然后按以下步骤进行操作：

(1) 打开"考试证生成模板"工作簿，系统会出现一个对话框，提示：此应用程序将要初始化可能不安全的 ActiveX 控件。如果信任此文档的来源，请选择"是"，随后将使用您的文档设置初始化该控件。这是因为工作簿中放置了条形码控件。为了使用这些控件，应该在对话框中点击"是"按钮。

(2) 将学生基本信息输入或复制到"学生名册"工作表中，将学生照片文件复制到本软件的子文件夹"照片"中，用学号作为文件名，扩展名为".jpg"。

(3) 在"背面"工作表中，单击"打印"按钮，打印考试证背面内容。

(4) 在"学生名册"工作表中，选择一个起始行，单击"提取"按钮，将依次提取 10 个学生的有关信息和照片，转存到"考试证"工作表，同时生成与学号对应的条形码。已经提取的数据行用"浅黄"色标识。

(5) 在"考试证"工作表中，单击"打印"按钮，打印当前一页。剪切、塑封后得到学生各自的考试证。单击"清除"按钮，可清除当前工作表的原有信息。

注意：软件是针对目前各个工作表的结构设计的，更改任意一个工作表的结构都可能造成该软件无法工作。

例如，在"学生名册"工作表中输入图9.1所示的基本信息。

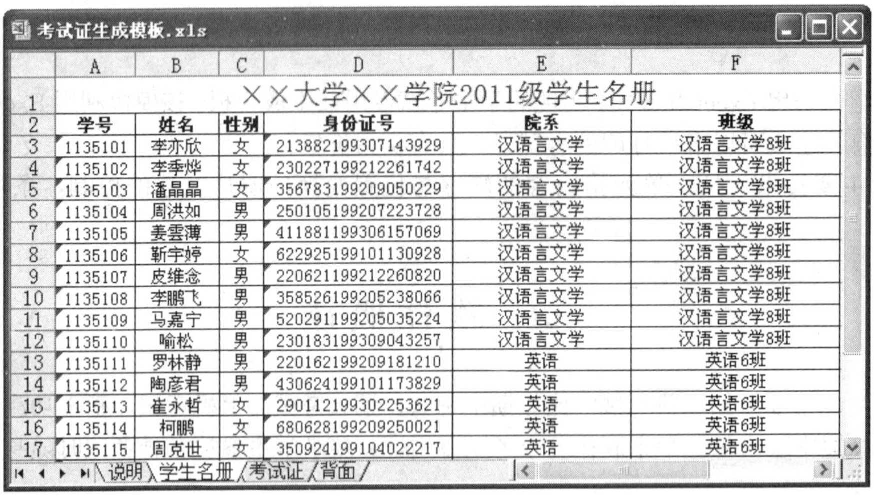

图 9.1　"学生名册"工作表内容

在"学生名册"工作表中选中第 3 行，也就是学号为"1135101"的这一行，单击自定义工具栏的"提取"按钮，在"考试证"工作表中将得到如图 9.2 所示的结果(其中为模拟数据和照片，只给出 4 张考试证，实际上每页有 10 张)。

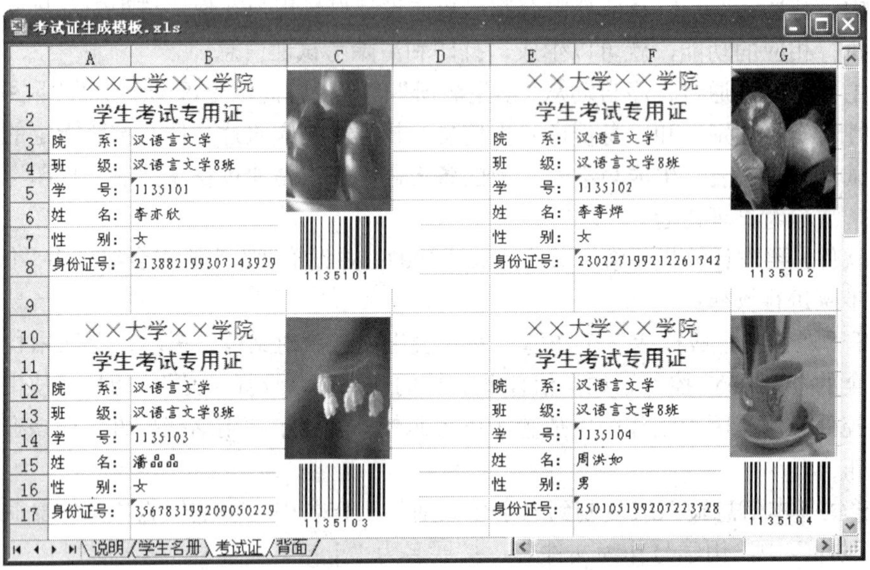

图 9.2　"考试证"工作表内容

在"考试证"工作表中每页容纳 10 个考试证，打印预览结果如图 9.3 所示。

单击"清除"按钮，可以清除考试证中现有的文字信息和照片，以便生成下一组考试证信息。

选择"背面"工作表，再单击"打印"按钮，可以打印考试证的背面信息。

140

××大学××学院
学生考试专用证
院　系：汉语言文学
班　级：汉语言文学8班
学　号：1135101
姓　名：李亦欣
性　别：女
身份证号：213882199307143929
1135101

××大学××学院
学生考试专用证
院　系：汉语言文学
班　级：汉语言文学8班
学　号：1135102
姓　名：李季烨
性　别：女
身份证号：230227199212261742
1135102

××大学××学院
学生考试专用证
院　系：汉语言文学
班　级：汉语言文学8班
学　号：1135103
姓　名：潘晶晶
性　别：女
身份证号：356783199209050229
1135103

××大学××学院
学生考试专用证
院　系：汉语言文学
班　级：汉语言文学8班
学　号：1135104
姓　名：周洪如
性　别：男
身份证号：250105199207223728
1135104

××大学××学院
学生考试专用证
院　系：汉语言文学
班　级：汉语言文学8班
学　号：1135105
姓　名：姜雲薄
性　别：男
身份证号：411881199306157069
1135105

××大学××学院
学生考试专用证
院　系：汉语言文学
班　级：汉语言文学8班
学　号：1135106
姓　名：靳宇婷
性　别：女
身份证号：622925199101130928
1135106

××大学××学院
学生考试专用证
院　系：汉语言文学
班　级：汉语言文学8班
学　号：1135107
姓　名：皮维念
性　别：男
身份证号：220621199212260820
1135107

××大学××学院
学生考试专用证
院　系：汉语言文学
班　级：汉语言文学8班
学　号：1135108
姓　名：李鹏飞
性　别：男
身份证号：358526199205238066
1135108

××大学××学院
学生考试专用证
院　系：汉语言文学
班　级：汉语言文学8班
学　号：1135109
姓　名：马磊宁
性　别：男
身份证号：520291199205035224
1135109

××大学××学院
学生考试专用证
院　系：汉语言文学
班　级：汉语言文学8班
学　号：1135110
姓　名：喻松
性　别：男
身份证号：230183199309043257
1135110

图 9.3　"考试证"工作表打印预览结果

9.2 软 件 设 计

本软件的形式为 Excel 工作簿，其中包含 VBA 程序。在工作簿中有"说明"、"学生名册"、"考试证"和"背面"4 张工作表，在"考试证"工作表中要添加文字、图片和条形码控件。下面具体介绍软件的设计方法。

9.2.1 工作表结构设计

创建一个 Excel 工作簿，保存为"考试证生成模板.xls"。在工作簿中建立 4 个工作表，分别命名为"说明"、"学生名册"、"考试证"和"背面"。

1. "说明"工作表

工作表"说明"用来给出软件的简要说明信息，可以在整个软件设计、调试完成之后填写，格式可以根据需要设置。

2. "学生名册"工作表

工作表"学生名册"用来保存学生的基本信息，在生成考试证时需要从中提取相关的信息。该工作表的结构和数据如图9.1所示。

需要注意的是，"学号"和"身份证号"两列的数字应作为文本处理。设置方法：同时选中A、D列，在快捷菜单中选择"设置单元格格式"项，在"单元格格式"对话框的"数字"选项卡中选择"文本"项，然后单击"确定"按钮。

3. "考试证"工作表

对于"考试证"工作表，首先在"文件"菜单中选择"页面设置"项，在"页面设置"对话框中设置纸张大小为A4，方向为"纵向"，上、下边距为0.5，左、右边距为0.9，水平、垂直居中。然后在当前工作表上按图9.4的样式设计左上角的第一个考试证框架，再复制10份，并通过列宽和行高调整布局，使这10个考试证框架均匀分布在整个页面上(图中只给出4个)。

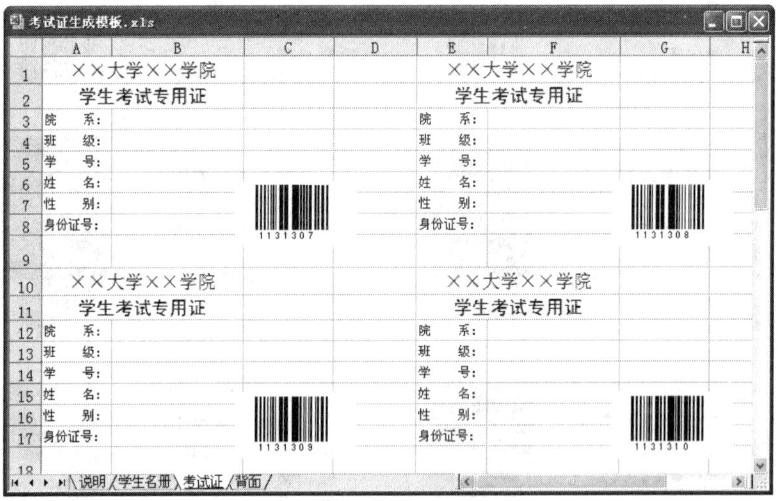

图9.4 "考试证"工作表结构

第一个考试证框架的设计要点是：

(1) 合并A1:B1单元格，输入学院名称。合并A2:B2单元格，输入考试证标题。在A3:A8单元格区域输入项目标题。选中B3:B8区域，设置数字格式为"文本"，使数字作为文本处理。对各个区域设置适当的字体、字号。

(2) 在Excel任意一个工具栏上单击鼠标右键，在快捷菜单中选择"控件工具箱"项，打开"控件工具箱"工具栏。在"控件工具箱"工具栏中单击"其他控件"按钮，在如图9.5所示的列表中选择"Microsoft BarCode Control 9.0"，这时鼠标指针变成细十字形，在考试证框架的右下角拖动鼠标添加一个条形码控件并调整其大小和位置。

可以将条形码控件与某个单元格形成链接，以生成这个单元格内容对应的条形码。例如，在B5单元格中输入"1135101"，然后用鼠标右击条形码控件，在弹出的快捷菜单中选择"属性"项，在"属性"对话框中，设置LinkedCell属性为B5，回车后可以看到其Value属性变成了B5单元格的值。

142

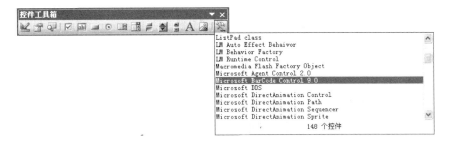

图 9.5 "控件工具箱"的其他控件列表

除了在"属性"对话框中修改控件的属性外，还可右击条形码控件，在快捷菜单中选择"Microsoft BarCode Control 9.0 对象"→"属性"项，在"Microsoft BarCode Control 9.0 属性"对话框中，修改其样式、线条宽度、方向等属性。在这里，我们设置条形码的样式为 Code-128。

完成属性设置后，单击"控件工具箱"的"退出设计模式"按钮，条形码控件变成不可选择的状态，单元格的内容改变后，条形码会自动更新。如果单元格的内容改变后，条形码控件变成空白，可能是数字格式不正确所致。例如，当使用默认的 EAN－13 样式条码时，如果单元格包含字母或长度不为 13 位时，条形码控件就会变成空白。

如果更改单元格内容后，打印的条形码不能自动更新，可以通过 VBA 程序，将工作表中所有条形码控件的大小改变后再还原，以实现打印时自动更新。

4. "背面"工作表

为了在每一张考试证的背面打印出相同的"考试须知"信息，我们设计一个"背面"工作表。该工作表的页面设置与"考试证"工作表完全相同，每一个"考试须知"的布局与对应的"考试证"完全一致，内容可以直接输入和复制。布局和内容如图 9.6 所示(总共 10 个，图中只给出 4 个)。

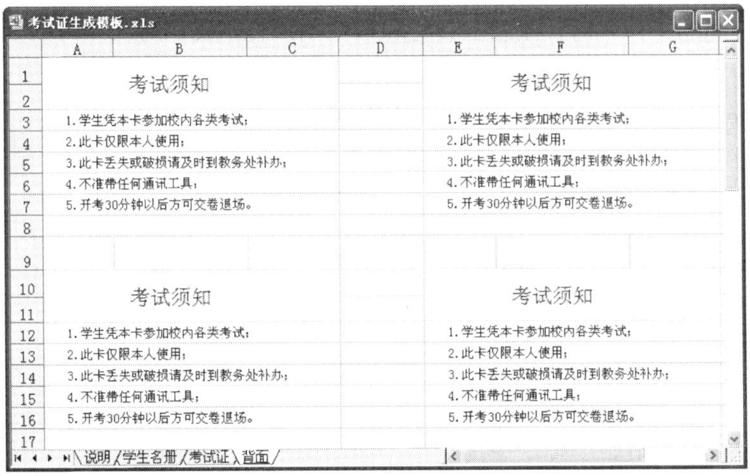

图 9.6 "背面"工作表结构

9.2.2 工具栏及按钮控制

进入 VBA 编辑环境，单击工具栏上的"工程资源管理器"按钮，在当前工程中的"Microsoft Excel 对象"中双击"ThisWorkBook"，在代码编辑窗口上方的对象下拉列表框中选择 Workbook，在过程下拉列表框中选择 Open，然后编写如下代码：

```
Private Sub Workbook_Open()
    Set tbar = Application.CommandBars.Add(Name:="考试证", Temporary:=True)
    Set butt1 = tbar.Controls.Add(Type:=msoControlButton)
    With butt1
      .Caption = "提取"
      .Style = msoButtonCaption
      .OnAction = "tq"
    End With
    Set butt2 = tbar.Controls.Add(Type:=msoControlButton)
    With butt2
      .Caption = "打印"
      .Style = msoButtonCaption
      .OnAction = "dy"
    End With
    Set butt3 = tbar.Controls.Add(Type:=msoControlButton)
    With butt3
      .Caption = "清除"
      .Style = msoButtonCaption
      .OnAction = "qc"
    End With
    Sheets("说明").Select
End Sub
```

当工作簿打开时，这段程序被自动执行。它首先建立一个临时工具栏，命名为"考试证"。然后在工具栏上添加"提取"、"打印"和"清除"3个按钮，为按钮分别指定要执行的过程为 tq、dy 和 qc。最后，选中"说明"工作表。

为了在选中不同的工作表时，控制工具栏和按钮的属性，我们对工作簿的 SheetActivate 事件编写如下代码：

```
Private Sub Workbook_SheetActivate(ByVal Sh As Object)
    tbar.Visible = True
    If Sh.Name = "说明" Then
      tbar.Visible = False
    ElseIf Sh.Name = "学生名册" Then
      butt1.Enabled = True
      butt2.Enabled = False
      butt3.Enabled = False
    ElseIf Sh.Name = "考试证" Then
      butt1.Enabled = False
      butt2.Enabled = True
      butt3.Enabled = True
    Else
      butt1.Enabled = False
      butt2.Enabled = True
      butt3.Enabled = False
    End If
End Sub
```

这段代码在工作簿的当前工作表改变时被执行。如果当前工作表名为"说明",让工具栏不可见,其余工作表,让工具栏可见;如果当前工作表名为"学生名册",让"提取"按钮可用,另外两个按钮不可用;如果当前工作表名为"考试证",让"提取"按钮不可用,另外两个按钮可用;否则,也就是当前工作表为"背面",让"打印"按钮可用,另外两个按钮不可用。

9.2.3 通用模块代码设计

前面提到,工具栏上 3 个命令按钮"提取"、"打印"和"清除",分别指定要执行的过程为tq、dy 和 qc,这 3 个过程在通用模块中定义。

在 VBA 编辑环境中,用"插入"菜单插入一个模块。

在模块中,首先用下面语句声明全局型对象变量,以保证在不同的过程中能够使用工具栏和按钮对象变量。

```
Public tbar, butt1, butt2, butt3 As Object
```

然后,编写 3 个子程序。

1. "提取"子程序

这个子程序用来从"学生名册"工作表当前行开始连续取出 10 个学生的信息,填写到"考试证"工作表指定的区域,把每个学生的照片添加到对应的位置,设置条形码属性,生成一联考试证。具体代码如下:

```
Sub tq()
  Set shr = ActiveSheet                            '设置工作表变量
  dqh = ActiveCell.Row                             '取出当前行号
  Sheets("考试证").Select                          '切换工作表
  Call qc                                          '清除"考试证"原信息
  k = 0                                            '计数器置初值
  On Error GoTo ext                                '启动错误处理
  Application.ScreenUpdating = False               '关闭屏幕更新
  For Each barcode In ActiveSheet.OLEObjects       '对每个条码进行循环
    '提取数据
    r = dqh + k                                    '确定行号
    yx = shr.Cells(r, 5)                           '提取院系
    bj = shr.Cells(r, 6)                           '班级
    xh = shr.Cells(r, 1)                           '学号
    xm = shr.Cells(r, 2)                           '姓名
    xb = shr.Cells(r, 3)                           '性别
    sf = shr.Cells(r, 4)                           '身份证号
    shr.Cells(r, 1).Resize(1, 6).Interior.ColorIndex = 36 '做标记
    '转存数据
    r = 3 + (k \ 2) * 9                            '确定起始行、列号
    c = 2 + (k Mod 2) * 4
    Cells(r + 0, c) = yx                           '填写院系
    Cells(r + 1, c) = bj                           '班级
    Cells(r + 2, c) = xh                           '学号
    Cells(r + 3, c) = xm                           '姓名
    Cells(r + 4, c) = xb                           '性别
    Cells(r + 5, c) = sf                           '身份证号
```

```
'插入照片
Cells(r - 2, c + 1).Select                                      '选中照片单元格
CurPath = ThisWorkbook.Path                                     '求当前路径
pic = CurPath & "\照片\" & xh & ".jpg"                          '形成全路径名
ActiveSheet.Pictures.Insert(pic).Select                        '插入照片
Selection.ShapeRange.IncrementTop 3                             '下移
Selection.ShapeRange.LockAspectRatio = msoFalse                '取消"锁定纵横比"
Selection.ShapeRange.Height = 92                               '设置高度
Selection.ShapeRange.Width = 69                                '设置宽度
'设置条形码属性
t = 93.75 + (k \ 2) * 158.25                                   '计算条码上边位置
l = 151.5 + (k Mod 2) * 291                                    '计算条码左边位置
rg = Chr(64 + c) & (r + 2)                                     '学号单元格地址
With barcode
  .LinkedCell = rg                                             '设置链接单元格
  .Top = t                                                     '设置左、上角位置
  .Left = l
  .Object.LineWeight = 0                                       '设置线宽为"细"
  .Height = 50                                                 '设置高、宽
  .Width = 95
End With
k = k + 1                                                      '计数
Next
Cells(1, 1).Select                                             '光标定位
GoTo exo
ext:
MsgBox "学号为" & xh & "的学生照片文件不存在！"
exo:
Application.ScreenUpdating = True                              '打开屏幕更新
ActiveWindow.ScrollRow = 1                                     '滚动到第 1 行
End Sub
```

在程序中，首先将"学生名册"这个当前工作表用对象变量 shr 表示，以便引用。取出当前行号，送给变量 qdh。切换到"考试证"工作表，调用子程序 qc，清除"考试证"原有的部分文本信息和照片。设置计数器变量 k 的初值。启动错误处理，使得遇到找不到照片文件错误时，转到标签为 ext 的语句执行。关闭屏幕更新。

然后用 For Each 语句，按当前工作表的每个条形码对象进行循环。在每次循环中，进行以下操作：

(1) 从"学生名册"工作表的 dqh+k 行取出一个学生的"院系"、"班级"、"学号"、"姓名"、"性别"和"身份证号"信息，分别保存到变量 xy、bj、xh、xm、xb、sf 中，并在该行 1～6 列单元格区域填充"浅黄"颜色作为标记。

(2) 将变量 xy、bj、xh、xm、xb、sf 的值填写到"考试证"工作表对应的单元格中。起始单元格的行、列号 r、c 由变量 k 的值确定，r、c 与 k 的关系式分别为 r=3+(k\2)*9 和 c=2+(k Mod 2)*4。

(3) 按学号在当前文件的子文件夹下找到学生的照片，添加到指定的单元格，并设置合适的高度、宽度和位移。

如果某个学生对应的照片文件不存在，则在执行添加图片操作时会发生错误。为避免出现错

误信息，在程序的前面用语句 On Error GoTo ext 指定当出现错误时转向 ext 标签所对应的语句，即给出指定的提示信息，打开屏幕更新，滚动到第 1 行。

(4) 设置条形码对象属性。先计算出第 k 个条形码应处的左、上角位置，求出第 k 个考试证"学号"单元格地址。再用 With 语句对该条形码设置链接单元格地址、左上角位置、线宽、高度和宽度。

(5) 调整计数器变量 k 的值。

最后，将光标定位到左上角单元格，打开屏幕更新，滚动到第 1 行。

2. "打印"子程序

这个子程序的功能是打印 Excel 当前工作表的第 1 页。代码如下：

```
Sub dy()
    msg = "确实要打印当前页吗？"                        '定义信息
    Style = vbYesNo + vbQuestion + vbDefaultButton1    '定义按钮
    Title = "提示"                                      '定义标题
    Response = MsgBox(msg, Style, Title)               '显示对话框
    If Response = vbYes Then                           '用户选择"是"
      ActiveWindow.SelectedSheets.PrintOut _
        From:=1, To:=1, Copies:=1, Collate:=True       '打印当前页
    End If
End Sub
```

程序首先用 MsgBox 函数提示"确实要打印当前页吗？"。如果选择"是"，则打印当前工作表的第 1 页，否则结束子程序。

当然，我们可以用 Excel "文件"菜单的"打印"项，或工具栏的"打印"按钮进行打印。编写这个子程序的目的，一是便于操作，二是可避免打印其他页的无用信息。

3. "清除"子程序

这个子程序的作用是清除"考试证"工作表的临时信息和图片，只保留框架结构和内容，为生成下一批考试证做准备。代码如下：

```
Sub qc()
  For k = 0 To 9                                    '循环 10 次
    r = 3 + (k \ 2) * 9                             '计算起始行、列号
    c = 2 + (k Mod 2) * 4
    Cells(r, c).Resize(6, 1).ClearContents          '清除文本内容
  Next
  For Each sp In ActiveSheet.Shapes
    If sp.Name Like "Picture*" Then sp.Delete        '删除照片
  Next
End Sub
```

这段代码首先用 For 语句进行 10 次循环。每次求出一个考试证数据区起始单元格的行、列号，将该单元格开始的 6 行 1 列区域内容清除。再用 For Each 语句处理当前工作表的每一个 Shape 对象。如果对象名由 Picture 开头，说明是图片(照片)对象，则将其删除。

上机实验题目

1. 针对如图 9.7 所示的 Excel 工作表，编写一个 VBA 子程序并指定给命令按钮"转存"，将原

始数据转存到目标数据区指定的位置。要求用循环语句实现。

图 9.7　原始数据与目标数据的位置关系

2. 用 Excel 和 VBA 设计一个如图 9.8 所示的"点歌台"。要求：

(1) 能够将任意一个文件夹中的歌曲文件名导入"数据区"；

(2) 为每个歌曲文件名自动添加一个超级链接，单击超级链接对指定的歌曲进行播放；

(3) 能够通过文件名所包含的文字对歌曲进行筛选。

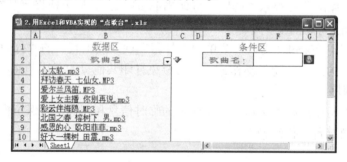

图 9.8　"点歌台"工作表

3. 设计一个 Excel 工作簿并编写程序，根据 Sheet2 中的数据生成 Sheet1 中的计算机配件清单。

要求：用户可以从下拉列表中选择不同的配件类别、品牌、型号，程序自动添加下拉列表项，自动填写单价，自动进行金额计算和汇总，自动在"型号"列单元格中填写批注形式的保换、保修月数信息。Sheet1 和 Sheet2 的结构和内容如图 9.9、图 9.10 所示。

序号	类别	品牌	型号	单价	数量	金额
			计算机配件清单			
1	CPU	Intel	PentiumIV 3.2E	1530	1	￥1,530
2	主板	华硕	P5WD2	1650	1	￥1,650
3	内存	三星	DDR400 512M	290	2	￥580
4	硬盘	西部数据	SATA200G	700	1	￥700
5	显卡	七彩虹	X700CT	750	1	￥750
6	光驱	三星	16XDVD-RW	390	1	￥390
7	显示器	飞利浦	170X6	1700	1	￥1,700
8	机箱					
9		世纪之星				
10		金河田				
			合计			￥7,300

图 9.9　Sheet1 工作表结构和内容

148

	A	B	C	D	E	F	G
1	序号	类别	品牌	型号	单价	保换期(月)	保修期(月)
2	1	CPU	Intel	PentiumIV 3.6C	1780	12	36
3	2	CPU	Intel	PentiumIV 3.2E	1530	12	36
4	3	CPU	AMD	Athlon64 4000+	1230	12	36
5	4	CPU	AMD	Athlon64 4600+	980	12	36
6	5	主板	华硕	P5WD2	1650	6	24
7	6	主板	华硕	P5GDC	1360	6	24
8	7	主板	技嘉	GA-8I955X	1800	3	12
9	8	内存	现代	DDR400 1G	560	3	12
10	9	内存	三星	DDR400 512M	290	3	12
11	10	内存	三星	DDR333 256M	140	3	12
12	11	硬盘	希捷	SATA200G	760	3	12
13	12	硬盘	希捷	SATA160G	680	3	12
14	13	硬盘	西部数据	SATA200G	700	6	24
15	14	显卡	小影霸	R9800 Pro	990	3	12
16	15	显卡	小影霸	R9550 Pro	780	3	12
17	16	显卡	七彩虹	X700CT	750	6	18
18	17	光驱	三星	16XDVD-RW	390	3	12
19	18	光驱	明基	32X-COMBO	280	3	12
20	19	光驱	明基	16XDVD	190	3	12
21	20	显示器	三星	913V	2480	12	36
22	21	显示器	三星	770P	2280	12	36
23	22	显示器	飞利浦	170X6	1700	12	36
24	23	机箱	世纪之星	蜘蛛侠38度	350	3	12
25	24	机箱	金河田	星际6117	380	3	12
26	25	机箱	金河田	蓝牙6108	320	3	12
27	26	键鼠套装	罗技	极光无影手	550	3	12
28	27	键鼠套装	微软	黄金游戏	450	3	12
29	28	键鼠套装	微软	光学极动鲨	180	3	12

图 9.10　Sheet2 工作表结构和内容

第 10 章　课时费统计模板

本章介绍一个用 Excel 和 VBA 开发的软件，取名为"课时费统计模板"，用于对教师各教学环节的工作量按规定算法进行统计、汇总，求出每位教师的课时费。

涉及的主要技术有：软件提示信息、说明信息的表达形式；利用 VBA 程序和 Excel 本身的功能形成算术表达式并求值；按自定义序列排序；单元格边框控制。

10.1　软件概述

计算教师教学工作量和课时费是一件很严肃的事情，对教师本人和管理部门来说都很重要。计算结果不仅要准确，还要标明计算公式，以便于核查。这样，将一个教学单位每位老师的每门课程和各个教学环节的工作量写出计算公式、进行计算、求出合计、抄写报表已经很繁琐了，如果基本数据有变化或计算结果有误，还要重新进行上述操作，就更麻烦了。

直接用 Word、Excel 等办公软件可以部分地解决这一问题，但是如果对办公软件进行开发，设计出符合特定要求的应用软件，用起来会更加方便、快捷。本章这个"课时费统计模板"就是一个应用软件。

1. 软件的特点和功能

(1) 软件的形式是一个 Excel 工作簿，使用时只需填入或修改数据，不必修改结构框架，因此我们把它叫做模板。由于这个 Excel 工作簿中含有 VBA 代码，所以可使统计、汇总等工作自动化。

(2) 以院系为单位，按月、学期或学年，输入修改每位教师、各门课程、各教学环节教学工作量的基本数据，系统对各教学环节按特定算法自动填写计算公式并求值。

(3) 自动求出每位教师的教学工作量总学时，根据不同职称的课时费标准计算出课时费，求出整个单位的课时费合计等数据，打印输出报表。

(4) 具有工作量算法在线提示功能。

2. 软件的使用方法

(1) 准备软件环境。计算机系统中要装有 Excel 2003。要允许 Excel 使用"宏"，即设置"宏"安全级为"低"或"中"。

(2) 打开课时费统计模板，随即另存为一个 Excel 工作簿。文件可以按月、学期或学年命名，以便于归档。

(3) 选择"统计表"工作表，输入或修改每位教师各门课、各教学环节的教学工作量基本数据、教师类型和基本工资(绿色文字部分)。

注意：不要改动工作表结构和属性。如果实验课与理论课人数不一致，可以用增加行的方式解决。

若要查看理论课、实验和听力课总学时的有关规定和算法，将鼠标移动到表头相应项目名称单元格(右上角带有三角标记)内，即可显示出相应信息，起到在线帮助的作用。

在"统计表"工作表中输入基本数据后的界面如图 10.1 所示。

教师姓名	类型	职称	课时费标准	课程名称	年级	人数	理论课 周数	周学时	缺时	总学时	实验、听力课 周数	周学时	缺时	系数	基数	总学时	课程总学时	课程课时费	教师课时费	基本工资	扣税	税后课时费
王达武	W	副教授	30	计算机网络	05	180	16	4			8	2		0.7	30							
张珊	Z	助教	20	高等数学	05	50	16	4	2		8	2		0.7	40							
张珊	Z	助教	20	离散数学	05	50	16	4			8	2		0.7	50					2300.0		
张珊	Z	助教	20	编译原理	05	50	16	4			8	2		0.7	60							
李斯	Z	讲师	25	Java语言	05	50	16	4			16	2		0.7	50					3000.0		
李斯	Z	讲师	25	C程序设计	05	50	16	4			16	2		0.7	60							
李斯	Z	讲师	25	操作系统	05	50	16	4			16	2		0.7	30							
赵晓柳	W	教授	35	数字电路	07	40	18	4			8	1		0.7	50							
赵晓柳	W	教授	35	多媒体技术	07	40	18	4			8	1		0.7	60							
任琪	Z	副教授	30	软件工程	05	50	16	2			8	2		0.7	60					3900.0		
任琪	Z	副教授	30	数据库	06	80	19	4	2		18	1		0.7	30							
任琪	Z	副教授	30	汇编语言	06	80	19	4			18	1		0.7	40							

图 10.1 输入基本数据后的界面

(4) 单击自定义工具栏的"按课程统计"按钮，系统自动按规定的算法写出理论课、实验课、听力课学时的计算公式，填入相应单元格(橙色文字部分)。并根据公式计算出每门课的各部分学时、总学时、课时费，填入相应单元格(粉色文字部分)。结果如图 10.2 所示。

教师姓名	类型	职称	课时费标准	课程名称	年级	人数	理论课 周数	周学时	缺时	总学时	实验、听力课 周数	周学时	缺时	系数	基数	总学时	课程总学时	课程课时费	教师课时费	基本工资	扣税	税后课时费
王达武	W	副教授	30	计算机网络	05	180	16	4		(16*4-0)*1=96.00	8	2		0.7	30	(8*2-0)*0.7*…=25.76	121.76	3652.8				
张珊	Z	助教	20	高等数学	05	50	16	4	2	(16*4-2)*1=62.00	8	2		0.7	40	…=12.04	74.04	1480.8				
张珊	Z	助教	20	离散数学	05	50	16	4		(16*4-0)*1=64.00	8	2		0.7	50	(8*2-0)*0.7=11.20	75.20	1504.0		2300.0		
张珊	Z	助教	20	编译原理	05	50	16	4		(16*4-0)*1=64.00	8	2		0.7	60	(8*2-0)*0.7=11.20	75.20	1504.0				
李斯	Z	讲师	25	Java语言	05	50	16	4		(16*4-0)*1=64.00	16	2		0.7	50	(16*2-2)*0.7=21.00	85.00	2125.0		3000.0		
李斯	Z	讲师	25	C程序设计	05	50	16	4		(16*4-0)*1=64.00	16	2		0.7	60	(16*2-0)*0.7=22.40	86.40	2160.0				
李斯	Z	讲师	25	操作系统	05	50	16	4		(16*4-0)*1=64.00	16	2		0.7	30	…=26.88	90.88	2272.0				
赵晓柳	W	教授	35	数字电路	07	40	18	4		(18*4-0)*1=72.00	8	1		0.7	50	(8*1-0)*0.7=5.60	77.60	2716.0				
赵晓柳	W	教授	35	多媒体技术	07	40	18	4		(18*4-0)*1=72.00	8	1		0.7	60	(8*1-0)*0.7=5.60	77.60	2716.0				
任琪	Z	副教授	30	软件工程	05	50	16	2		(16*2-0)*1=32.00	8	2		0.7	60	(8*2-0)*0.7=11.20	43.20	1296.0		3900.0		
任琪	Z	副教授	30	数据库	06	80	19	4	2	…=81.40	18	1		0.7	30	…=18.90	100.30	3009.0				
任琪	Z	副教授	30	汇编语言	06	80	19	4		…=83.60	18	1		0.7	40	…=16.38	99.98	2999.4				

图 10.2 按课程统计后的结果

(5) 单击自定义工具栏的"按教师统计"按钮，系统求出每位教师的总课时费、扣税额、税后课时费(蓝色文字部分)，求出全部教师的课时费合计等数据。

此时，可通过 Excel 工具栏的"打印预览"按钮进行预览，通过 Excel"文件"菜单的"打印"项打印输出。打印的报表如图 10.3 所示。

××学院教师课时费统计表

2011-2012学年第1学期　　　　　　　　　　2011年12月1日-2011年12月31日

教师姓名	类型	职称	课时费标准	课程名称	年级	人数	理论课 周数	周学时	缺时	总学时	实验、听力课 周数	周学时	缺时	系数	基数	总学时	课程总学时	课程课时费	教师课时费	基本工资	扣税	税后课时费
赵晓柳	W	教授	35	数字电路	07	40	18	4		(18*4-0)*1=72.00	8	1		0.7	40	(8*1-0)*0.7=5.60	77.60	2716.0				
赵晓柳	W	教授	35	多媒体技术	07	40	18	4		(18*4-0)*1=72.00	8	1		0.7	50	(8*1-0)*0.7=5.60	77.60	2716.0	5432.0		926.4	4505.6
任琪	Z	副教授	30	软件工程	05	50	16	2		(16*2-0)*1=32.00	8	2		0.7	60	(8*2-0)*0.7=11.20	43.20	1296.0				
任琪	Z	副教授	30	数据库	06	80	19	4	2	…=81.40	18	1		0.7	30	…=18.90	100.30	3009.0				
任琪	Z	副教授	30	汇编语言	06	80	19	4		…=83.60	18	1		0.7	40	…=16.38	99.98	2999.4	7304.4	3900.0	965.9	6338.5
王达武	W	副教授	30	计算机网络	05	180	16	4		…=96.00	8	2		0.7	30	…=25.76	121.76	3652.8	3652.8		570.6	3082.2
李斯	Z	讲师	25	Java语言	05	50	16	4		(16*4-0)*1=64.00	16	2		0.7	50	(16*2-2)*0.7=21.00	85.00	2125.0				
李斯	Z	讲师	25	C程序设计	05	50	16	4		(16*4-0)*1=64.00	16	2		0.7	60	(16*2-0)*0.7=22.40	86.40	2160.0				
李斯	Z	讲师	25	操作系统	05	50	16	4		(16*4-0)*1=64.00	16	2		0.7	30	…=26.88	90.88	2272.0	6557.0	3000.0	656.4	5900.6
张珊	Z	助教	20	高等数学	05	50	16	4	2	(16*4-2)*1=62.00	8	2		0.7	40	…=12.04	74.04	1480.8				
张珊	Z	助教	20	离散数学	05	50	16	4		(16*4-0)*1=64.00	8	2		0.7	50	(8*2-0)*0.7=11.20	75.20	1504.0				
张珊	Z	助教	20	编译原理	05	50	16	4		(16*4-0)*1=64.00	8	2		0.7	60	(8*2-0)*0.7=11.20	75.20	1504.0	4489.8	2300.0	223.9	4264.9
合计																			27458.2	9200.0	3363.2	24071.8

图 10.3 打印输出的报表

(6) 单击自定义工具栏的"恢复原格式"按钮，删除合计行和统计信息，恢复原有格式和边框，以便继续增删课程和教师工作量信息。

以上介绍了软件的特点、功能和使用方法，下面我们来研究如何设计这个软件。

10.2 软件设计

软件的形式为含有 VBA 代码的 Excel 工作簿，所以要创建工作簿，设计工作表，然后再编写代码。

1. 工作表结构设计

创建一个 Excel 工作簿，保存为"课时费统计模板.xls"。在工作簿中保留两张工作表，分别命名为"说明"和"统计表"。其中，"说明"工作表内容相当于简单的使用说明书或帮助文档，格式可以灵活设置。

"统计表"工作表是整个系统的核心，格式如图 10.4 所示。

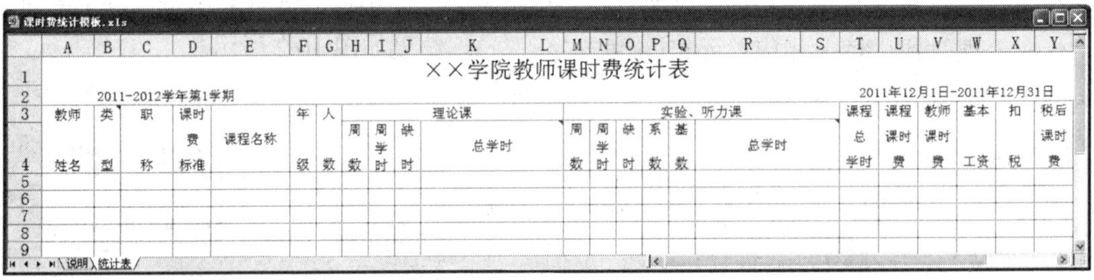

图 10.4 "统计表"工作表结构

设计要点如下：

(1) 进行页面设置。定义纸张大小为 A4，方向为"横向"。上下左右页边距分别为 1、1、0.9、0.9，水平居中。设置 1～4 行为打印的顶端标题行。通过自定义页脚，设置日期、页码以及有关人员的签字位置等信息。

(2) 设置 K、R 列字体颜色为"橙色"，L、S、T、U 列字体颜色为"粉红"，V、X、Y 列字体颜色为"蓝色"，表格的其余列字体颜色为"绿色"。最后设置 1～4 行标题和表头的字体颜色为"黑色"。

(3) 设置 K、R 列为水平靠右对齐方式，L、S 列为水平靠左对齐，其余列水平居中。

(4) 设置 L、S、T 列的数值为 2 位小数，U～Y 列的数值为 1 位小数，其余列数字作为文字处理。

(5) 所有单元格文本控制设置为"缩小字体填充"，背景颜色为"白色"。

(6) 设置所有行为"最适合的行高"。列宽度参照图 10.4 手动调整，保证 Y 列在页边界之内。

(7) 选中 A～Y 列，设置虚线边框线。再选中 A1:Y2 单元格区域，保留底部边框线，取消其余边框线。选中 L、S 列，取消左边框线。

(8) 合并 A1:Y1 单元格区域，用于输入标题。合并 A2:E2 单元格区域，用于输入学期信息。合并 T2:Y2 单元格区域，用于输入日期范围信息。2～3 行表头区域中，也有一些单元格需要合并，请参照图 10.4 进行设置。

(9) 在"类别"、"理论课总学时"、"实验、听力课总学时"单元格中插入批注，给出算法等说明信息。这样，当鼠标移到该单元格时，将显示批注内容，起到在线提示作用。

2. 工作簿代码

为了在工作簿打开时，创建一个临时自定义工具栏，在自定义工具栏上放置 3 个命令按钮，在切换工作表时，控制自定义工具栏的可见性，我们做以下几件事：

(1) 在工作簿中声明 1 个模块级对象变量 tbar，用来表示自定义工具栏，以便在切换工作表时控制其可见性。

(2) 对工作簿的 Open 事件编写代码，建立临时自定义工具栏(用变量 tbar 表示)，在工具栏上添加 3 个命令按钮，按钮标题分别为"按课程统计"、"按教师统计"和"恢复原格式"，指定要执行的过程分别为"calc"、"sort_sum"和"reset"，最后切换到"说明"工作表。代码与第 9 章软件对应的代码类似，不再列出。

(3) 对工作簿的 SheetActivate 事件编写代码，设置工具栏的可见性。当前工作表为"统计表"时，让自定义工具栏可见，否则让其不可见。代码如下：

```
Private Sub Workbook_SheetActivate(ByVal Sh As Object)
    tbar.Visible = IIf(Sh.Name = "统计表", True, False)
End Sub
```

下面分别介绍与自定义工具栏按钮"按课程统计"、"按教师统计"和"恢复原格式"对应的 3 个子程序 calc、sort_sum 和 reset 的设计方法。

3. "按课程统计"按钮代码

"按课程统计"按钮调用模块中的子程序 calc，用来填写当前工作表每一行的理论课、实验课、听力课计算公式并求值，计算每一行的课程总学时、课程课时费。

进入 VBA 编辑环境，插入一个模块。单击工具栏的"属性窗口"按钮，在"属性窗口"中设置该模块的名称为"A 按课程统计"。

在"A 按课程统计"模块中建立子程序 calc，代码如下：

```
Sub calc()
    hs = Range("A65536").End(xlUp).Row          '求数据区的有效行数
    For r = 5 To hs
        '计算理论课学时
        v1 = Val(Cells(r, 7))                   '人数
        If v1 > 160 Then v1 = 160               '设置人数上限
        v2 = Val(Cells(r, 8))                   '周数
        v3 = Val(Cells(r, 9))                   '周学时
        v4 = Val(Cells(r, 10))                  '缺时
        v5 = 1                                  '系数
        v6 = 60                                 '基数
        Call bdz(v1, v2, v3, v4, v5, v6, r, 11) '填 11 列表达式、12 列值
        '计算实验课,听力课学时
        v2 = Val(Cells(r, 13))                  '周数
        v3 = Val(Cells(r, 14))                  '周学时
        v4 = Val(Cells(r, 15))                  '缺时
        v5 = Format(Val(Cells(r, 16)), "0.##")  '系数
        v6 = Val(Cells(r, 17))                  '基数
        If v6 = 0 Then v6 = 60                  '设置默认值
        Call bdz(v1, v2, v3, v4, v5, v6, r, 18) '填 18 列表达式、19 列值
        '计算课程总学时、课程课时费
```

153

```
    bz = Val(Cells(r, 4))                          '课时费标准
    Cells(r, 20) = Cells(r, 12) + Cells(r, 19)     '填写课程总学时
    Cells(r, 21) = Round(bz * Cells(r, 20), 1)     '填写课程课时费
  Next
End Sub
```

以上代码首先求出数据区的有效行数 hs，然后用 For 循环语句对 5 行～hs 行数据进行如下处理：

(1) 根据人数、周数、周学时、缺时、系数、基数，按规定的计算办法，形成理论课学时计算表达式填入第 11 列，表达式的值填入第 12 列。

(2) 用同样的方式形成实验课、听力课学时计算表达式填入第 18 列，表达式的值填入第 19 列。

(3) 将 12、19 列数据相加，求出课程总学时填写到 20 列，并由课程总学时和课时费标准求出课程课时费填入 21 列。

其中，两次调用子程序 bdz。该子程序的功能是填写表达式和表达式的值，形式参数 rs 为人数、zs 为周数、zx 为周学时、qs 为缺时、xs 为系数、js 为基数、r 为目标行、c 为目标列。

子程序 bdz 代码如下：
```
Sub bdz(rs, zs, zx, qs, xs, js, r, c)
  If zs * zx = 0 Then                              '周数*周学时=0
    Cells(r, c) = ""                               '置 c 列为空串
    Cells(r, c + 1) = " "                          '置 c+1 列为空串
  Else
    bds = " (" & zs & "*" & zx & "-" & qs & ")" & "*" & xs        '形成表达式
    If rs > js Then                                '人数>基数
      bds = bds & "*(1+0.3*(" & rs & "-" & js & ")/" & js & ")"   '修改表达式
    End If
    Cells(r, c) = bds & "="                        '表达式填入 c 列
    Cells(r, c + 1) = "=" & bds                    '表达式值填入 c+1 列
  End If
End Sub
```

在这个子程序中，首先判断"周数"与"周学时"的乘积是否为零。如果是，则将 c 列和 c+1 列置为空串。否则，按规定的算法形成表达式填入 c 列，表达式的值填入 c+1 列。这里模拟了在 Excel 单元格填充计算公式的方法求表达式的值。

理论课、实验课、听力课学时的计算方法是：

(1) 设 S＝(周学时×周数－缺时)×系数。

(2) 如果人数大于 160，则令 R＝160，否则令 R＝实际人数。

(3) 如果 R 小于或等于基数，则总学时＝S，否则总学时＝S×(1+0.3×(R－基数)/基数)。

其中理论课的系数为 1、基数为 60，实验、听力课的系数和基数由用户指定。

4. "按教师统计"按钮代码

"按教师统计"按钮调用模块中的子程序 sort_sum，用来对当前工作表内容按"职称"和"姓名"排序，求出每位教师的课时费、扣税额、税后课时费以及合计数据。

再插入一个模块，命名为"B 按教师统计"，在该模块中建立子程序 sort_sum，代码如下：
```
Sub sort_sum()
  '检测是否已经"排序求和"
```

```
hs = Range("A65536").End(xlUp).Row                      '求数据区的有效行数
If Cells(hs, 1) = "合计" Then
  MsgBox "已经"排序求和"!", vbExclamation, "提醒"
  Exit Sub
End If
'按职称、姓名排序
Application.ScreenUpdating = False                      '关闭屏幕更新
zxl = Array("教授", "副教授", "讲师", "助教")             '设置自定义序列
Application.AddCustomList zxl                           '添加自定义序列
n = Application.GetCustomListNum(zxl)                   '求出自定义序列编号
Range("A5").Resize(hs - 4, 25).Sort _
Key1:=Range("C5"), OrderCustom:=n + 1, _
Key2:=Range("A5"), OrderCustom:=1                       '按C、A列排序
Application.DeleteCustomList n                          '删除自定义序列
'求每位教师的课时费、扣税额、税后课时费
tc_0 = Cells(5, 1)                                      '取教师名(原)
hj = Cells(5, 21)                                       '教师课时费初值
gz = Cells(5, 23)                                       '基本工资初值
For n = 6 To hs + 1
  tc_1 = Cells(n, 1)                                    '取教师名(新)
  If tc_1 = tc_0 Then                                  '教师名未改变
    hj = hj + Cells(n, 21)                             '教师课时费累加
    gz = gz + Cells(n, 23)                             '基本工资累加
    With Cells(n - 1, 22).Resize(1, 4)
      .ClearContents                                   '清除内容
      .Borders(xlEdgeBottom).LineStyle = xlNone        '取消单元格下边框
    End With
  Else                                                 '教师名已改变
    Cells(n - 1, 22) = Round(hj, 1)                    '填入教师课时费合计
    Cells(n - 1, 23) = Round(gz, 1)                    '填入基本工资合计
    zj = hj + gz                                       '教师课时费+基本工资
    lx = Trim(Cells(n - 1, 2))                         '教师类型
    kse = se(zj, lx)                                   '求应纳税额
    Cells(n - 1, 24) = Round(kse, 1)                   '填写应纳税额
    Cells(n - 1, 25) = Round(hj - kse, 1)             '税后课时费
    tc_0 = tc_1                                        '设置教师(原)
    hj = Cells(n, 21)                                  '教师课时费初值
    gz = Cells(n, 23)                                  '基本工资初值
  End If
Next
'填写合计数据
n = hs + 1                                              '"合计"行号
Cells(n, 1) = "合计"
fml = "=SUM(R[-" & n - 5 & "]C:R[-1]C)"                '形成求和公式
Range(Cells(n, 22), Cells(n, 25)).FormulaR1C1 = fml    '填写求和公式
ActiveSheet.HPageBreaks.Add Rows(n + 1)                '插入分页符
```

```
         Application. ScreenUpdating = True                  '打开屏幕更新
      End Sub
```

在这个子程序中，首先求出数据区的有效行数 hs，据此判断最末一行的 A 列是否有"合计"字样，若有，说明该表已经进行了"排序求和"，则退出子程序。否则进行以下操作：

(1) 按"职称"和"姓名"排序。其中，按"职称"排序，Excel 默认的顺序为"副教授"、"讲师"、"教授"、"助教"。为了能按职称由高到低排序，要先添加一个自定义序列，然后按这个自定义序列排序。为了不影响系统原有状态，排序之后需要删除自定义序列。这些操作所对应的代码可以通过宏录制获得。

(2) 求每位教师的课时费、扣税额、税后课时费。方法是从 6 行到"hs+1"行循环，若教师名未改变，则分别累加教师课时费、基本工资，清除上一行的教师课时费、基本工资、扣税、税后课时费以及对应单元格的下边框线。若教师名已改变，则将教师课时费合计、基本工资合计数据填入上一行的 22、23 列单元格(四舍五入保留一位小数)，再根据教师课时费与基本工资之和、教师类型，用自定义函数 se 求出应纳税额，在上一行的 24、25 列填入应纳税额、税后课时费(四舍五入保留一位小数)。

(3) 填写合计数据。在现有数据之后添加一个"合计"行，在该行的 22～25 列填写求和公式，分别求出教师课时费、基本工资、扣税、税后课时费的合计数据。在"合计"行之后插入一个分页符。

自定义函数 se 的功能是根据应纳税所得额和教师类型，求出应纳税额。形式参数 sd 和 lx 分别表示应纳税所得额和教师类型。

```
      Function se(sd, lx)
        If UCase(lx) = "W" Then
          y = sd - 800
          se = IIf(y > 0, y * 0.2, 0)
        Else
          y = sd - 3500                  '应纳税所得额-扣除标准
          Select Case y                  '求 s、k
            Case Is <= 0
              s = 0: k = 0
            Case Is <= 1500
              s = 0.03: k = 0
            Case Is <= 4500
              s = 0.1: k = 105
            Case Is <= 9000
              s = 0.2: k = 555
            Case Is <= 35000
              s = 0.25: k = 1005
            Case Is <= 55000
              s = 0.3: k = 2755
            Case Is <= 80000
              s = 0.35: k = 5505
            Case Else
              s = 0.45: k = 13505
          End Select
          se = Abs(y) * s - k            '求出应纳税额
```

```
End If
End Function
```

在函数体中，首先判断教师类型是否为外聘教师(用符号"W"表示，不区分大小写)。

如果是外聘教师，则应纳税所得额减去 800，余额的 20%为应纳税额。否则，按如下工资薪金所得应纳个人所得税计算方法计算应纳税额：

应纳税额＝(应纳税所得额－扣除标准)×适用税率－速算扣除数

扣除标准从 2011 年 9 月 1 日起调整为 3500 元。

如果用 y 表示"应纳税所得额－扣除标准"，用 s 表示"适用税率"，用 k 表示"速算扣除数"，则它们之间的关系见表 9.1。

表 9.1　工资薪金类个人所得税税率表

y(元)	s(%)	k(元)
y≤0	0	0
0<y≤1500	3	0
1500<y≤4500	10	105
4500<y≤9000	20	555
9000<y≤35000	25	1005
35000<y≤55000	30	2755
55000<y≤80000	35	5505
Y>80000	45	13505

例如，某教师的应纳税所得额为 9557 元，减去扣除标准 3500 元，结果为 6057 元，适用税率为 20%，速算扣除数为 555 元。

应纳税额＝(9557-3500)×20%-555 元＝656.4 元。

5."恢复原格式"按钮代码

"恢复原格式"按钮调用模块中的子程序 reset，清除统计数据、重置格式，以便对基础数据进行增、删、改操作。

插入一个新模块，命名为"C 恢复原格式"，在该模块中建立子程序 reset，代码如下：

```
Sub reset()
  hs = Range("A65536").End(xlUp).Row          '求数据区的有效行数
  If Cells(hs, 1) = "合计" Then
    Rows(hs & ":" & (hs + 1)).Delete Shift:=xlUp '删除合计行、分页符
    Cells(5, 11).Resize(hs - 5, 2).ClearContents '清除统计数据
    Cells(5, 18).Resize(hs - 5, 5).ClearContents
    Cells(5, 24).Resize(hs - 5, 2).ClearContents
    Cells(5, 22).Resize(hs - 5, 4).Borders.Weight = xlHairline '设置边框
  End If
End Sub
```

该子程序首先求出数据区的有效行数 hs，如果最末一行 A 列单元格的内容为"合计"，则删除合计行和分页符，清除统计数据，重新设置 V～Y 列边框线。

上机实验题目

1. 给出如图 10.5 所示的 Excel 工作表，在表格内容已按"教师姓名"排序的前提下，请分

别编写子程序，用来设置和取消表格中同名教师"教师总学时"、"课时费"、"备注"三列的边框中间横线。

2. 设一个 Excel 工作簿中有如图 10.6、图 10.7 所示的"课时费标准"和"课时费"两张工作表。编程实现以下功能：当"课时费"工作表中教师的"职称"、"教学时数"数据改变时，自动根据教师的职称、课时费标准、教学时数，计算并填写课时费。

图 10.5　工作表结构与内容

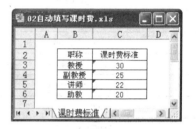

图 10.6　"课时费标准"工作表

3. 在如图 10.8 所示的 Excel 工作表中，当学生人数、周数、周学时改变时，希望能自动填写计算理论课总学时的表达式并求值。请编程实现。

如果学生数超过 60 人，则"总学时=周数×周学时×(1+0.3×(学生人数−60)/60)"，否则"总学时=周数×周学时"。

图 10.7　"课时费"工作表

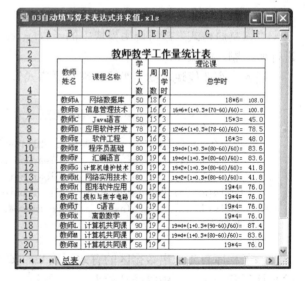

图 10.8　工作表结构和数据

158

第11章 人才培养方案模板

本章介绍一个用 Excel 和 VBA 开发的教学管理软件，取名为"人才培养方案模板"，用于高校制订人才培养方案时，自动统计各种数据，生成需要的信息，打印输出结果，以提高教学管理水平和工作效率。

涉及的主要技术包括：单元格内容的拆分与利用，混合利用 VBA 代码和给单元格填充公式的方法进行数据统计，单元格内容的位置变换，Excel 与 Word 联合应用。

11.1 软 件 概 述

高等学校教学单位经常要制订或修订人才培养方案。此项工作需要反复研讨、设计、计算和修改。在此过程中，基本数据(如某门课的周学时、开课学期等)每做一次调整，都要重新计算各门课的理论学时、实验学时和总学时，求小计、总计数据，分析课程结构、学时数是否合理，可谓牵一发动全身。

本章介绍的"人才培养方案模板"软件，可以实现在制订或修改人才培养方案时，只需输入基本数据，系统自动统计各种结果，生成需要的表格，最后合并到 Word 文档进行排版和打印。让教学管理人员从大量重复的计算和数据整理工作中解脱出来，使工作变得轻松、高效。

1. 主要功能

(1) 计算各门课的理论学时、实验学时、学时总数。

(2) 计算每一类课程的总学时、总学分、各学期周学时。

(3) 求出全部课程的门数、总学时、总学分，每一类课程的学时比例、学分比例。

(4) 生成各学期课程计划一览表。

(5) 将全部 Excel 表格合并到 Word 文档，以便排版打印。

2. 使用方法

本软件包括一个 Excel 工作簿、一个 Word 文档和一个"表格"文件夹。主体是含有 VBA 代码的 Excel 工作簿。使用前应设置 Excel "宏"的安全级别为"低"。

打开"人才培养方案模板"工作簿文件，可以看到该工作簿有 8 张工作表。其中，"说明"工作表相当于软件的封面和使用说明书，"表5"为教学活动时间安排表，"表6-1"、"表6-2"、"表6-3"、"表6-4"分别为通识课、学科基础课、专业课、实践课的课程设置及学分分配表，"表7"包含各类课程汇总数据和结构比例信息，"表8"为各学期课程计划一览表。

(1) "表5"工作表用来设置各类教学活动的周数和所在学期，结构和内容如图 11.1 所示。在该工作表中，可根据各专业特点增删教学活动项目、调整周数，系统将自动计算各学年的总周数以及各类教学活动的总周数。

(2) 在"表6-1"、"表6-2"、"表6-3"、"表6-4"中，设置必修、选修、备选课程的名称、学分、考核方式，在对应开课学年、学期的周学时分配单元格中输入周学时数。周学时数中，"+"前面是理论学时、后面是实验学时，不带"+"的数是理论学时。如果单元格字体设置为"斜体加粗"，则为该学期的总学时，而不是周学时。

图 11.1 "表5"工作表结构和内容

项目	第一学年		第二学年		第三学年		第四学年		总计
学期／周数	第一学期	第二学期	第三学期	第四学期	第五学期	第六学期	第七学期	第八学期	
授课	15	18	16	16	16	16			97
考试	2	2	2	2	2	2	2	2	16
入学教育军事训练	3								3
专业实习							18	8	26
毕业论文及设计								8	8
专题实践课程			2	2	2	2			8
机动								2	2
寒假	6		6		6		6		48
暑假		6		6		6		6	
总计	52		52		52		52		208

"表6-1"工作表输入各门通识课程基本信息后，界面如图 11.2 所示。

图 11.2 "表6-1"输入通识课程基本信息后的界面

（一）通识课程

课程类别	课程名称	学时总数	理论学时	实验学时	学分	各学期学时分配								考核方式
						第一学年		第二学年		第三学年		第四学年		
						第一学期	第二学期	第三学期	第四学期	第五学期	第六学期	第七学期	第八学期	
						15	18	16	16	16	16			
必修	军事理论与实践				2	36								考试
	思想道德修养与法律基础				3	2+1								考试
	中国近现代史纲要				2		2							考试
	马克思主义基本原理				3			2+1						考试
	毛泽东思想、邓小平理论和"三个代表"重要思想				6					4+2				考试
	形势与政策	128	36	92										考查
	大学英（日、俄）语Ⅰ				3	3+1								考试
	大学英（日、俄）语Ⅱ				4		3+1							考试
	大学英（日、俄）语Ⅲ				4			3+1						考试
	大学英（日、俄）语Ⅳ				4				3+1					考试
	大学生职业生涯与发展规划	38	38		2									考查
	大学体育Ⅰ				1	2								考试
	大学体育Ⅱ				1		2							考试
	大学体育Ⅲ				1			2						考试
	大学体育Ⅳ				1				2					考试
	小　计													
选修	大学语文				1		2							考查
	通识选修课1/5				1	30								考查
	通识选修课2/5				1		30							考查
	通识选修课3/5				1			30						考查
	通识选修课4/5				1				30					考查
	通识选修课5/5				1					30				考查
	小　计													

其中，"形势与政策"和"大学生职业生涯与发展规划"为讲座课，不计周学时，只计总学时，总学时单元格字体应由蓝色改为其他颜色。"军事理论与实践"课在第 1 学期开设，总共 36 学时。"通识选修课"课分别在 2～6 学期开设，每学期总共 30 学时。

(3) 基本信息输入后，单击自定义工具栏的"生成结果数据"按钮，系统将自动计算并填写各门课的理论学时、实验学时、总学时，分别求出必修、选修课程的学时、学分、各学期周学时小计数据。

在“表6-1”输入通识课程基本信息并生成结果数据后，工作表界面如图11.3所示。其中，标记为蓝色字体的C、D、E列和“小计”行数据为系统自动计算的结果。

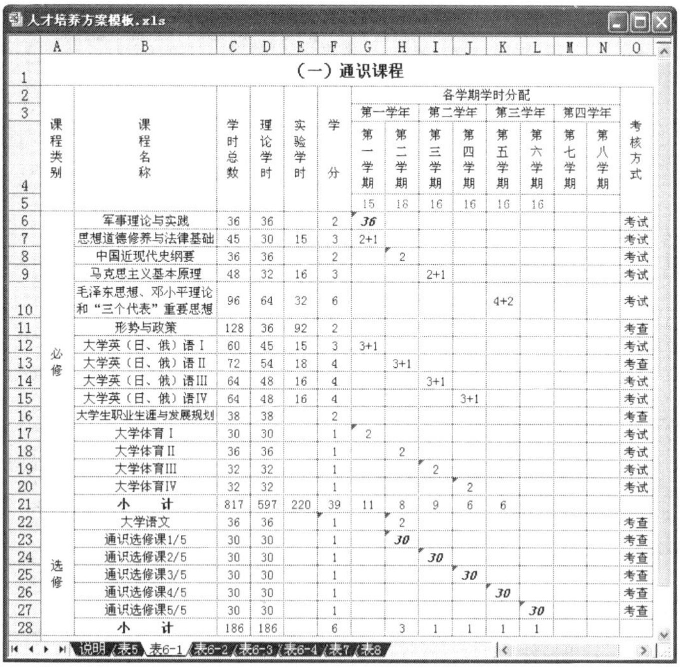
人才培养方案模板.xls

（一）通识课程

课程类别	课程名称	学时总数	理论学时	实验学时	学分	各学期学时分配								考核方式
						第一学年		第二学年		第三学年		第四学年		
						第一学期	第二学期	第三学期	第四学期	第五学期	第六学期	第七学期	第八学期	
						15	18	16	16	16	16			
必修	军事理论与实践	36	36		2	36								考试
	思想道德修养与法律基础	45	30	15	3	2+1								考试
	中国近现代史纲要	36	36		2		2							考试
	马克思主义基本原理	48	32	16	3			2+1						考试
	毛泽东思想、邓小平理论和“三个代表”重要思想	96	64	32	6					4+2				考试
	形势与政策	128	36	92	2									考查
	大学英（日、俄）语Ⅰ	60	45	15	3	3+1								考试
	大学英（日、俄）语Ⅱ	72	54	18	4		3+1							考查
	大学英（日、俄）语Ⅲ	64	48	16	4			3+1						考试
	大学英（日、俄）语Ⅳ	64	48	16	4				3+1					考试
	大学生职业生涯与发展规划	38	38		2									考查
	大学体育Ⅰ	30	30		1	2								考试
	大学体育Ⅱ	36	36		1		2							考试
	大学体育Ⅲ	32	32		1			2						考试
	大学体育Ⅳ	32	32		1				2					考试
	小　计	817	597	220	39	11	8	9	6	6				
选修	大学语文	36	36		1		2							考查
	通识选修课1/5	30	30		1		30							考查
	通识选修课2/5	30	30		1			30						考查
	通识选修课3/5	30	30		1				30					考查
	通识选修课4/5	30	30		1					30				考查
	通识选修课5/5	30	30		1						30			考查
	小　计	186	186		6		3	1	1	1	1			

说明 表5 表6-1 表6-2 表6-3 表6-4 表7 表8

图11.3　输入基本信息并生成结果数据后的“表6-1”界面

在“表6-2”输入学科基础课基本信息并生成结果数据后，工作表界面如图11.4所示。

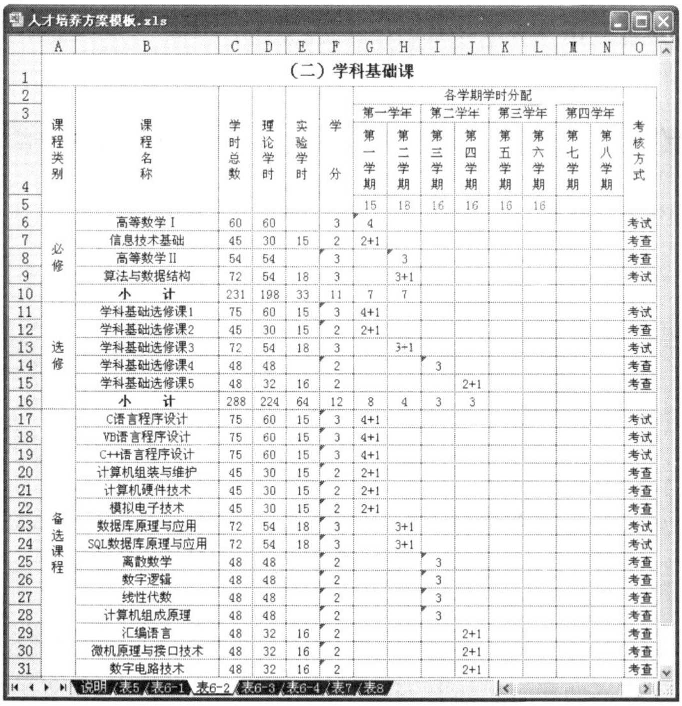
人才培养方案模板.xls

（二）学科基础课

课程类别	课程名称	学时总数	理论学时	实验学时	学分	各学期学时分配								考核方式
						第一学年		第二学年		第三学年		第四学年		
						第一学期	第二学期	第三学期	第四学期	第五学期	第六学期	第七学期	第八学期	
						15	18	16	16	16	16			
必修	高等数学Ⅰ	60	60		3	4								考试
	信息技术基础	45	30	15	2	2+1								考查
	高等数学Ⅱ	54	54		3		3							考查
	算法与数据结构	72	54	18	3		3+1							考试
	小　计	231	198	33	11	7	7							
选修	学科基础选修课1	75	60	15	3	4+1								考试
	学科基础选修课2	45	30	15	2	2+1								考查
	学科基础选修课3	72	54	18	3		3+1							考试
	学科基础选修课4	48	48		2			3						考查
	学科基础选修课5	48	32	16	2				2+1					考查
	小　计	288	224	64	12	8	4	3	3					
备选课程	C语言程序设计	75	60	15	3	4+1								考试
	VB语言程序设计	75	60	15	3	4+1								考试
	C++语言程序设计	75	60	15	3	4+1								考试
	计算机组装与维护	45	30	15	2	2+1								考查
	计算机硬件技术	45	30	15	2	2+1								考查
	模拟电子技术	45	30	15	2	2+1								考查
	数据库原理与应用	72	54	18	3		3+1							考试
	SQL数据库原理与应用	72	54	18	3		3+1							考试
	离散数学	48	48		2			3						考查
	数字逻辑	48	48		2			3						考查
	线性代数	48	48		2			3						考查
	计算机组成原理	48	48		2			3						考查
	汇编语言	48	32	16	2				2+1					考查
	微机原理与接口技术	48	32	16	2				2+1					考查
	数字电路技术	48	32	16	2				2+1					考查

说明 表5 表6-1 表6-2 表6-3 表6-4 表7 表8

图11.4　输入基本信息并生成结果数据后的“表6-2”界面

在“表 6-3”输入专业课基本信息并生成结果数据后，工作表界面如图 11.5 所示。

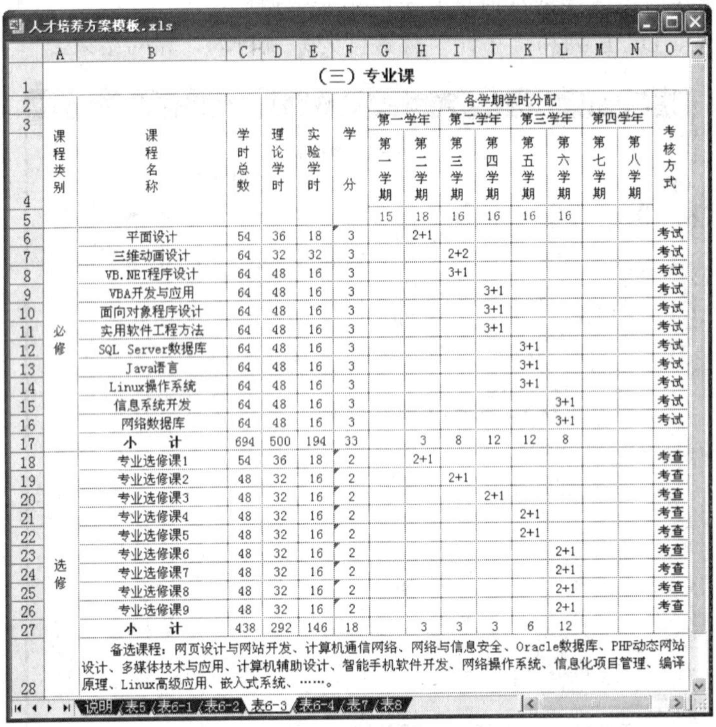

人才培养方案模板.xls

（三）专业课

课程类别	课程名称	学时总数	理论学时	实验学时	学分	第一学年 第一学期	第一学年 第二学期	第二学年 第三学期	第二学年 第四学期	第三学年 第五学期	第三学年 第六学期	第四学年 第七学期	第四学年 第八学期	考核方式
						15	18	16	16	16	16			
必修	平面设计	54	36	18	3		2+1							考试
	三维动画设计	64	32	32	3			2+2						考试
	VB.NET程序设计	64	48	16	3			3+1						考试
	VBA开发与应用	64	48	16	3				3+1					考试
	面向对象程序设计	64	48	16	3				3+1					考试
	实用软件工程方法	64	48	16	3				3+1					考试
	SQL Server数据库	64	48	16	3					3+1				考试
	Java语言	64	48	16	3					3+1				考试
	Linux操作系统	64	48	16	3					3+1				考试
	信息系统开发	64	48	16	3						3+1			考试
	网络数据库	64	48	16	3						3+1			考试
	小计	694	500	194	33		3	8	12	12	8			
选修	专业选修课1	54	36	18	2		2+1							考查
	专业选修课2	48	32	16	2			2+1						考查
	专业选修课3	48	32	16	2				2+1					考查
	专业选修课4	48	32	16	2					2+1				考查
	专业选修课5	48	32	16	2					2+1				考查
	专业选修课6	48	32	16	2						2+1			考查
	专业选修课7	48	32	16	2						2+1			考查
	专业选修课8	48	32	16	2						2+1			考查
	专业选修课9	48	32	16	2						2+1			考查
	小计	438	292	146	18		3	3	3	6	12			

备选课程：网页设计与网站开发、计算机通信网络、网络与信息安全、Oracle数据库、PHP动态网站设计、多媒体技术与应用、计算机辅助设计、智能手机软件开发、网络操作系统、信息化项目管理、编译原理、Linux高级应用、嵌入式系统、……。

说明 / 表5 / 表6-1 / 表6-2 / 表6-3 / 表6-4 / 表7 / 表8

图 11.5　输入基本信息并生成结果数据后的“表 6-3”界面

在“表 6-4”输入实践性课程基本信息并生成结果数据后，工作表界面如图 11.6 所示。其中，“总周数”列和“小计”行数据为系统自动计算的结果。该工作表的结构与前 3 张略有不同，在对应开课学年、学期单元格中输入的是周数(后面需要带有“周”字)，而不是周学时，结果数据也是周数。

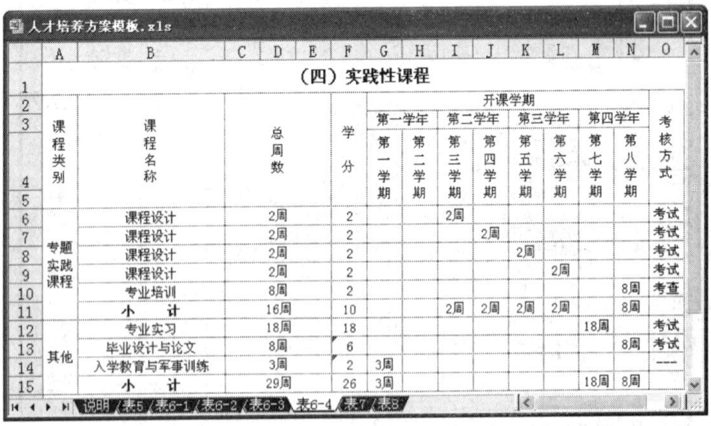

人才培养方案模板.xls

（四）实践性课程

课程类别	课程名称	总周数	学分	第一学年 第一学期	第一学年 第二学期	第二学年 第三学期	第二学年 第四学期	第三学年 第五学期	第三学年 第六学期	第四学年 第七学期	第四学年 第八学期	考核方式
专题实践课程	课程设计	2周	2			2周						考试
	课程设计	2周	2				2周					考试
	课程设计	2周	2					2周				考试
	课程设计	2周	2						2周			考试
	专业培训	8周	2								8周	考查
	小计	16周	10			2周	2周	2周	2周		8周	
其他	专业实习	18周	18							18周		考试
	毕业设计与论文	8周	6								8周	考试
	入学教育与军事训练	3周	2	3周								——
	小计	29周	26	3周						18周	8周	

说明 / 表5 / 表6-1 / 表6-2 / 表6-3 / 表6-4 / 表7 / 表8

图 11.6　输入基本信息并生成结果数据后的“表 6-4”界面

(4) 选择“表 7”工作表，单击自定义工具栏的“生成结果数据”按钮，系统自动填写各类课程比例结构数据。工作界面和结果如图 11.7 所示。其中，标记为红色文字的单元格含有计算公式，标记为蓝色的数值为程序计算结果。

人才培养方案模板.xls

	A	B	C	D	E	F	G	H	I
1	课程模块	门数	总学分	总学时	类别	学分	比例	学时	比例
2	通识课程	21	45	1003	必修	39	25.2%	817	30.8%
3					选修	6	3.9%	186	7.0%
4	学科基础课程	9	23	519	必修	11	7.1%	231	8.7%
5					选修	12	7.7%	288	10.9%
6	专业课程	20	51	1132	必修	33	21.3%	694	26.1%
7					选修	18	11.6%	438	16.5%
8	实践性课程	8	36	45周	专题实践课程	10	6.5%	16周	—
9					其它	26	16.8%	29周	—
10	总计	58	155	2654	—	155	100.0%	2654	100.0%

说明 / 表5 / 表6-1 / 表6-2 / 表6-3 / 表6-4 / 表7 / 表8

图 11.7 “表 7”工作表界面及结果

(5) “表 8”工作表的内容为各学期课程计划一览表。除了第一行表头以外，所有信息均由系统在“表 6-1”、“表 6-2”、“表 6-3”、“表 6-4”的基础上自动生成。单击自定义工具栏的“生成结果数据”按钮，得到如图 11.8 所示的结果。

学期	课程名称	学分	总学时	理论学时	实（践）验学时	周学时	考核方式
1	军事理论与实践	2	36	36		2	考试
1	思想道德修养与法律基础	3	45	30	15	2+1	考试
1	大学英（日、俄）语Ⅰ	3	60	45	15	3+1	考试
1	大学体育Ⅰ	1	30	30		2	考试
1	高等数学Ⅰ	3	60	60		4	考试
1	信息技术基础	2	45	30	15	2+1	考查
1	学科基础选修课1	3	75	60	15	4+1	考试
1	学科基础选修课2	2	45	30	15	2+1	考查
小计	**8门课**	**19**	**396**	**321**	**75**	**26**	**考试课6门**
2	中国近现代史纲要	2	36	36		2	考试
2	大学英（日、俄）语Ⅱ	4	72	54	18	3+1	考查
2	大学体育Ⅱ	1	36	36		2	考试
2	大学语文	1	36	36		2	考查
2	通识选修课1/5	1	30	30		1	考查
2	高等数学Ⅱ	3	54	54		3	考查
2	算法与数据结构	3	72	54	18	3+1	考试
2	学科基础选修课3	3	72	54	18	3+1	考试
2	平面设计	3	54	36	18	2+1	考试
2	专业选修课1	2	54	36	18	2+1	考查
小计	**10门课**	**23**	**516**	**426**	**90**	**28**	**考试课5门**
3	马克思主义基本原理	3	48	32	16	2+1	考试
3	大学英（日、俄）语Ⅲ	4	64	48	16	3+1	考试
3	大学体育Ⅲ	1	32	32		2	考试
3	通识选修课2/5	1	30	30		1	考查
3	学科基础选修课4	2	48	48		3	考查
3	三维动画设计	3	64	32	32	2+2	考试
3	VB.NET程序设计	3	64	48	16	3+1	考试
3	专业选修课2	2	48	32	16	2+1	考查
小计	**8门课**	**19**	**398**	**302**	**96**	**24**	**考试课5门**
4	大学英（日、俄）语Ⅳ	4	64	48	16	3+1	考试
4	大学体育Ⅳ	1	32	32		2	考试
4	通识选修课3/5	1	30	30		1	考查
4	学科基础选修课5	2	48	32	16	2+1	考查
4	VBA开发与应用	3	64	48	16	3+1	考试
4	面向对象程序设计	3	64	48	16	3+1	考试
4	实用软件工程方法	3	64	48	16	3+1	考试
4	专业选修课3	2	48	32	16	2+1	考查
小计	**8门课**	**19**	**414**	**318**	**96**	**25**	**考试课5门**
5	毛泽东思想、邓小平理论和“三个代表”重要思想	6	96	64	32	4+2	考试
5	通识选修课4/5	1	30	30		1	考查
5	SQLServer数据库	3	64	48	16	3+1	考试
5	Java语言	3	64	48	16	3+1	考试
5	Linux操作系统	3	64	48	16	3+1	考试
5	专业选修课4	2	48	32	16	2+1	考查
5	专业选修课5	2	48	32	16	2+1	考查
小计	**7门课**	**20**	**414**	**302**	**112**	**25**	**考试课4门**
6	通识选修课5/5	1	30	30		1	考查
6	信息系统开发	3	64	48	16	3+1	考试
6	网络数据库	3	64	48	16	3+1	考试
6	专业选修课6	2	48	32	16	2+1	考查
6	专业选修课7	2	48	32	16	2+1	考查
6	专业选修课8	2	48	32	16	2+1	考查
6	专业选修课9	2	48	32	16	2+1	考查
小计	**7门课**	**15**	**350**	**254**	**96**	**21**	**考试课2门**

图 11.8 各学期课程计划一览表

(6) 除了"说明"和"表 5"工作表以外，在其他任意一个工作表中，单击"清除生成结果"按钮，将清除原有的结果结果数据。单击"导出全部表格"按钮，将各个表格导出到"表格"文件夹中。

(7) 打开"人才培养方案模板"Word 文档。当提示"该文档包含引用其他文件的链接。确实要用链接文件中的数据更新该文档吗？"时，单击"是"按钮，则用"表格"文件夹下的 Excel 表格更新当前 Word 文档的内容，否则保持文档中原有的表格不变。之后，可以在 Word 中进行编辑、排版和打印。

11.2　工作表设计

本节介绍"人才培养方案模板"工作簿中各个工作表的设计要点。

1. "说明"工作表

该工作表相当于软件的封面和使用说明书，对格式和样式无特殊要求，内容根据需要情况编写，通常是在整个软件设计完成后才编写使用说明，但工作表应该预留出来，以便程序设计时通盘考虑。

每个软件都应该有自己的使用说明书。其形式可以是单独的文档，可以是系统的"帮助"菜单，甚至可以是Excel单元格的批注。这里介绍一种比较实用的"说明"工作表形式。

由于软件的主体是Excel工作簿，工作簿中可以有很多工作表，将其中一张工作表作为使用说明书，既简单方便，又可减少文件数目，使软件系统更加精巧。

设计要点：

(1) 在"说明"工作表中，选中所有单元格，设置背景颜色为"白色"，目的是使界面更加整洁。

(2) 在工作表中放置一个图片，作为软件标题的背景。

(3) 插入自己喜欢样式的艺术字作为标题，并将艺术字放在背景图片上。

(4) 打开"绘图"工具栏，在工作表中绘制一个大小合适的"矩形"自选图形，用来填写说明书内容。

(5) 在自选图形上单击鼠标右键，在快捷菜单中选择"设置自选图形格式"项。

(6) 在"设置自选图形格式"对话框的"颜色与线条"选项卡中，设置线条颜色为"淡蓝"。再从填充颜色下拉列表中选择"填充效果"项，在"填充效果"对话框的"渐变"选项卡中设置"双色"，颜色分别为"淡蓝"和"白色"，底纹样式为"垂直"。

(7) 在"矩形"自选图形中编写使用说明书内容。

(8) 调整图片、艺术字、自选图形的位置和大小。

最后得到如图11.9所示的界面。

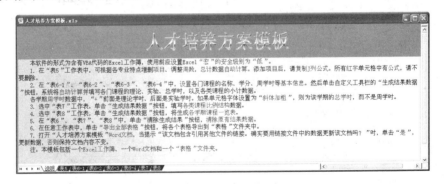

图 11.9　"说明"工作表界面

2. "表5"工作表

"表5"工作表用来设置各类教学活动的周数和所在学期，结构如图11.10所示。

图 11.10 "表 5"工作表结构

设计要点：

(1) 选中所有单元格，设置背景颜色为"白色"，设置适当的字体、字号、列宽、行高。选中A1:J12单元格区域，设置虚线边框。设置上部、左侧表头。合并必要的单元格。

(2) 选中J3单元格，输入公式"=SUM(B3:I3)"并向下填充到J9单元格。选中J10单元格，输入公式"=SUM(B10:I11)"。选中B12单元格，输入公式"=SUM(B3:C11)"并向右填充到H12单元格。选中J12单元格，输入公式"=SUM(J3:J11)"。

这样，当增删教学活动项目、调整周数时，系统将自动求出各学年的总周数以及各类教学活动的总周数。注意：添加教学活动项目后，需要复制J列公式到新行。

(3) 为了标识带有公式的单元格，我们选中J3:J12和B12:H12区域，设置字体颜色为"红色"。

3. "表6"工作表

"表6-1"、"表6-2"、"表6-3"、"表6-4"分别为通识课、学科基础课、专业课、实践课的课程设置及学分分配表。它们的结构和格式基本相同，设计其中一个后，其余的可以通过复制得到。

工作表样式如图11.11所示。

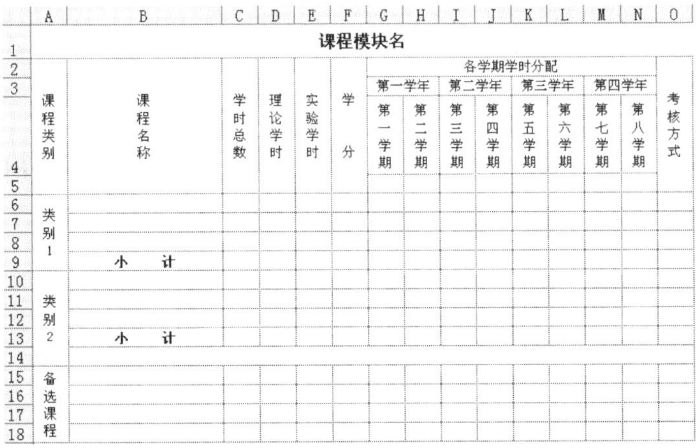

图 11.11 "表 6"工作表样式

第 1 行为标题行，单元格合并及居中，用来设置具体的课程模块名。

所有单元格数字作为文本处理，水平居中，垂直居中。

将 C、D、E 列第 6 行以后的区域以及“小计”行数据区的字体设置为蓝色，表示这些区域的数据是由程序生成的。

工作表中 G5:N5 单元格区域用来填写各学期的授课周数，应与“表 5”一致。所以，在 G5 单元格输入公式“=表 5!B3”，并向右填充到 N5 单元格。

A 列第 6 行之后可合并若干单元格用来填写具体的课程类别名，如“必修”、“选修”、“专题实践课程”等。每一类课程所对应的行数可随意增删，但具体课程信息要放在“小计”行之前。

“小计”行之后(比如第 14 行)可填写备注信息，行数可根据需要增删。

课程类别中的第 3 类，通常用于填写备选课程信息，如果不需要可以删除这些行。

“表 6-4”工作表在对应开课学年、学期单元格中输入的是周数，而不是周学时，结果数据也是周数。因此，其结构、格式与前 3 张工作表略有不同，可在前面基础上进行以下修改：合并 C2:E5 单元格，内容改为“总周数”。分别合并第 6 行以后每一行的 C～E 列。分别合并 G4:G5、H4:H5、……、N4:N5 单元格。选中每个“小计”的 G～N 列单元格，以及 C 列第 6 行以后的区域，设置单元格的数字格式为自定义类型“#"周"”，使这些单元格的数值后面自动添加“周”字。

4.“表 7”工作表

“表 7”工作表包含各类课程汇总数据和结构比例信息。其中，一部分单元格含有计算公式，另一部分单元格的数值为程序计算结果。

工作表样式如图 11.12 所示。

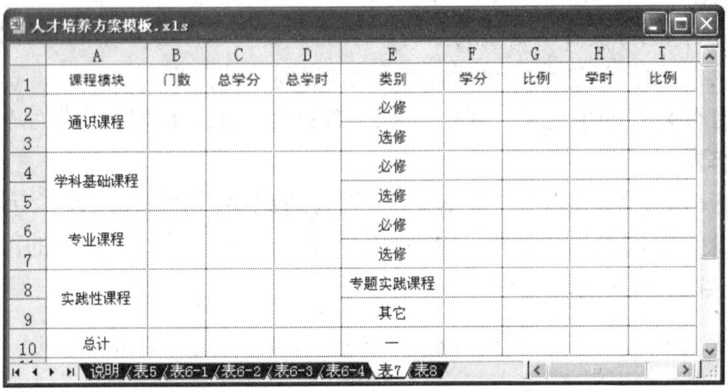

	A	B	C	D	E	F	G	H	I
1	课程模块	门数	总学分	总学时	类别	学分	比例	学时	比例
2	通识课程				必修				
3					选修				
4	学科基础课程				必修				
5					选修				
6	专业课程				必修				
7					选修				
8	实践性课程				专题实践课程				
9					其它				
10	总计				—				

图 11.12 “表 7”工作表样式

在 B10 单元格输入公式“=SUM(B2:B9)”，并将公式复制到 C10:D10、F10、H10 单元格。

在 G2 单元格输入公式“=F2/$F$10”，向下填充到 G10 单元格。

在 I2 单元格输入公式“=H2/$H$10”，向下填充到 I10 单元格。

在 E10、I8、I9 单元格输入符号“—”，表示这些单元格不需要统计结果。

在 C2 单元格输入公式“=SUM(F2:F3)”，向下填充到 C8 单元格。

在 D2 单元格输入公式“=SUM(H2:H3)”，向下填充到 D6 单元格。

将上述单元格设置红色字体，表示这些单元格含有计算公式。

选中 B2:B8、D8、F2:F9、H2:H9 单元格区域，设置蓝色字体，表示这些单元格的数值要由程序来计算。

5. "表8"工作表

"表 8"工作表的内容为各学期课程计划一览表。除第一行表头外，所有信息均由程序自动生成。工作表的样式如图 11.13 所示。

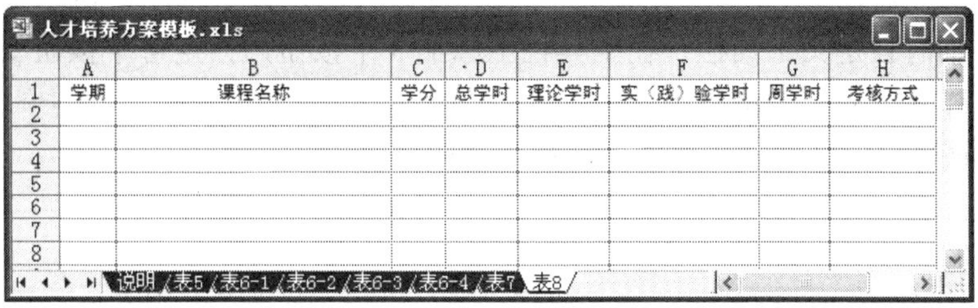

图 11.13 "表 8"工作表样式

选中所有单元格，设置"白色"背景，设置适当的字体、字号、列宽、行高。

选中 A~H 列，设置虚线边框。设置 A~G 列水平居中、H 列水平靠左对齐方式。

在第 1 行输入表头内容，设置水平居中对齐。

11.3 程 序 设 计

本节研究"人才培养方案模板"工作簿中各部分程序的设计方法，给出源代码，分析代码的功能和技术要点。

1. 自定义工具栏控制

(1) 打开"人才培养方案模板"工作簿，进入 VBA 编辑环境，插入一个模块。在模块中用语句

```
Public tbar As Object
```

声明一个全局变量 tbar，用来保存自定义工具栏对象。

(2) 在模块中编写一个 Auto_Open 子程序：

```
Sub Auto_Open()
    Set tbar = Application.CommandBars.Add(Name:= "培养方案", Temporary:=True)
    With tbar.Controls.Add(Type:=msoControlButton)
        .Caption = "生成结果数据"
        .Style = msoButtonCaption
        .OnAction = "scsj"
    End With
    With tbar.Controls.Add(Type:=msoControlButton)
        .Caption = "清除生成结果"
        .Style = msoButtonCaption
        .OnAction = "qcjg"
    End With
    With tbar.Controls.Add(Type:=msoControlButton)
        .Caption = "导出全部表格"
        .Style = msoButtonCaption
        .OnAction = "dcbg"
    End With
```

```
   Sheets("说明").Select
   Range("A1").Select
End Sub
```
由于子程序的名字为 Auto_Open，所以当工作簿打开时，该子程序将自动执行。

它建立一个临时自定义工具栏，在工具栏上添加 3 个按钮，指定每个按钮要执行的子程序，选中"说明"工作表，光标定位到 A1 单元格。

(3) 对工作簿的 **SheetActivate** 事件编写如下代码：

```
Private Sub Workbook_SheetActivate(ByVal Sh As Object)
   Call sact(Sh)
End Sub
```
当切换工作表时，调用子程序 sact，控制自定义工具栏的可见性。

(4) 在模块中编写一个子程序 sact：

```
Sub sact(Sh)
   ss = Sh.Name
   If InStr(ss, "表6") Or InStr(ss, "表7") Or InStr(ss, "表8") Then
      tbar.Visible = True
   Else
      tbar.Visible = False
   End If
End Sub
```
其中，形参 **Sh** 为当前工作表。如果当前工作表名含有"表6"、"表7"或"表8"字样，则让自定义工具栏可见，否则不可见。

(5) 在模块中编写一个子程序 scsj：

```
Sub scsj()
   ss = ActiveSheet.Name
   If InStr(ss, "表6") Then
      Call 数据统计
   ElseIf InStr(ss, "表7") Then
      Call 比例结构
   ElseIf InStr(ss, "表8") Then
      Call 学期开课
   End If
End Sub
```
该子程序与"生成结果数据"按钮对应。它的作用是分解任务，根据当前工作表的名字是"表6"、"表7"还是"表8"，调用不同的子程序"数据统计"、"比例结构"或"学期开课"，完成具体任务。

2. "数据统计"子程序

"数据统计"子程序用于对"表 6-1"、"表 6-2"、"表 6-3"和"表 6-4"工作表，根据周学时和授课周数求每门课的"学时总数"、"理论学时"、"实验学时"和"小计"行数据。代码如下：

```
Sub 数据统计()
   Dim xj(3 To 14) As Single          '用于存放小计行、3-14 列数据
   rm = Range("B65536").End(xlUp).Row  '求 B 列有效数据最大行号
   For n = 6 To rm                     '按行扫描
      v_b = Cells(n, 2)                '课程名称
```

```
            v_b = Replace(v_b, " ", "")                 '去掉空格
          If v_b <> "小计" Then                          '非"小计"行
            For k = 7 To 14                             '从1到8学期循环
              v_zxs = Cells(n, k)                       '取出"周学时"单元格内容
              zs = InStr(v_zxs, "周")                    '是否包含"周"字
              jc = Cells(n, k).Font.Bold                '字体的"加粗"属性
              xt = Cells(n, k).Font.Italic              '字体的"斜体"属性
              v_zs = Cells(5, k)                        '从第5行取出授课周数
              kz = v_zs                                 '保存授课周数
              If jc And xt Or zs Then v_zs = 1          '斜体加粗或包含"周",周数置1
              p = InStr(v_zxs, "+")                     '确定"+"号位置
              If p = 0 Then p = Len(v_zxs)              '无"+",p置串长度
              js = Val(v_zxs)                           '取出n行"理论学时"
              sy = Val(Mid(v_zxs, p + 1))               '取出n行"实验学时"
              xs_j = xs_j + js * v_zs                   '累加n行"理论学时"
              xs_s = xs_s + sy * v_zs                   '累加n行"实验学时"
              If Not (jc And xt) Then kz = 1            '非"斜体加粗",分母置1
              xj(k) = xj(k) + Fix((js + sy) / kz)       '累加k列周学时
            Next
            xs_z = xs_j + xs_s                          '求"学时总数"
            If xs_z > 0 Then
              Cells(n, 3) = xs_j + xs_s                 '填n行"学时总数"
              Cells(n, 4) = xs_j                        '填n行"理论学时"
              Cells(n, 5) = xs_s                        '填n行"实验学时"
            End If
            xj(3) = xj(3) + Val(Cells(n, 3))            '累加3列"学时总数"
            xj(4) = xj(4) + Val(Cells(n, 4))            '累加4列"理论学时"
            xj(5) = xj(5) + Val(Cells(n, 5))            '累加5列"实验学时"
            xj(6) = xj(6) + Val(Cells(n, 6))            '累加6列"学分"
            xs_j = 0: xs_s = 0                          '清"理论"、"实验"学时变量
          Else
            For k = 3 To 14
              Cells(n, k) = xj(k)                       '填小计行数据
              xj(k) = 0                                 '清数组元素值
            Next
          End If
        Next
      End Sub
```

在这个子程序中,定义了一个数组 xj(3 To 14),用于存放"小计"行3~14列的数据。用 For 循环语句,对当前工作表从第6行开始的每一行数据进行以下操作:

取出 B 列单元格内容并去掉空格,送给变量 v_b。

如果 v_b 的值不是"小计",则将1~8学期(对应于7~14列)的周学时分别取出来,并分别取出该列第5行的授课周数。周学时与授课周数相乘得到课程学时,累加后填写到该课程的"学时总数"、"理论学时"、"实验学时"单元格,同时累加到数组 xj 相应的下标变量中。

如果 v_b 的值是"小计",则填写"小计"行数据,也就是将数组 xj 内容填写到"小计"行

的 3～14 列。同时，清除数组 xj 原有内容，为统计其他类别课程做好准备。

课程学时的计算有以下几个细节：

(1) 如果周学时仅为一个数，则为理论学时。如果周学时中含有"＋"号，则"＋"号左边的数值为理论学时，右边的数值为实验学时。

(2) 如果周学时单元格的字体为"斜体加粗"或单元格包含"周"字，则该单元格的内容即为课程学时，不需要乘以授课周数。为便于统一处理，将授课周数设置为 1。

(3) 如果周学时单元格的字体为"斜体加粗"，则要用周学时除以授课周数得到该学期的平均周学时。

(4) 如果某门课的各学期周学时均为空白，说明该课程为讲座课，不计周学时，只计总学时。这种情况下，程序计算的学时总数为零，不应填入单元格，而应保持 3、4、5 列原有数据不变。

3. "比例结构"子程序

"比例结构"子程序根据"表 6-1"、"表 6-2"、"表 6-3"和"表 6-4"，求出每个课程模块的课程数、学分、学时，填入"表 7"工作表。代码如下：

```
Sub 比例结构()
  For k = 1 To 4
    Set st = Worksheets("表 6-" & k)
    r1 = st.Columns("B").Find(What:= "小*计", SearchDirection:=xlNext).Row
    r2 = st.Columns("B").Find(What:= "小*计", SearchDirection:=xlPrevious).Row
    Cells(2 * k, 2) = WorksheetFunction.CountA(st.Range("06:0" & r2))
    Cells(2 * k, 6) = st.Cells(r1, 6)
    Cells(2 * k + 1, 6) = st.Cells(r2, 6)
    hz = IIf(k = 4, "周", "")
    Cells(2 * k, 8) = st.Cells(r1, 3) & hz
    Cells(2 * k + 1, 8) = st.Cells(r2, 3) & hz
    If k = 4 Then
      Cells(8, 4) = Val(Cells(8, 8)) + Val(Cells(9, 8)) & hz
    End If
  Next
End Sub
```

程序中，用 For 循环语句对"表 6-1"、"表 6-2"、"表 6-3"和"表 6-4"每张工作表进行以下操作：

用变量 st 表示工作表对象，用 Find 方法在该工作表的 B 列从前向后查找第 1 个"小计"行，得到行号 r1，再从后向前查找第 2 个"小计"行，得到行号 r2。

用工作表函数 CountA，求出 O 列 6～r2 行非空单元格的个数，作为该模块课程门数，填写到当前工作表第 2 列对应的单元格。

从 st 工作表 r1、r2 行的 6 列分别取出两个"学分"小计数据，填写到当前工作表第 6 列对应的单元格。

从 st 工作表 r1、r2 行的 3 列分别取出两个"学时总数"小计数据，填写到当前工作表第 8 列对应的单元格。如果 st 是"表 6-4"工作表，则通过变量 hz，将字符串"周"作为后缀添加到"学时总数"小计数据的后面。

如果 st 是"表 6-4"工作表，还要在当前工作表的 8 行 4 列单元格填写总周数。

4. "学期开课"子程序

"学期开课"子程序用来从"表 6-1"、"表 6-2"、"表 6-3"工作表中，按开课学期提取课程及其相关信息填入"表8"工作表。代码如下：

```
Sub 学期开课()
  Rows("2:65536").Delete Shift:=xlUp                                    '删除 2～65536 行
  k = 2                                                                 '目标起始行
  For p = 1 To 6                                                        '学期 1 到 6 循环
    For m = 1 To 3                                                      '表 6-1 至表 6-3 循环
      Set shr = Worksheets("表 6-" & m)                                 '设置工作表对象变量
      hs = shr.Columns("B").Find(What:= "小*计", SearchDirection:=xlPrevious).Row
      For n = 6 To hs                                                   '从 6 到 hs 行循环
        kcm = shr.Cells(n, 2)                                          '取出课程名
        kcm = Replace(kcm, " ", "")                                    '去掉空格
        jc = shr.Cells(n, p + 6).Font.Bold                            '取"加粗"属性
        xt = shr.Cells(n, p + 6).Font.Italic                          '取"斜体"属性
        zxs = Trim(shr.Cells(n, p + 6))                               '第 p 学期内容
        If kcm <> "小计" And Len(zxs) > 0 Then                        '非"小计"、不空
          Cells(k, 1) = p                                              '填写学期
          Cells(k, 2) = kcm                                            '填写课程名
          kcs = kcs + 1                                                '累加课程门数
          Cells(k, 3) = Val(shr.Cells(n, 6))                          '填写学分
          Cells(k, 4) = shr.Cells(n, 3)                               '填写总学时
          Cells(k, 5) = shr.Cells(n, 4)                               '填写"理论学时"
          Cells(k, 6) = shr.Cells(n, 5)                               '填写"实验学时"
          Cells(k, 7) = zxs                                            '填写"周学时"
          If jc And xt Then                                           '是"斜体加粗"
            kz = shr.Cells(5, p + 6)                                  '取出授课周数
            pp = InStr(zxs, "+")                                      '确定"+"号位置
            If pp = 0 Then pp = Len(zxs)                              'pp 置为串长度
            xs_j = Fix(Val(zxs) / kz)                                 '求理论课周学时
            xs_s = Fix(Val(Mid(zxs, pp + 1)) / kz)                    '求出实验课周学时
            If xs_s > 0 Then xs_j = xs_j & "+" & xs_s                 '形成表达式
            Cells(k, 7) = xs_j                                        '填写平均周学时
          End If
          v7 = Cells(k, 7)                                             '取出周学时
          q = InStr(v7, "+")                                          '确定"+"号位置
          If q = 0 Then q = Len(v7)                                   'p 置为串长度
          z_s = z_s + Val(v7) + Val(Mid(v7, q + 1))                   '累加"周学时"
          kh = shr.Cells(n, 15)                                       '取出"考核方式"
          If kh <> "考试" Then
            kh = "    " & kh                                          '添加空格
          Else
            ks = ks + 1                                               '累加考试课门数
          End If
          Cells(k, 8) = kh                                            '填写"考核方式"
          k = k + 1                                                   '调整目标行号
        End If
      Next
```

```
      Next
      Cells(k, 1) = ″小计″                              ' 设置标题
      Rows(k).Font.Bold = True                         ' 设置粗体
      Cells(k, 2) = kcs & ″门课″                        ' 填写课程门数
      Range(″C″ & k & ″:F″ & k).FormulaR1C1 = ″=SUM(R[-″ & kcs & ″]C:R[-1]C) ″
      Cells(k, 7) = z_s                                ' 填写周学时小计
      Cells(k, 8) = ″考试课″ & ks & ″门″                ' 填写考试课门数
      kcs = 0: ks = 0: z_s = 0                         ' 变量清零
      k = k + 1                                        ' 调整目标行号
    Next
  End Sub
```

这个子程序首先删除第 2 行以后的所有行，目的是清除原有数据。然后按 1~6 学期从"表 6-1"、"表 6-2"、"表 6-3"工作表中提取每门课的课程名称、学分、总学时、理论学时、实验学时、周学时、考核方式，填入当前工作表。每学期最后留出一行，用来填写"小计"数据。

程序为三层循环结构，分别按学期、工作表、行循环。对于每个学期，都要扫描 3 张工作表的每一行数据。如果对应的单元格不空，并且不是"小计"行，则填写学期、课程名称、学分、总学时、理论学时、实验学时、周学时、考核方式，累加该学期的课程门数、考试课门数，分别保存到变量 kcs 和 ks 中。

其中，如果周学时数据源单元格是"斜体加粗"字体，则要把单元格的数值除以授课周数，得到平均周学时。如果单元格的内容含有"+"号，还要分别取出"+"号左边的理论课学时、右边的实验课学时，分别求出平均周学时，再拼接成一个带有"+"号的表达式填入当前工作表的第 7 列。

由于当前工作表第 7 列单元格的内容可能是包含"+"号的表达式，所以需要求出表达式的值，并累加到变量 z_s 中作为学期的周学时小计。

为便于区分"考试"、"考查"课，我们在"考查"两个字的前面添加 3 个全角空格，然后填入当前工作表的第 8 列单元格。

每个学期课程信息之后有一个"小计"行。该行设为"粗体"字，第 1 列单元格填写"小计"标题，第 2 列单元格填写变量 kcs 的值作为课程门数，第 7 列单元格填写变量 z_s 的值作为该学期的周学时，第 8 列单元格填写变量 ks 的值作为考试课门数，3~6 列单元格填写工作表函数 Sum，求该学期的"学分"、"总学时"、"理论学时"、"实验学时"小计数据。

5. "清除生成结果"子程序

"清除生成结果"子程序用来清除"表 6"、"表 7"、"表 8"中，由程序生成的结果数据，以便观察程序效果。代码如下：

```
Sub qcjg()
  ss = ActiveSheet.Name
  If InStr(ss, ″表 6″) Then
    rm = Range(″B65536″).End(xlUp).Row          ' 求 B 列有效数据最大行号
    For n = 6 To rm                             ' 按行扫描
      v_b = Cells(n, 2)                         ' 课程名称
      v_b = Replace(v_b, ″ ″, ″″)               ' 去掉空格
      If v_b <> ″小计″ Then                     ' 非"小计"行
        fc = Cells(n, 3).Font.ColorIndex        ' 取出单元格字体颜色
        If fc = 5 Then                          ' 蓝色字体
```

172

```
        Cells(n, 3) = ""                    '清"学时总数"
        Cells(n, 4) = ""                    '清"理论学时"
        Cells(n, 5) = ""                    '清"实验学时"
      End If
    Else
      For k = 3 To 14
        Cells(n, k) = ""                    '清小计行数据
      Next
    End If
  Next
  ElseIf InStr(ss, "表7") Then
    Range("B2:B9, D8:D9, F2:F9, H2:H9").ClearContents
  ElseIf InStr(ss, "表8") Then
    Rows("2:65536").Delete Shift:=xlUp
  End If
  Range("A1").Select                        '光标定位
End Sub
```

这个子程序根据当前工作表进行不同处理。

若当前工作表名包含"表6",则用 For 语句从第 6 行到最后一个数据行进行扫描。如果不是"小计"行,并且该行第 3 列单元格不是蓝色字体,则清除该行 3~5 列单元格内容。如果是"小计"行,则清除该行 3~14 列单元格内容。

若当前工作表名为"表7",则清除单元格区域 B2:B9、D8:D9、F2:F9、H2:H9 的内容。

若当前工作表名为"表8",则删除第 2 行以后的所有行。

6. "导出全部表格"子程序

"导出全部表格"子程序用来将当前工作簿除"说明"以外的所有工作表导出到"表格"子文件夹。代码如下:

```
Sub dcbg()
  Application.ScreenUpdating = False          '关闭屏幕更新
  Application.DisplayAlerts = False           '关闭确认提示
  For s = 2 To Sheets.Count                   '按工作表循环
    Set sht = Sheets(s)                       '设置对象变量
    stn = sht.Name                            '取出工作表名
    Set nbk = Workbooks.Add(xlWBATWorksheet)  '创建新工作簿
    sht.Copy nbk.Sheets("Sheet1")             '复制第 s 张工作表
    Cells.Font.ColorIndex = 0                 '设置字体为黑色
    Cells.ClearComments                       '清除全部批注
    Sheets("Sheet1").Delete                   '删除 Sheet1 工作表
    nbk.UpdateLinks = xlUpdateLinksNever      '取消链接更新提示
    cph = ThisWorkbook.Path & "\表格\"         '求表格路径
    nbk.SaveAs Filename:=cph & stn            '保存工作簿
    nbk.Close                                 '关闭工作簿
  Next
  Application.DisplayAlerts = True            '打开确认提示
  Application.ScreenUpdating = True           '打开屏幕更新
```

```
    MsgBox "全部表格导出成功！"
End Sub
```

这个子程序首先关闭屏幕更新，以提高操作效率。关闭确认提示，使得在删除工作表、替换文件时，不出现确认对话框。

然后用 For 循环语句对第 2 张工作表以后的每一张工作表进行以下操作：

(1) 将工作表用对象变量 sht 表示。取出该工作表名字，保存到变量 stn 中。

(2) 创建一个新工作簿，用对象变量 nbk 表示。

(3) 将工作表 sht 复制到新工作簿 Sheet1 工作表的前面。

(4) 在新工作簿刚刚复制过来的工作表中，对所有单元格设置黑色字体，清除全部批注，以便于在 Word 文档中打印。

(5) 删除新工作簿的 Sheet1 工作表，取消链接更新提示。

(6) 将新工作簿保存到当前文件夹的"表格"子文件夹，以 stn 命名该工作簿文件，之后关闭该工作簿。

11.4　Word 文档设计

Excel 的表格计算功能很强大，进行数据处理很方便，但编辑、排版却不如 Word 灵活。因此，我们这个"人才培养方案模板"软件，采用 Excel 与 Word 联合方式，数据统计和处理在 Excel 中进行，生成的结果导入 Word 文档进行编辑、排版和打印。

创建一个 Word 文档，保存为"人才培养方案模板.doc"。该文档的内容是某个专业的人才培养方案，包括"培养目标和培养规格"、"培养要求及特色"、"主干学科和主干课程"、"学制、学分和学位"等文本，也包括"教学活动时间安排表"、"各模块的课程设置及学分分配"、"各模块的课程类别和结构比例"、"各学期课程计划表"等表格。其中表格来自 Excel。

为了把 Excel 的表格导入 Word 文档，我们已经在"人才培养方案模板"工作簿中，通过"导出全部表格"子程序，将当前工作簿除"说明"以外的所有工作表导出到"表格"子文件夹，每一张工作表另存为一个工作簿文件，文件名为"表 5.xls"、"表 6-1.xls"、"表 6-2.xls"、"表 6-3.xls"、"表 6-4.xls"、"表 7.xls"、"表 8.xls"。

下面以"表 7"为例，说明在 Word 文档插入 Excel 工作表对象的方法。

在如图 11.14 所示的 Word 文档中，将工表定位到"七、课程类别和结构比例"标题的下面，在"插入"菜单中选择"对象"项。在"对象"对话框的"由文件创建"选项卡中，找到"表格"文件夹下面的"表 7.xls"文件，选中"链接到文件"复选项，单击"确定"按钮，"表 4"便作为 Excel 工作表对象插入到 Word 文档。

在插入的 Excel 工作表对象上单击鼠标右键，在快捷菜单中选择"设置对象格式"项，通过"设置对象格式"对话框可以设置大小、版式等格式，得到如图 11.15 所示的样式。

重新打开"人才培养方案模板"文档，当提示"该文档包含引用其他文件的链接。确实要用链接文件中的数据更新该文档吗？"时，单击"是"按钮，则用"表格"文件夹下的 Excel 表格更新当前 Word 文档的内容，否则保持文档中原有的表格不变。

注意：如果将"人才培养方案模板"Word 文档转移到其他位置，子文件夹"表格"要与该文档放到相同的位置，而且子文件夹以及它下面的文件不可改名，否则会找不到链接。

用鼠标在工作表对象上双击，可以在 Excel 中打开该工作表进行编辑。

计算机与信息科学 系 信息科学技术 专业本科人才培养方案

一、培养目标和培养规格

（文本）

二、培养要求及特色

（文本）

三、主干学科和主干课程

（文本）

四、学制、学分和学位

（文本）

五、教学活动时间安排表

（此处插入"表5"Excel工作表对象）

六、课程设置及学分分配

（此处依次插入"表6-1"、"表6-2"、"表6-3"、"表6-4"Excel工作表对象）

七、课程类别和结构比例

八、各学期课程计划表

（此处插入"表8"Excel工作表对象）

图 11.14 "人才培养方案模板"Word 文档样式

计算机与信息科学 系 信息科学技术 专业本科人才培养方案

一、培养目标和培养规格

（文本）

二、培养要求及特色

（文本）

三、主干学科和主干课程

（文本）

四、学制、学分和学位

（文本）

五、教学活动时间安排表

（此处插入"表5"Excel工作表对象）

六、课程设置及学分分配

（此处依次插入"表6-1"、"表6-2"、"表6-3"、"表6-4"Excel工作表对象）

七、课程类别和结构比例

课程模块	门数	总学分	总学时	类别	学分	比例	学时	比例
通识课程	21	45	1003	必修	39	25.2%	817	30.8%
				选修	6	3.9%	186	7.0%
学科基础课程	9	23	519	必修	11	7.1%	231	8.7%
				选修	12	7.7%	288	10.9%
专业课程	20	51	1132	必修	33	21.3%	694	26.1%
				选修	18	11.6%	438	16.5%
实践性课程	8	36	45周	专题实践课程	10	6.5%	16周	—
				其它	26	16.8%	29周	—
合计	58	155	2654	—	155	100.0%	2654	100.0%

八、各学期课程计划表

（此处插入"表8"Excel工作表对象）

图 11.15 插入"表7"工作表对象的 Word 文档

175

在工作表对象上单击鼠标右键，在快捷菜单中选择“链接的工作表对象”下的“链接”项，可以进行“打开源”、“断开链接”等操作。断开链接后，该对象将独立于原来的 Excel 工作表。

上机实验题目

1. 编写一个尽可能简单的程序，将 Excel 工作表中如图 11.16 所示的“原数据区”数据复制到“目标数据区”指定的位置。

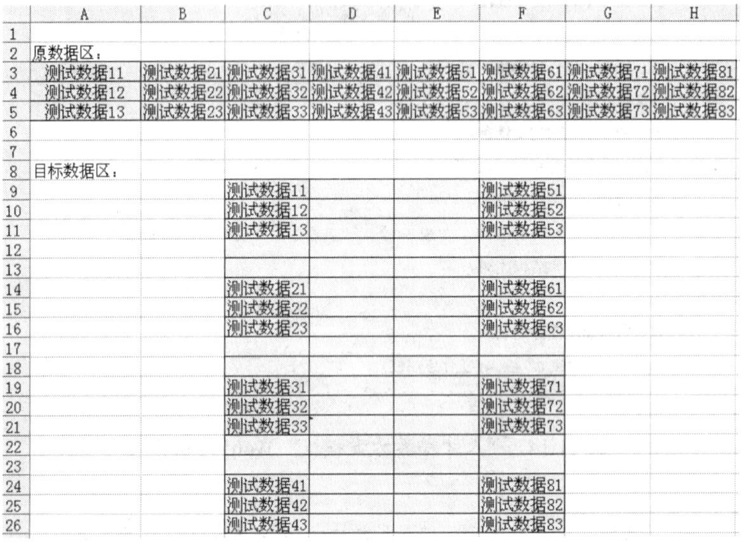

	A	B	C	D	E	F	G	H
1								
2	原数据区：							
3	测试数据11	测试数据21	测试数据31	测试数据41	测试数据51	测试数据61	测试数据71	测试数据81
4	测试数据12	测试数据22	测试数据32	测试数据42	测试数据52	测试数据62	测试数据72	测试数据82
5	测试数据13	测试数据23	测试数据33	测试数据43	测试数据53	测试数据63	测试数据73	测试数据83
6								
7								
8	目标数据区：							
9			测试数据11			测试数据51		
10			测试数据12			测试数据52		
11			测试数据13			测试数据53		
12								
13								
14			测试数据21			测试数据61		
15			测试数据22			测试数据62		
16			测试数据23			测试数据63		
17								
18								
19			测试数据31			测试数据71		
20			测试数据32			测试数据72		
21			测试数据33			测试数据73		
22								
23								
24			测试数据41			测试数据81		
25			测试数据42			测试数据82		
26			测试数据43			测试数据83		

图 11.16　原数据与目标数据区的对应关系

2. 请按以下要求设计如图 11.17 所示的 Excel 工作表并编写相应的程序：

(1) 工作簿打开时创建一个临时自定义工具栏“出席率”，上面放两个按钮“统计”和“全部显示”。

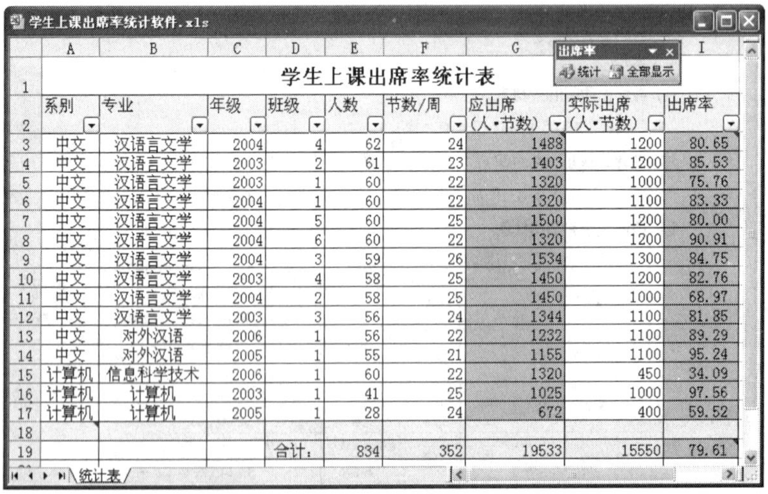

学生上课出席率统计表

	A	B	C	D	E	F	G	I
2	系别	专业	年级	班级	人数	节数/周	应出席（人·节数）	实际出席（人·节数）	出席率
3	中文	汉语言文学	2004	4	62	24	1488	1200	80.65
4	中文	汉语言文学	2003	2	61	23	1403	1200	85.53
5	中文	汉语言文学	2003	1	60	22	1320	1000	75.76
6	中文	汉语言文学	2004	1	60	22	1320	1100	83.33
7	中文	汉语言文学	2004	5	60	25	1500	1200	80.00
8	中文	汉语言文学	2004	6	60	22	1320	1200	90.91
9	中文	汉语言文学	2004	3	59	26	1534	1300	84.75
10	中文	汉语言文学	2003	4	58	25	1450	1200	82.76
11	中文	汉语言文学	2004	2	58	25	1450	1000	68.97
12	中文	汉语言文学	2003	3	56	24	1344	1100	81.85
13	中文	对外汉语	2006	1	56	22	1232	1100	89.29
14	中文	对外汉语	2005	1	55	21	1155	1100	95.24
15	计算机	信息科学技术	2006	1	60	22	1320	450	34.09
16	计算机	计算机	2003	1	41	25	1025	1000	97.56
17	计算机	计算机	2005	1	28	24	672	400	59.52
18									
19				合计：	834	352	19533	15550	79.61

图 11.17　“统计表”界面和数据

(2) 在 G 列、I 列分别设置公式，计算相应的数据。

(3) 设置自动筛选功能，以便对记录进行筛选。

(4) 单击“统计”按钮时，对筛选出来的记录进行统计，得到“合计”行数据。例如，对全部记录的统计结果如图 11.17 所示，对“计算机”系信息的筛选和统计结果如图 11.18 所示。

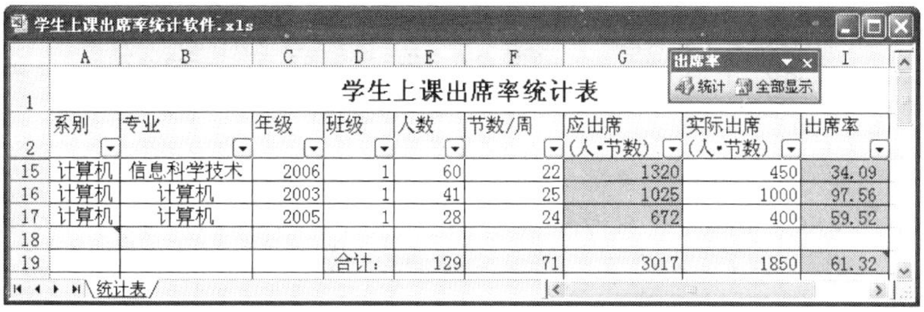

学生上课出席率统计表

	系别	专业	年级	班级	人数	节数/周	应出席（人·节数）	实际出席（人·节数）	出席率
15	计算机	信息科学技术	2006	1	60	22	1320	450	34.09
16	计算机	计算机	2003	1	41	25	1025	1000	97.56
17	计算机	计算机	2005	1	28	24	672	400	59.52
18									
19				合计：	129	71	3017	1850	61.32

图 11.18　对“计算机”系信息的筛选和统计结果

(5) 单击“全部显示”按钮，显示全部记录。

3. 将本章软件改造为全 Word 版，所有功能全部在 Word 中实现。

第 12 章　教材信息管理系统

本章介绍一个用 Excel 和 VBA 开发的应用软件"教材信息管理系统"，用于高校的教材管理。可以管理学生基本信息、教材基本信息、学生选课信息、教材发放信息，生成各专业教材明细表、学生教材费用一览表、学生教材费用明细表。

涉及的主要技术有：组合框下拉列表项的动态设置，用下拉列表输入数据，工作表函数的使用，为单元格设置计算公式、添加批注，工作表数据的筛选和排序，工作表之间数据操作。

12.1　软件概述

高校的教材管理是一项重要而复杂的工作，人工管理工作量大、效率低、容易出错。借助计算机软件，可以大大提高工作效率和质量。

本节通过介绍"教材信息管理系统"软件的用法，使读者对软件的功能、特点有一个基本了解。从 12.2 节开始详细讲述软件的设计方法。

本软件的形式为含有 VBA 代码的 Excel 工作簿，要求系统中装有 Excel 2003，并且 Excel"宏"的"安全性"应该设置为"低"。

操作步骤如下：

(1) 打开"教材信息管理系统"工作簿文件。

(2) 将某个年级全院(校)的学生基本信息输入或复制到"学生基本信息"工作表，得到如图 12.1 所示的界面。如果从其他数据源复制数据，最好用"选择性粘贴"方法，只粘贴数值，以免影响格式。"备注"栏中的数字 1～8 表示不用教材的学期，其他文字不限。比如：第 4 行的备注栏填写"3"，表示该生第 3 学期不用教材。第 7 行的备注栏填写"12"，表示该生第 1、2 学期不用教材。

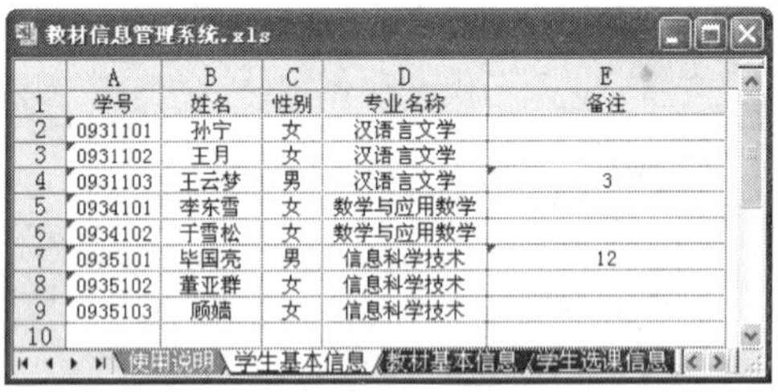

图 12.1　"学生基本信息"工作表结构及内容

(3) 在"教材基本信息"工作表中，输入或选择性粘贴教材信息，得到如图 12.2 所示的界面。其中，在 C 列填写教材代码(第 1 位表示学期，后 3 位表示序号)。在 L1 单元格输入该年级学生的预收教材费金额。

(4) 在"学生选课信息"工作表中，记录各学期学生选修课使用教材情况，用学号和教材代码表达，如图 12.3 所示。教材代码可以通过自定义工具栏的下拉列表输入，既可以将选定的代码填入当前一个单元格，也可以同时将代码填入多个选中的单元格。

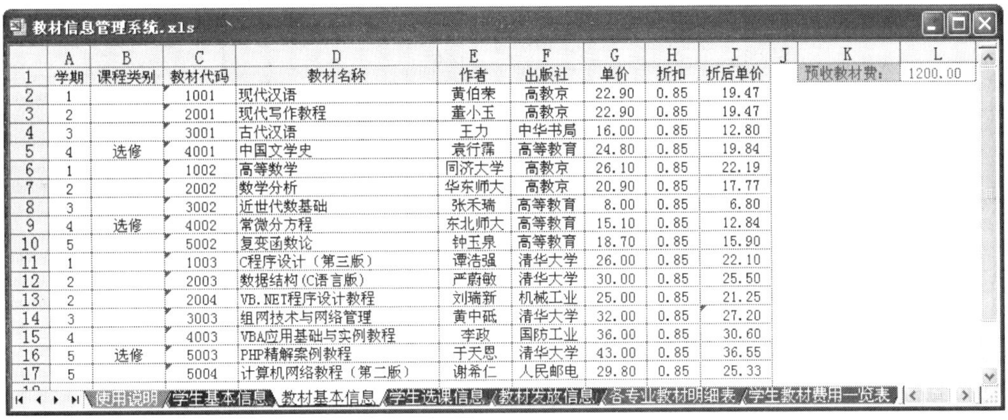

图 12.2 "教材基本信息"工作表结构及内容

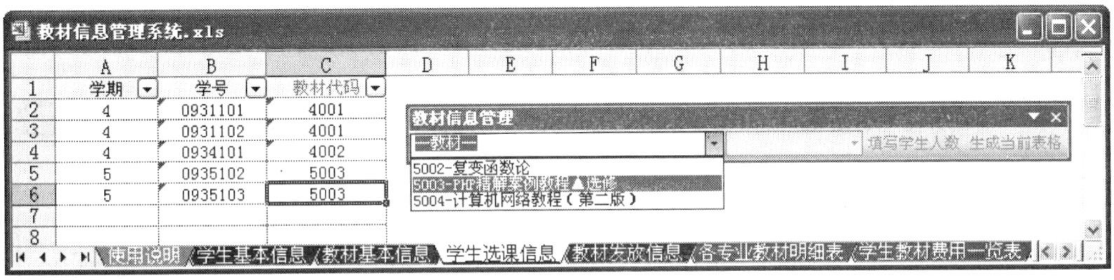

图 12.3 "学生选课信息"工作表界面和内容

(5) "教材发放信息"工作表,用来记录每一种教材各个专业学生的用量。在这个工作表中,需要输入学期号、教材代码和专业名称。其中,教材代码和专业名称可以通过自定义工具栏的下拉列表输入。工作表界面和内容如图 12.4 所示。

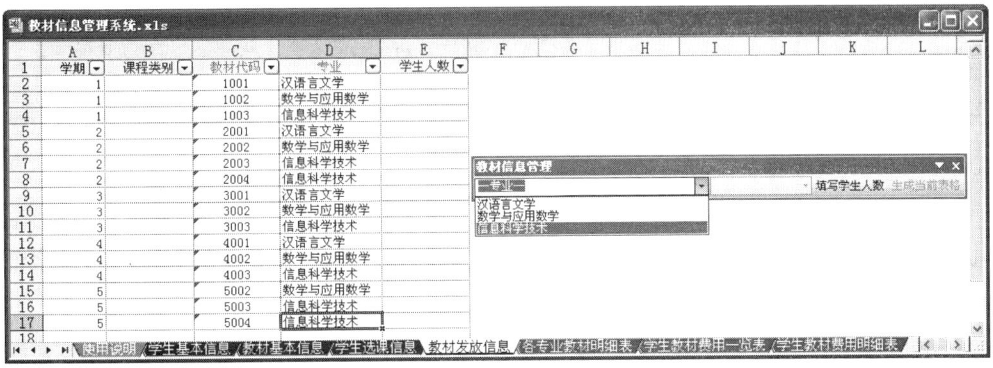

图 12.4 "教材发放信息"工作表界面和内容

基本信息输入后,单击自定义工具栏的"填写学生人数"按钮,系统将自动填写每一种教材学生人数(用量)和课程类别,结果如图 12.5 所示。其中,选修课教材的使用人数由"学生选课信息"工作表获得。必修课教材的使用人数按该专业实际人数计算,但要考虑个别学生某些学期不用教材的情况。

请读者对照相关工作表分析统计结果。

179

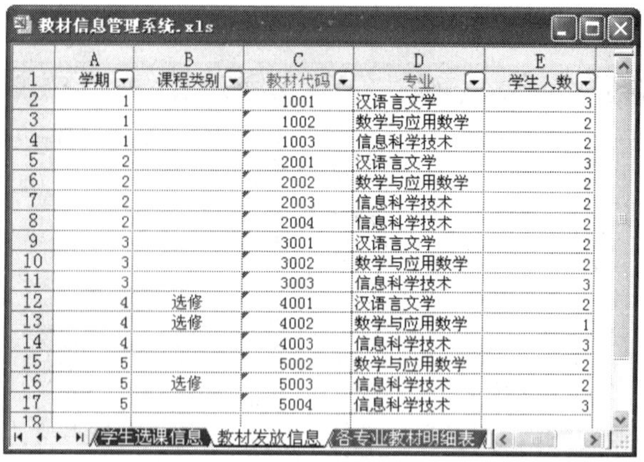

学期	课程类别	教材代码	专业	学生人数
1		1001	汉语言文学	3
1		1002	数学与应用数学	2
1		1003	信息科学技术	2
2		2001	汉语言文学	3
2		2002	数学与应用数学	2
2		2003	信息科学技术	2
2		2004	信息科学技术	2
3		3001	汉语言文学	2
3		3002	数学与应用数学	2
3		3003	信息科学技术	3
4	选修	4001	汉语言文学	2
4	选修	4002	数学与应用数学	1
4		4003	信息科学技术	3
5		5002	数学与应用数学	2
5	选修	5003	信息科学技术	2
5		5004	信息科学技术	3

图 12.5　填写统计结果的“教材发放信息”工作表

(6) 在“各专业教材明细表”工作表中，通过自定义工具栏的下拉列表指定专业名称和学期，单击“生成当前表格”按钮，将得到如图 12.6 所示的表格和数据，图中给出的是全部专业、全部学期的数据。

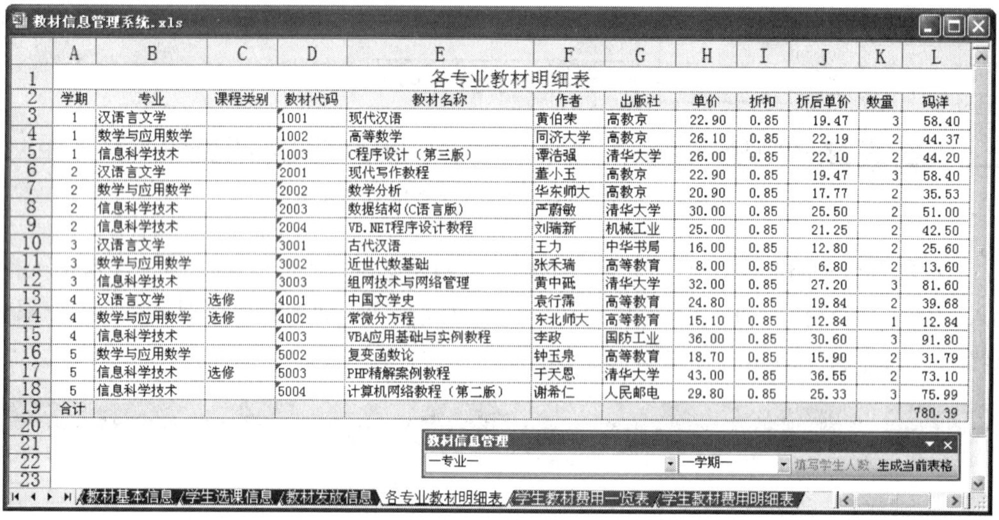

各专业教材明细表

学期	专业	课程类别	教材代码	教材名称	作者	出版社	单价	折扣	折后单价	数量	码洋
1	汉语言文学		1001	现代汉语	黄伯荣	高教京	22.90	0.85	19.47	3	58.40
1	数学与应用数学		1002	高等数学	同济大学	高教京	26.10	0.85	22.19	2	44.37
1	信息科学技术		1003	C程序设计（第三版）	谭浩强	清华大学	26.00	0.85	22.10	2	44.20
2	汉语言文学		2001	现代写作教程	董小玉	高教京	22.90	0.85	19.47	3	58.40
2	数学与应用数学		2002	数学分析	华东师大	高教京	20.90	0.85	17.77	2	35.53
2	信息科学技术		2003	数据结构(C语言版)	严蔚敏	清华大学	30.00	0.85	25.50	2	51.00
2	信息科学技术		2004	VB.NET程序设计教程	刘瑞新	机械工业	25.00	0.85	21.25	2	42.50
3	汉语言文学		3001	古代汉语	王力	中华书局	16.00	0.85	12.80	2	25.60
3	数学与应用数学		3002	近世代数基础	张禾瑞	高等教育	8.00	0.85	6.80	2	13.60
3	信息科学技术		3003	组网技术与网络管理	黄中祗	清华大学	32.00	0.85	27.20	3	81.60
4	汉语言文学	选修	4001	中国文学史	袁行霈	高等教育	24.80	0.85	19.84	2	39.68
4	数学与应用数学	选修	4002	常微分方程	东北师大	高等教育	15.10	0.85	12.84	1	12.84
4	信息科学技术		4003	VBA应用基础与实例教程	李政	国防工业	36.00	0.85	30.60	3	91.80
5	数学与应用数学		5002	复变函数论	钟玉泉	高等教育	18.70	0.85	15.90	2	31.79
5	信息科学技术	选修	5003	PHP精解案例教程	于天恩	清华大学	43.00	0.85	36.55	2	73.10
5	信息科学技术		5004	计算机网络教程（第二版）	谢希仁	人民邮电	29.80	0.85	25.33	3	75.99
合计											780.39

图 12.6　“各专业教材明细表”工作表内容

(7) 在“学生教材费用一览表”工作表中，通过自定义工具栏的下拉列表指定专业名称和学期，单击“生成当前表格”按钮，将得到如图 12.7 所示的表格和数据。图中给出的是全部专业、全部学期的数据。

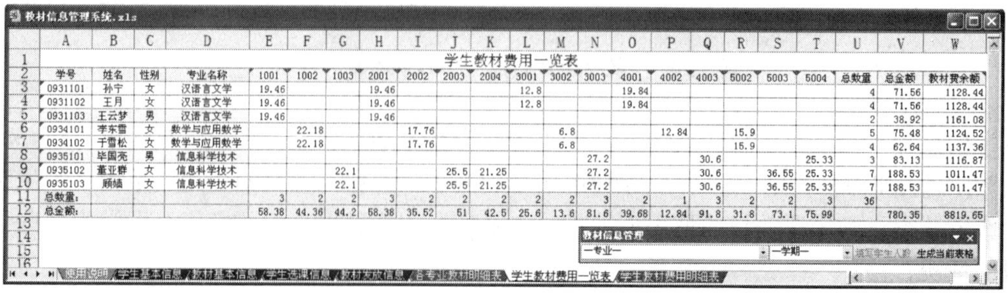

学生教材费用一览表

学号	姓名	性别	专业名称	1001	1002	1003	2001	2002	2003	2004	3001	3002	3003	4001	4002	4003	5002	5003	5004	总数量	总金额	教材费余额
0931101	孙宁	女	汉语言文学	19.46			19.46				12.8			19.84						4	71.56	1128.44
0931102	王月	女	汉语言文学	19.46			19.46				12.8			19.84						4	71.56	1128.44
0931103	王云梦	男	汉语言文学	19.46			19.46													2	38.92	1161.08
0934101	李东雪	女	数学与应用数学		22.18			17.76				6.8			12.84		15.9			5	75.48	1124.52
0934102	于雪松	女	数学与应用数学		22.18			17.76				6.8					15.9			4	62.64	1137.36
0935101	毕国亮	男	信息科学技术										27.2			30.6			25.33	3	83.13	1116.87
0935102	董亚群	女	信息科学技术			22.1			25.5	21.25			27.2			30.6		36.55	25.33	7	188.53	1011.47
0935103	顾婧	女	信息科学技术			22.1			25.5	21.25			27.2			30.6		36.55	25.33	7	188.53	1011.47
总数量:				3	2	2	3	2	2	2	2	2	3	2	1	3	2	2	3	36		
总金额:				58.38	44.36	44.2	58.38	35.52	51	42.5	25.6	13.6	81.6	39.68	12.84	91.8	31.8	73.1	75.99		780.35	8819.65

图 12.7　“学生教材费用一览表”工作表内容

在“学生教材费用一览表”工作表中，将鼠标移动到表头的教材代码单元格上，可以通过批注看到对应的教材名称。

如果某个学生有的学期不用教材，则该数据行(图中 5、8 行)的 1～4 列单元格用“浅黄”背景标识。

(8) 在“学生教材费用明细表”的 B2 单元格输入学号，单击“生成当前表格”按钮，将得到该生的教材费用明细表，如图 12.8 所示。

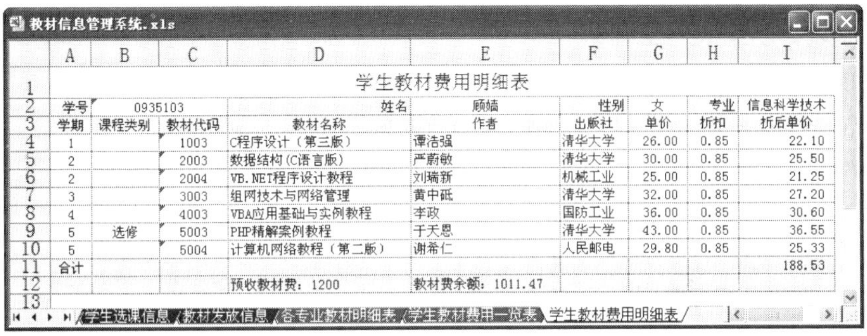

	A	B	C	D	E	F	G	H	I
1	学生教材费用明细表								
2	学号	0935103		姓名	顾嫱	性别	女	专业	信息科学技术
3	学期	课程类别	教材代码	教材名称	作者	出版社	单价	折扣	折后单价
4	1		1003	C程序设计（第三版）	谭浩强	清华大学	26.00	0.85	22.10
5	2		2003	数据结构(C语言版)	严蔚敏	清华大学	30.00	0.85	25.50
6	2		2004	VB.NET程序设计教程	刘瑞新	机械工业	25.00	0.85	21.25
7	3		3003	组网技术与网络管理	黄中砥	清华大学	32.00	0.85	27.20
8	4		4003	VBA应用基础与实例教程	李政	国防工业	36.00	0.85	30.60
9	5	选修	5003	PHP精解案例教程	于天恩	清华大学	43.00	0.85	36.55
10	5		5004	计算机网络教程（第二版）	谢希仁	人民邮电	29.80	0.85	25.33
11	合计								188.53
12				预收教材费：1200	教材费余额：1011.47				
13									

图 12.8　“学生教材费用明细表”工作表内容

注意：

实际使用时，每届学生的教材信息用一个工作簿管理，不要更改各工作表的名称和表格结构。

12.2　工作表设计

在“教材信息管理系统”工作簿中，我们设计 8 张工作表。

1.“说明”工作表

该工作表相当于软件的封面和使用说明书，样式和内容可根据需要灵活设计，这里不再赘述。

2.“学生基本信息”工作表

该工作表的结构如图 12.1 所示。设计要点如下：

(1) 选中所有单元格，设置白色背景，再设置标题行单元格另一种背景颜色，以便于区分。

(2) 选中 A～E 列，设置虚线边框。

(3) 设置 A 列单元格的数字格式为文本，将数字作为文本处理。

(4) 设置适当的列宽、行高、字体、字号。

3.“教材基本信息”工作表

该工作表的结构如图 12.2 所示。设计要点与“学生基本信息”类似，不同之处是：

(1) 设置 A1:I1 区域和 K1 单元格另外的背景颜色。

(2) 选中 A～I 列以及 K1:L1 区域，设置虚线边框。

(3) 设置 C 列单元格的数字格式为文本，G～I 列的数值为 2 位小数。

4.“学生选课信息”工作表

该工作表的结构如图 12.3 所示。设计要点与“学生基本信息”类似，不同之处是：

(1) 设置 B、C 列单元格的数字格式为文本。

(2) 为了提示教材代码可以通过自定义工具栏的下拉列表输入，我们将 C1 单元格的字体设置为“粉红”色。

(3) 选中 A1 单元格，在"数据"→"筛选"菜单中选择"自动筛选"项，设置自动筛选功能，以便对数据进行排序和筛选。

5."教材发放信息"工作表

该工作表的结构如图 12.4 所示。设计要点与"学生选课信息"类似，不同之处是：

(1) 设置 C 列单元格的数字格式为文本。

(2) 为了提示教材代码和专业名称可以通过自定义工具栏的下拉列表输入，将 C1:D1 单元格的字体设置为"粉红"色。

6."各专业教材明细表"工作表

该工作表的结构如图 12.9 所示。设计要点如下：

(1) 选中所有单元格，设置白色背景。

(2) 选中 A2:L2 单元格区域，设置"浅青绿"背景颜色和虚线边框。

(3) 合并 A1:L1 单元格，设置标题。

(4) 设置 D 列单元格的数字格式为文本。

(5) 设置 H～J、L 列的数值为 2 位小数。

(6) 设置适当的列宽、行高、字体、字号。

图 12.9 "各专业教材明细表"工作表结构

7."学生教材费用一览表"工作表

该工作表的所有内容和格式均由程序自动生成，在工作簿中只是预留一个空的工作表。

8."学生教材费用明细表"工作表

该工作表的结构如图 12.10 所示。设计要点如下：

(1) 选中所有单元格，设置白色背景。

(2) 选中 A2:I3 单元格区域，设置"浅青绿"背景颜色和虚线边框。

(3) 再选中 B2、E2、G2、I2 单元格，设置白色背景。

(4) 合并 A1:I1 单元格，设置标题。

(5) 合并 B2:C2 单元格，设置单元格的数字格式为文本。

(6) 设置 C 列单元格的数字格式为文本。

(7) 设置 G～I 列的数值为 2 位小数。

(8) 设置适当的列宽、行高、字体、字号和对齐方式。

图 12.10 "学生教材费用明细表"工作表结构

12.3　自定义工具栏

软件的功能主要体现在自定义工具栏上。在自定义工具栏中，我们设计了两个组合框、两个按钮。组合框用于选择教材代码、学期号或专业名称。按钮用来执行子程序，完成相应的功能。

工具栏的创建、控件属性的设置、组合框列表项的管理与使用等操作都是由程序实现的。下面分别介绍相应的程序代码。

1. 工作簿的 Open 事件代码

打开"教材信息管理系统"工作簿文件，进入 VBA 编辑环境，对工作簿的 Open 事件编写如下代码：

```
Private Sub Workbook_Open()
    Set tbar = Application.CommandBars.Add(Name:="教材管理", Temporary:=True)
    Set combx1 = tbar.Controls.Add(Type:=msoControlComboBox)
    With combx1                          '设置工具栏上的组合框属性
        .Width = 200                     '宽度
        .DropDownLines = 80              '下拉项目数
        .OnAction = "fill"               '执行的过程
    End With
    Set combx2 = tbar.Controls.Add(Type:=msoControlComboBox)
    With combx2                          '设置工具栏上的组合框属性
        .AddItem ("—全部—")             '添加列表项
        .AddItem ("第1学期")
        .AddItem ("第2学期")
        .AddItem ("第3学期")
        .AddItem ("第4学期")
        .AddItem ("第5学期")
        .AddItem ("第6学期")
        .AddItem ("第7学期")
        .AddItem ("第8学期")
    End With
    Set butt1 = tbar.Controls.Add(Type:=msoControlButton)
    With butt1
        .Caption = "填写学生人数"
        .Style = msoButtonCaption
        .OnAction = "xsrs"
    End With
    Set butt2 = tbar.Controls.Add(Type:=msoControlButton)
    With butt2
        .Caption = "生成当前表格"
        .Style = msoButtonCaption
        .OnAction = "dqbg"
    End With
    tbar.Left = 360                      '工具栏定位
    tbar.Top = 360
```

```
        Worksheets("使用说明").Activate
        Range("A1").Select                    '光标定位
        Set sh1 = Sheets("学生基本信息")  '用变量表示数据源工作表
        Set sh2 = Sheets("教材基本信息")
        Set sh3 = Sheets("学生选课信息")
        Set sh4 = Sheets("教材发放信息")
    End Sub
```

工作簿打开时，自动执行这段代码。

它创建一个临时自定义工具栏，用对象变量 tbar 表示。在工具栏上添加两个组合框，分别用对象变量 combx1 和 combx2 表示，设置组合框的宽度、下拉项目数，指定执行的过程，设置列表项。添加两个按钮，用对象变量 butt1 和 butt2 表示，设置按钮标题，指定执行的过程。最后，设置工具栏的位置，激活"使用说明"工作表并进行光标定位，用对象变量 sh1、sh2、sh3 和 sh4 分别表示 4 张数据源工作表。

2. 工作簿的 SheetActivate 事件代码

为了在切换工作表时，控制工具栏及其控件的属性，我们对工作簿的 SheetActivate 事件编写如下代码：

```
    Private Sub Workbook_SheetActivate(ByVal Sh As Object)
        tbar.Visible = True
        combx1.Enabled = True
        combx2.Enabled = False
        Select Case Sh.Name
          Case "使用说明", "学生基本信息", "教材基本信息"
            tbar.Visible = False
          Case "学生选课信息"
            butt1.Enabled = False
            butt2.Enabled = False
          Case "教材发放信息"
            butt1.Enabled = True
            butt2.Enabled = False
          Case "学生教材费用明细表"
            butt1.Enabled = False
            butt2.Enabled = True
            combx1.Enabled = False
          Case Else
            butt1.Enabled = False
            butt2.Enabled = True
            combx1.Clear                    '清除组合框原有列表目
            combx1.AddItem ("—全部—")    '添加组合框列表项
            Call addt(4)                    '向组合框 1 添加专业名称
            combx2.Enabled = True
            combx2.Text = "—学期—"       '向组合框 2 添加标题项
        End Select
    End Sub
```

这段代码首先让工具栏可见，第一个组合框都可用，第二个组合框都不可用。

184

然后用 Select Case 语句根据当前不同的工作表进行相应处理。

如果是"使用说明"、"学生基本信息"、"教材基本信息"工作表，则让工具栏不可见；

如果是"学生选课信息"工作表，则让第一个组合框可用，其余控件不可用；

如果是"教材发放信息"工作表，则让第一个组合框和"填写学生人数"按钮可用，其余控件不可用；

如果是"学生教材费用明细表"工作表，则让"生成当前表格"按钮可用，其余控件不可用；

如果是另外两张工作表，则让"填写学生人数"按钮不可用，其余控件可用。然后，对第一个组合框，清除原有列表项，添加一个新的列表项"—全部—"，再调用子程序 addt，将"学生基本信息"工作表第 4 列的专业名称添加到组合框，作为列表项。并且向第二个组合框添加标题项"—学期—"。

3. "学生选课信息"工作表的 SelectionChange 事件代码

在 VBA 编辑环境中，用鼠标双击"学生选课信息"工作表，在"对象"下拉列表中选择 Worksheet，在"过程"下拉列表中选择 SelectionChange，对该工作表的 SelectionChange 事件编写如下代码：

```
Private Sub Worksheet_SelectionChange(ByVal Target As Range)
    combx1.Clear                          '清组合框原有列表项
    r = Target.Row                        '当前行号
    c = Target.Column                     '当前列号
    If r > 1 And c = 3 Then Call addt(c)  '添"教材代码"
End Sub
```

这样，当选中"学生选课信息"工作表第 3 列(第 2 行以后)单元格时，将调用子程序 addt，把"教材基本信息"工作表第 3 列的教材代码添加到组合框 combx1，作为列表项。

4. "教材发放信息"工作表的 SelectionChange 事件代码

在 VBA 编辑环境中，用鼠标双击"教材发放信息"工作表，在"对象"下拉列表中选择 Worksheet，在"过程"下拉列表中选择 SelectionChange，对该工作表的 SelectionChange 事件编写如下代码：

```
Private Sub Worksheet_SelectionChange(ByVal Target As Range)
    combx1.Clear                                      '清组合框原有列表项
    r = Target.Row                                    '当前行号
    c = Target.Column                                 '当前列号
    If r > 1 And (c = 3 Or c = 4) Then Call addt(c)   '添"教材代码"或"专业名称"
End Sub
```

这样，当选中"教材发放信息"工作表第 3 列(第 2 行以后)单元格时，将调用子程序 addt，把"教材基本信息"工作表第 3 列的教材代码添加到组合框 combx1。当选中"教材发放信息"工作表第 4 列(第 2 行以后)单元格时，将调用子程序 addt，把"学生基本信息"工作表第 4 列的专业名称添加到组合框 combx1。

5. 声明全局变量

变量 tbar、combx1、combx2、butt1、butt2、sh1、sh2、sh3、sh4 在工作簿的 Open 事件过程中赋值，在工作簿的 SheetActivate 事件过程或其他过程中引用。因此，需要将它们声明为全局变量。

在 VBA 编辑环境中插入一个模块，在"属性窗口"中设置该模块的名称为"A 基本模块"，在模块的顶部用以下语句声明全局变量：

```
Public tbar, combx1, combx2 As Object
Public butt1, butt2 As Object
Public sh1, sh2, sh3, sh4 As Object
```

6. 子程序 addt

子程序 addt 用于向第一个组合框 combx1 添加列表项。列表项既可能是教材代码，也可能是专业名称。具体添加什么内容由参数 col 控制，如果参数 col 的值是 3，则添加教材代码，如果参数 col 的值是 4，则添加专业名称。

该子程序在"A 基本模块"中编写，代码如下：

```
Sub addt(col)
  Dim cl As New Collection                         '声明集合变量
  If col = 3 Then                                  '进行添加教材代码操作
    xq = Cells(ActiveCell.Row, 1)                  '取出学期号
    hs = sh2.Range("C65536").End(xlUp).Row         '求 sh2 工作表数据最大行号
    For k = 2 To hs                                 '按行循环
      If sh2.Cells(k, 1) = xq Then                 '学期匹配
        v = sh2.Cells(k, 3)                        '取出教材代码
        v = v & "-" & sh2.Cells(k, 4)             '与对应的教材名称拼接
        b = sh2.Cells(k, 2)                        '取出课程类别
        If InStr(b, "选") Then v = v & "▲选修"    '添加"选修"标记
        combx1.AddItem (v)                         '添加列表项
      End If
    Next
    combx1.Text = "—教材—"                          '添加标题项
  ElseIf col = 4 Then                               '进行添加专业名称操作
    On Error Resume Next                           '出错，执行下一语句
    hs = sh1.Range("D65536").End(xlUp).Row         '求 sh1 工作表数据最大行号
    For k = 2 To hs                                 '按行循环
      v = sh1.Cells(k, 4)                          '取出专业名称
      cl.Add v, v                                  '添加集合元素
      If Err.Number = 0 Then combx1.AddItem (v)    '不重复，添加列表项
      Err.Clear                                    '清除错误状态
    Next
    combx1.Text = "—专业—"                          '添加标题项
  End If
End Sub
```

程序中，声明一个集合变量 cl，用于排除重复值。然后，分两种情况进行处理。

第一种情况，当选中"学生选课信息"或"教材发放信息"工作表第 3 列(第 2 行以后)单元格时，将以实参"3"调用子程序 addt，把"教材基本信息"工作表第 3 列的教材代码添加到组合框 combx1 作为列表项。

具体操作过程是：

(1) 从当前工作表、当前行的第 1 列取出学期号，保存到变量 xq 中。

(2) 求出"教材基本信息"工作表有效数据最大行号，保存到变量 hs 中。其中，在工作簿的 Open 事件代码中，已经将"教材基本信息"工作表用全局对象变量 sh2 表示。

(3) 用 For 循环语句，扫描"教材基本信息"工作表 2～hs 的每个数据行。如果该行第 1 列

的学期号与变量 xq 的值相同，则从该行第 3 列取出教材代码，与第 4 列对应的教材名称拼接，保存到变量 v 中。如果第 2 列的课程类别是"选修"，还要添加"选修"标记到变量 v 中。最后把变量 v 的值添加到组合框 combx1，作为列表项。在教材代码后面添加教材名称和课程类别，是为了便于对照。

(4) 在组合框 combx1 添加一个标题"—教材—"，以标识该组合框的列表项为教材代码。

第二种情况，当选中"教材发放信息"工作表第 4 列(第 2 行以后)单元格，或者通过 Call 语句，以实参"4"调用子程序 addt，则把"学生基本信息"工作表第 4 列的专业名称排除重复值后添加到组合框 combx1 作为列表项。

具体操作过程是：

(1) 用 On Error Resume Next 语句屏蔽错误信息。这样，往集合中添加重复元素出现错误时，会忽略错错误，执行下一语句。

(2) 求出"学生基本信息"工作表有效数据最大行号，保存到变量 hs 中。其中，在工作簿的 Open 事件代码中，已经将"学生基本信息"工作表用全局对象变量 sh1 表示。

(3) 用 For 循环语句，扫描"学生基本信息"工作表 2～hs 的每个数据行。从该行第 4 列取出专业名称，添加到集合 cl 中。如果没有错误，说明集合中的元素不重复，则把这个专业名称添加到组合框 combx1，作为列表项。

(4) 在组合框 combx1 添加一个标题"—专业—"，以标识该组合框的列表项为专业名称。

7. 子程序 fill

在工作簿的 Open 事件代码中，指定了组合框 combx1 要执行的过程为 fill。这样，软件运行后，当我们在组合框中选择任意一个列表项时，就会执行子程序 fill，将选择的教材代码或专业名称填入当前选中的单元格区域。

该子程序在"A 基本模块"中编写，代码如下：

```
Sub fill()
    shn = ActiveSheet.Name                          '取当前工作表名
    If shn = "学生选课信息" Or shn = "教材发放信息" Then  '是特定的两个工作表
      cv = Trim(combx1.Text)                        '取出组合框值
      If Left(cv, 1) <> "—" Then                     '不是标题项
        n = InStr(cv, "-")                          '求出分隔符的位置
        If n > 0 Then cv = Left(cv, n - 1)          '提取教材代码
        Selection.Value = cv                        '填写到选中的区域
      End If
    End If
End Sub
```

程序中，首先取出当前工作表名字。如果是"学生选课信息"或"教材发放信息"工作表，则进行以下操作：

(1) 取出组合框值，也就是选择的下拉列表项，保存到变量 cv 中。

(2) 如果 cv 值左边第一个字符不是"—"，说明选择的不是标题项，则将 cv 的值填写到当前选中的单元格区域(一个或多个单元格)，达到用下拉列表填写教材代码或专业名称之目的。其中，填写教材代码时，并不是选择的列表项，而是列表项中分隔符"-"左边的部分。列表项中教材代码后面的教材名称和课程类别，只是为了便于对照，不需要填入单元格。

8. 子程序 dqbg

在工作簿的 Open 事件代码中，指定了"生成当前表格"按钮要执行的过程为 dqbg。该过程

起控制、调度和任务分解作用，根据当前不同的工作表，调用相应的子程序，完成具体任务。子程序 dqbg 也放在"A 基本模块"中，代码如下：

```
Sub dqbg()
    shn = ActiveSheet.Name  '取当前工作表名
    Select Case shn            '分别调用相应的子程序
        Case "各专业教材明细表"
            Call jcmx
        Case "学生教材费用一览表"
            Call xsyl
        Case "学生教材费用明细表"
            Call xsmx
    End Select
End Sub
```

12.4 填写学生人数

在工作簿的 Open 事件代码中，指定了"填写学生人数"按钮要执行的过程为 xsrs。该过程用于在"教材发放信息"工作表中自动填写每一种教材学生人数和课程类别。其中，选修课教材的使用人数由"学生选课信息"工作表获得，必修课教材的使用人数按该专业实际人数计算，但要考虑个别学生某些学期不用教材的情况。

本节对子程序 xsrs 进行设计和分析。

在 VBA 编辑环境中插入一个模块，命名为"B 填写学生人数"，在模块中编写一个子程序 xsrs，代码如下：

```
Sub xsrs()
    Range("B2:B65536, E2:E65536").ClearContents          '清目标数据区
    rn = Range("C65536").End(xlUp).Row                    '求当前工作表数据最大行号
    For r = 2 To rn                                      '按行循环
        n = 0                                            '计数器初值
        zy = Cells(r, 4)                                 '取出专业名称
        jc = Cells(r, 3)                                 '取出教材代码
        rr = WorksheetFunction.Match(jc, sh2.Columns(3), 0) '查找匹配的教材代码
        xz = sh2.Cells(rr, 2)                            '取出对应的课程类别
        If InStr(xz, "选修") Then                        '是选修课
            rm = sh3.Range("C65536").End(xlUp).Row       '求 sh3 数据最大行号
            For k = 2 To rm                              '对 sh3 按行循环
                jcv = sh3.Cells(k, 3)                    '取出教材代码
                If jcv = jc Then                         '教材代码匹配
                    xh = sh3.Cells(k, 2)                 '取出学号
                    Set f = sh1.Columns(1).Find(xh)      '查找匹配的学号
                    If f Is Nothing Then                 '未找到指定的学号
                        MsgBox ""选课"第" & k & "行的学号 " & xh & "在"学生"中不存在！"
                        Exit Sub
                    End If
                    zyv = sh1.Cells(f.Row, 4)            '取出对应的专业名称
```

188

```
            If zyv = zy Then n = n + 1              '专业匹配，计数器加 1
          End If
        Next
      Else                                          '是必修课
        rm = sh1.Range("D65536").End(xlUp).Row      '求 sh1 数据最大行号
        For k = 2 To rm                             '对 sh1 按行循环
          zyv = sh1.Cells(k, 4)                     '取出专业名称
          If zyv = zy Then                          '专业匹配
            xq = Cells(r, 1)                        '取出学期
            bz = sh1.Cells(k, 5)                    '取出备注信息
            If InStr(bz, xq) = 0 Then n = n + 1     '不含当前学期，计数器加 1
          End If
        Next
      End If
      Cells(r, 2) = xz                              '填写课程类别
      Cells(r, 5) = n                               '填写人数
    Next
  End Sub
```

软件运行后，当选择"教材发放信息"工作表时，可以执行这个子程序。

在这个子程序中，首先清除当前工作表 B、E 列第 2 行以后的区域的原有数据，求出当前工作表有效数据最大行号，用变量 rm 表示。然后用 For 循环语句对当前工作表 2～rm 的每一行进行以下操作：

(1) 设置人数计数器 n 的初值。从当前行的 3、4 列分别取出教材代码和专业名称，保存到变量 jc 和 zy 中。

(2) 用工作表函数 Match 在"教材基本信息"工作表的 C 列精确查找匹配的教材代码，从 B 列取出对应的课程类别，保存到变量 xz 中。

(3) 求出使用该教材的人数，保存到变量 n 中。分两种情况：

第一种情况，该教材对应的课程类别是"选修"。

扫描"学生选课信息"工作表的每一数据行，取出其中的教材代码。如果教材代码与变量 jc 的值相同，则取出对应的学号。再用 Find 方法在"学生基本信息"工作表的第 1 列查找匹配的学号，如果找到匹配的学号，则取出对应的专业名称。如果专业名称与变量 zy 的值相同，则计数器加 1。

第二种情况，该教材对应的课程类别是空白，意思是"必修"。

扫描"学生基本信息"工作表的每一数据行，取出其中的专业名称。如果专业名称与变量 zy 的值相同，则取出当前工作表、当前行第 1 列的学期号用变量 xq 表示，再从"学生基本信息"工作表当前行第 5 列取出备注信息。如果备注信息中不含学期 xq，则计数器加 1。

(4) 将变量 xz、n 中的课程类别、人数，分别填写到当前工作表、当前行的第 2 列和第 5 列单元格。

12.5 生成各专业教材明细表

打开"教材信息管理系统"工作簿，在选中"各专业教材明细表"工作表的情况下，单击自定工具栏的"生成当前表格"按钮，将执行 jcmx 子程序，生成指定"专业"和"学期"的教材

明细表。

本节对子程序 jcmx 进行设计和分析。

在 **VBA** 编辑环境中插入一个模块，命名为"C 各专业教材明细表"，在模块中编写一个子程序 jcmx，代码如下：

```
Sub jcmx()
  With Range("A3:L65536")
    .ClearContents                                  '清除原有数据
    .Interior.ColorIndex = 2                        '清除背景颜色
    .Borders.LineStyle = xlNone                     '取消边框线
  End With
  zy = Trim(combx1.Text)                            '取出组合框 1 的专业名
  xq = Val(Mid(Trim(combx2.Text), 2))              '取出组合框 2 的学期号
  rn = sh4.Range("C65536").End(xlUp).Row           '求 sh4 数据最大行号
  h = 3                                             '目标行号初值
  For r = 2 To rn                                   '对 sh4 按行循环
    xqv = sh4.Cells(r, 1)                           '取出学期
    zyv = sh4.Cells(r, 4)                           '取出专业
    If xq = 0 Then xqv = xq                         '忽略学期条件
    If InStr(zy, "—") > 0 Then zyv = zy            '忽略专业条件
    If xqv = xq And zyv = zy Then                   '学期、专业匹配
      Cells(h, 1) = sh4.Cells(r, 1)                 '复制学期
      Cells(h, 2) = sh4.Cells(r, 4)                 '复制专业
      Cells(h, 3) = sh4.Cells(r, 2)                 '复制课程类别
      jc = sh4.Cells(r, 3)                          '取出教材代码
      Cells(h, 4) = jc                              '复制教材代码
      k = WorksheetFunction.Match(jc, sh2.Columns(3), 0) '查找教材代码
      Cells(h, 5) = sh2.Cells(k, 4)                 '复制教材名称
      Cells(h, 6) = sh2.Cells(k, 5)                 '复制作者
      Cells(h, 7) = sh2.Cells(k, 6)                 '复制出版社
      Cells(h, 8) = sh2.Cells(k, 7)                 '复制单价
      Cells(h, 9) = sh2.Cells(k, 8)                 '复制折扣
      Cells(h, 10) = sh2.Cells(k, 9)                '复制折后单价
      Cells(h, 11) = sh4.Cells(r, 5)                '复制学生人数
      Cells(h, 12) = Cells(h, 10) * Cells(h, 11)    '填写码洋
      h = h + 1                                      '调整目标行号
    End If
  Next
  If h > 3 Then                                     '当前工作表包含有效数据
    Cells(h, 1) = "合计"                            '填写左下角标题
    fml = "=SUM(R[-" & h - 3 & "]C:R[-1]C)"        '形成求和公式
    Cells(h, 12).FormulaR1C1 = fml                  '填写右下角的求和公式
    rg = "A" & h & ":L" & h                         '形成合计行区域
    Range(rg).Interior.ColorIndex = 35              '填充合计行背景颜色
    rg = "A2:L" & h                                 '形成数据区域
    Range(rg).Borders.Weight = xlHairline           '设置虚线边框
```

```
    rg = "A2:L" & h - 1                              '形成数据区域
    Range(rg).Sort Key1:=Range("A3"), Order1:=xlAscending, _
    Key2:=Range("B3"), Order2:=xlAscending, Header:=xlGuess '按学期、专业排序
  End If
End Sub
```

该子程序包括三个部分。

第一部分，准备工作。清除当前工作表 A～L 第 3 行以后区域的内容、背景颜色和边框。从自定义工具栏的第一个组合框 combx1 中取出指定的专业名称，送给变量 zy。从第二个组合框 combx2 中取出指定的学期号，送给变量 xq。求出"教材发放信息"工作表有效数据最大行号，送给变量 rn。设置当前工作表目标行号初值 3 给变量 h。

第二部分，用 For 循环语句对"教材发放信息"工作表的每一个数据行进行以下操作：

(1) 从该工作表的 1、4 列取出学期号、专业名称，分别送给变量 xqv 和 zyv。如果变量 xq 的值为 0，说明在组合框 combx2 中指定的学期为"—全部—"或默认的"—学期—"，生成教材明细表时应该忽略学期条件，方法是让 xqv 与 xq 的值相同。如果变量 zy 的值包含"—"，说明在组合框 combx1 中指定的专业为"—全部—"或默认的"—专业—"，生成教材明细表时应该忽略专业条件，方法是让 zyv 与 zy 的值相同。

(2) 如果"教材发放信息"工作表当前行的学期、专业与变量 xq、zy 匹配，则将"教材发放信息"工作表当前行的学期号、专业名称、课程类别、教材代码复制到当前工作表 h 行的 1～4 列单元格。再用工作表函数 Match 在"教材基本信息"工作表的 C 列精确查找匹配的教材代码，把对应的教材名称、作者、出版社、单价、折扣、折后单价复制到当前工作表 h 行的 5～10 列。最后将"教材发放信息"工作表当前行的学生人数复制到当前工作表 h 行 11 列单元格，将折后单价与学生人数的乘积填写到当前工作表 h 行 12 列单元格，调整目标行号 h。

第三部分，结尾操作。如果 h 的值大于 3，说明当前工作表包含有效数据，则进行以下处理：

(1) 在 h 行 1 列单元格填写"合计"二字作为标题。

(2) 在 h 行 12 列单元格填写一个公式，用来计算该列码洋总和。

(3) 对 h 行的 A～L 列单元格区域填充背景颜色。

(4) 对整个数据区设置虚线边框。

(5) 对"合计"之前的数据区按学期、专业排序。

12.6 生成学生教材费用一览表

打开"教材信息管理系统"工作簿，在选中"学生教材费用一览表"工作表的情况下，单击自定工具栏的"生成当前表格"按钮，将执行 xsyl 子程序，生成指定"专业"和"学期"的学生教材费用一览表。

本节对子程序 xsyl 进行设计和分析。

在 VBA 编辑环境中插入一个模块，命名为"D 学生教材费用一览表"，在模块中编写一个子程序 xsyl。

该子程序包括 6 个部分。

1. 初始准备

在子程序 xsyl 中，首先用以下代码进行一些初始准备：

```
Dim cl As New Collection                          '声明集合变量
```

```
With Cells
  .Clear                                              '全部清除
  .Font.Size = 8                                      '字号
  .Interior.ColorIndex = 2                            '清除背景颜色
End With
Cells(1, 1).Select                                    '光标定位
Application.ScreenUpdating = False                    '关闭屏幕更新
Columns("A:D").HorizontalAlignment = xlCenter         '水平居中
zy = Trim(combx1.Text)                                '取出组合框的专业名
xq = Val(Mid(Trim(combx2.Text), 2))                   '取出组合框的学期号
```

操作内容：

(1) 声明一个集合变量 cl，用于排除重复值。

(2) 清除当前工作表的全部单元格的内容、格式和背景颜色，设置字号。光标定位 A1 单元格。关闭屏幕更新。设置 A～D 列水平居中对齐方式。

(3) 从自定义工具栏的第一个组合框 combx1 中取出指定的专业名称，送给变量 zy。从第二个组合框 combx2 中取出指定的学期号，送给变量 xq。

2. 填写水平表头和标题

子程序 xsyl 第二部分的功能，是在当前工作表中填写水平表头和标题。代码如下：

```
ary = Array("学号", "姓名", "性别", "专业名称")       '定义数组
Cells(2, 1).Resize(1, 4) = ary                        '填写前 4 个字段名
On Error Resume Next                                  '忽略错误
c = 5                                                 '目标列号初值
rn = sh4.Range("C65536").End(xlUp).Row                '求 sh4 数据最大行号
For r = 2 To rn                                       '对 sh4 按行循环
  xqv = sh4.Cells(r, 1)                               '取出学期
  zyv = sh4.Cells(r, 4)                               '取出专业
  If xq = 0 Then xqv = xq                             '忽略学期条件
  If InStr(zy, "—") > 0 Then zyv = zy                 '忽略专业条件
  If xqv = xq And zyv = zy Then                       '学期、专业匹配
    v = sh4.Cells(r, 3)                               '取出教材代码
    cl.Add v, v                                       '添加集合元素
    If Err.Number = 0 Then                            '不重复
      k = WorksheetFunction.Match(v, sh2.Columns(3), 0) '查找教材代码
      pz = sh2.Cells(k, 4)                            '取出教材名称
      bz = sh2.Cells(k, 2)                            '取出教材类别
      If InStr(bz, "选") Then pz = pz & "▲选修"      '添加"选修"标记
      With Cells(2, c)
        .Value = sh4.Cells(r, 3)                      '复制教材代码
        .AddComment                                   '添加批注
        .Comment.Text pz                              '设置批注文本
      End With
      c = c + 1                                       '调整目标列号
    End If
    Err.Clear                                         '清除错误状态
  End If
```

```
Next
If c > 6 Then                                      '两种以上教材
  Range(Cells(2, 5), Cells(2, c - 1)).Sort _
  Key1:=Range("E2"), Order1:=xlAscending, _
  Header:=xlGuess, Orientation:=xlLeftToRight     '对教材代码排序
End If
With Range(Cells(1, 1), Cells(1, c + 2))          '对标题行进行控制
  .Merge                                          '合并
  .HorizontalAlignment = xlCenter                 '水平居中
  .Font.Size = 12                                 '字号
  .Value = "学生教材费用一览表"                    '填写标题
End With
With Range(Cells(2, 1), Cells(2, c + 2))          '对表头行进行控制
  .Interior.ColorIndex = 34                       '背景颜色
  .HorizontalAlignment = xlCenter                 '水平居中
End With
```

在这段代码中，首先通过数组在当前工作表第 2 行的 1～4 列填写表头"学号"、"姓名"、"性别"、"专业名称"。用 **On Error Resume Next** 语句屏蔽错误信息，使得往集合中添加重复元素出现错误时，忽略错误，执行下一语句。设置目标列号初值 5 给变量 c。

然后，用 For 循环语句对"教材发放信息"工作表的每一个数据行进行以下操作：

(1) 从该工作表的 1、4 列取出学期号、专业名称，分别送给变量 xqv 和 zyv。如果变量 xq 的值为 0，说明在组合框 combx2 中指定的学期为"—全部—"或默认的"—学期—"，生成学生教材费用一览表时应该忽略学期条件，方法是让 xqv 与 xq 的值相同。如果变量 zy 的值包含"—"，说明在组合框 combx1 中指定的专业为"—全部—"或默认的"—专业—"，生成学生教材费用一览表时应该忽略专业条件，方法是让 zyv 与 zy 的值相同。

(2) 如果"教材发放信息"工作表当前行的学期、专业与变量 xq、zy 匹配，则从"教材发放信息"工作表当前行取出教材代码，添加到集合 cl 中。如果没有错误，说明集合中的元素不重复，则在"教材基本信息"工作表的 C 列精确查找匹配的教材代码，取出对应的教材名称和课程类别，送给变量 pz 和 bz。如果课程类别是"选修"，还要添加"选修"标记到变量 pz 中。在当前工作表 2 行 c 列单元格，填写教材代码，添加批注，并把变量 pz 的值作为批注文本，以便随时查看每个教材代码对应的教材名称和课程类别。之后调整目标列号变量 c 的值。

循环结束后，如果 c 的值大于 6，说明有两种以上教材，则对当前工作表第 2 行第 5 列以后的所有教材代码进行排序。

最后，对当前工作表第 1 行标题区域进行合并及居中控制，设置字号，添加标题。对第 2 行表头区域设置背景颜色，控制水平居中。

3. 填写学生名单

子程序 xsyl 的第三部分，用来在当前工作表中，从第 3 行开始的 1～4 列，填写指定专业学生的学号、姓名、性别和专业名称。代码如下：

```
h = 3                                             '目标行号初值
rn = sh1.Range("D65536").End(xlUp).Row            '求 sh1 数据最大行号
For r = 2 To rn                                   '对 sh1 按行循环
  zyv = sh1.Cells(r, 4)                           '取出专业
  If InStr(zy, "—") > 0 Then zyv = zy            '忽略专业条件
```

```
    If zyv = zy Then                                      '如果专业匹配
       Cells(h, 1) = sh1.Cells(r, 1)                      '复制学号
       Cells(h, 2) = sh1.Cells(r, 2)                      '复制姓名
       Cells(h, 3) = sh1.Cells(r, 3)                      '复制性别
       Cells(h, 4) = sh1.Cells(r, 4)                      '复制专业名称
       If Len(Trim(sh1.Cells(r, 5))) > 0 Then             '备注信息不空
          Range(Cells(h, 1), Cells(h, 4)).Interior.ColorIndex = 36 '设背景色
       End If
       h = h + 1                                          '调整目标行号
    End If
  Next
```

在这段代码中，首先设置当前工作表目标行号初值 3 给变量 h。

然后，用 For 循环语句对"学生基本信息"工作表的每一个数据行进行以下操作：

(1) 从该工作表当前行的第 4 列取出专业名称。如果变量 zy 的值包含"—"，则让 zyv 与 zy 的值相同，忽略专业条件。

(2) 如果"学生基本信息"工作表当前行的专业名称与变量 zy 匹配，则将"学生基本信息"工作表当前行的学号、姓名、性别、专业名称复制到当前工作表 h 行的 1～4 列单元格。再从"学生基本信息"工作表当前行第 5 列取出备注信息。如果备注信息不空，则填充当前工作表 h 行 1～4 列单元格的背景颜色，用以标识该学生有的学期不用教材。之后调整目标行号变量 h 的值。

4. 填写教材费

子程序 xsyl 的第四部分，用来在当前工作表对应的单元格中，填写每个学生选用教材的折后单价。代码如下：

```
Application.StatusBar = ""                                '关闭状态栏
For m = 5 To c - 1                                        '按列循环
  jc = Cells(2, m)                                        '取出教材代码
  k = WorksheetFunction.Match(jc, sh2.Columns(3), 0)      '查找教材代码
  xq = sh2.Cells(k, 1)                                    '取出学期
  lb = sh2.Cells(k, 2)                                    '取出课程类别
  zj = Round(sh2.Cells(k, 9), 2)                          '取出折后单价
  For n = 3 To h - 1                                      '按行循环
    xh = Cells(n, 1)                                      '取出学号
    zy = Cells(n, 4)                                      '取出专业名称
    If InStr(lb, "选修") Then                             '是选修课
      sh3.[A1].AutoFilter Field:=2, Criteria1:=xh         '对 sh3 按学号筛选
      sh3.[A1].AutoFilter Field:=3, Criteria1:=jc         '对 sh3 按教材筛选
      j = WorksheetFunction.Subtotal(103, sh3.[C:C])      '求非隐藏数据行数
      sh3.ShowAllData                                     '取消筛选
      If j > 1 Then Cells(n, m) = zj                      '填写折后单价
    Else                                                  '是必修课
      sh4.[A1].AutoFilter Field:=3, Criteria1:=jc         '按教材筛选
      sh4.[A1].AutoFilter Field:=4, Criteria1:=zy         '按专业筛选
      j = WorksheetFunction.Subtotal(103, sh4.[C:C])      '求非隐藏数据行数
      sh4.ShowAllData                                     '取消筛选
      If j > 1 Then                                       '有满足条件的记录
```

194

```
k = WorksheetFunction.Match(xh, sh1.Columns(1), 0) '查找学号
bz = sh1.Cells(k, 5)                               '取出备注信息
If InStr(bz, xq) = 0 Then Cells(n, m) = zj         '填写折后单价
        End If
    End If
  Next n
Next m
Application.StatusBar = False                       '恢复状态栏
```

在这段代码中，首先关闭状态栏，使得在对工作表数据进行筛选操作时，状态栏中不显示记录的筛选信息。

然后，用 For 循环语句对当前工作表第 5 列以后的每一个教材代码列进行以下操作：

(1) 从当前列第 2 行单元格取出教材代码，送给变量 jc。

(2) 用工作表函数 Match 在"教材基本信息"工作表的 C 列精确查找匹配的教材代码，取出对应的学期、课程类别、折后单价，分别送给变量 xq、lb 和 zj。其中，折后单价四舍五入保留两位小数。

(3) 用 For 循环语句对当前工作表第 3 行以后的每一个数据行进行扫描。从当前行的 1、4 列取出学号、专业名称，分别送给变量 xh 和 zy。

如果课程类别是"选修"，则在"学生选课信息"工作表中筛选出学号等于 xh 并且教材代码等于 jc 的记录，用工作表函数 Subtotal 求出"学生选课信息"工作表中 C 列非隐藏的数据行数，送给变量 j，然后取消对"学生选课信息"工作表的筛选。如果 j 的值大于 1，说明学号为 xh 的学生选用了教材代码为 jc 的教材，则把该教材的折后单价填入当前工作表对应的单元格。

如果课程类别为空，说明是必修课，则在"教材发放信息"工作表中筛选出教材代码等于 jc 并且专业名称等于 zy 的记录，用工作表函数 Subtotal 求出"教材发放信息"工作表中 C 列非隐藏的数据行数，送给变量 j，然后取消对"教材发放信息"工作表的筛选。如果 j 的值大于 1，说明专业为 zy 的学生使用了教材代码为 jc 的教材，还要进一步用工作表函数 Match 在"学生基本信息"工作表的 A 列精确查找匹配的学号，取出对应的备注信息，如果备注中不含当前学期号，则把该教材的折后单价填入当前工作表对应的单元格。

最后，恢复默认的状态栏。

5. 填写公式和标题

子程序 xsyl 的第五部分，在当前工作表数据区的下方和右侧，添加计数、求和公式和标题。代码如下：

```
If c > 5 Then
  fml = "=COUNTA(R[-" & h - 3 & "]C:R[-1]C)"
  Range(Cells(h, 5), Cells(h, c - 1)).FormulaR1C1 = fml
  fml = "=SUM(R[-" & h - 3 & "]C:R[-1]C)"
  Cells(h, c).FormulaR1C1 = fml
  fml = "=SUM(R[-" & h - 2 & "]C:R[-2]C) "
  Range(Cells(h + 1, 5), Cells(h + 1, c + 2)).FormulaR1C1 = fml
  Cells(h + 1, c) = ""
  fml = "=COUNTA(RC[-" & c - 5 & "]:RC[-1]) "
  Range(Cells(3, c), Cells(h - 1, c)).FormulaR1C1 = fml
  fml = "=SUM(RC[-" & c - 4 & "]:RC[-2]) "
  Range(Cells(3, c + 1), Cells(h - 1, c + 1)).FormulaR1C1 = fml
  ysf = sh2.Cells(1, 12)
```

```
    fml = "=" & ysf & "-RC[-1]"
    Range(Cells(3, c + 2), Cells(h - 1, c + 2)).FormulaR1C1 = fml
End If
Cells(h, 1) = "总数量："
Cells(h + 1, 1) = "总金额："
Cells(2, c).Resize(1, 2) = Array("总数量","总金额")
With Cells(2, c + 2)
    .Value = "教材费余额"
    .AddComment
    .Comment.Text "预收教材费："& ysf & "元"
End With
```

在这段代码中，首先判断变量 c 的值是否大于 5。如果是，说明当前工作表中至少有一个教材代码，则进行以下操作：

(1) 构造一个以工作表函数 COUNTA 为核心的公式，用来计指定区域非空单元格个数，填入当前工作表现有数据的下方，求出每一种教材的用量。

(2) 构造一个以工作表函数 SUM 为核心的公式，填入当前工作表现有数据的右下角，用来求教材的总用量。

(3) 构造一个以工作表函数 SUM 为核心的公式，填入当前工作表教材用量数据行的下方，求每一种教材的总金额。

(4) 构造一个以工作表函数 COUNTA 为核心的公式，填入当前工作表现有数据的右侧，求出每个学生使用教材的数量。

(5) 构造一个以工作表函数 SUM 为核心的公式，填入当前工作表学生教材用量数据列的右侧，求每个学生的教材总金额。

(6) 从"教材基本信息"工作表的 1 行 12 列单元格取出预收教材费金额，构造一个计算教材费余额的公式，填入学生教材总金额列的右侧，求每个学生的教材费余额。

最后，分别填写数据区左下角、右上角的标题。其中，"教材费余额"标题单元格还添加一个批注，并将预收教材费金额作为批注文本。

6. 设置边框和背景颜色

子程序 xsyl 的最后一部分，用来设置数据区边框线、汇总行背景颜色。代码如下：

```
Set rg = Range(Cells(2, 1), Cells(h + 1, c + 2))    '表格区域
rg.Borders.Weight = xlHairline                       '设置虚线边框
Set rg = Range(Cells(h, 1), Cells(h + 1, c + 2))    '下边汇总行
rg.Interior.ColorIndex = 35                          '设置背景颜色
Cells.Columns.AutoFit                                '设置最适合的列宽
Application.ScreenUpdating = True                    '打开屏幕更新
```

这段代码对整个表格区域设置虚线边框，对表格中最下边的两个汇总行设置背景颜色，设置最适合的列宽，最后打开屏幕更新。

12.7　生成学生教材费用明细表

打开"教材信息管理系统"工作簿，在选中"学生教材费用明细表"工作表的情况下，单击自定工具栏的"生成当前表格"按钮，将执行 xsmx 子程序，生成指定学号的学生教材费用

明细表。

本节对子程序 xsmx 和相关的另一个子程序 fzjc 进行设计和分析。

1. 子程序 xsmx

在 VBA 编辑环境中插入一个模块，命名为"E 学生教材费用明细表"，在模块中编写一个子程序 xsmx，代码如下：

```
Sub xsmx()
    '初始准备
    With Range("A4:I65536")
        .ClearContents                                    '清除原有数据
        .Interior.ColorIndex = 2                          '清除背景颜色
        .Borders.LineStyle = xlNone                       '取消边框线
    End With
    xh = Trim(Cells(2, 2))                                '取出学号
    On Error GoTo ext                                     '出现错误，转到 ext
    k = WorksheetFunction.Match(xh, sh1.Columns(1), 0)    '查找学号
    Cells(2, 5) = sh1.Cells(k, 2)                         '复制学生姓名
    Cells(2, 7) = sh1.Cells(k, 3)                         '复制学生性别
    Cells(2, 9) = sh1.Cells(k, 4)                         '复制专业名称
    zy = sh1.Cells(k, 4)                                  '专业名称保存到变量
    bz = sh1.Cells(k, 5)                                  '取出备注信息
    '处理必修课信息
    h = 4                                                 '目标行号初值
    rn = sh4.Range("D65536").End(xlUp).Row                '求 sh4 数据最大行号
    For r = 2 To rn                                       '对 sh4 按行循环
        xq = sh4.Cells(r, 1)                              '取出学期
        lb = Trim(sh4.Cells(r, 2))                        '取出课程类别
        jc = sh4.Cells(r, 3)                              '取出教材代码
        zv = sh4.Cells(r, 4)                              '取出专业名称
        pp = InStr(bz, xq)                                '在备注中找学期号
        If Len(lb) = 0 And zv = zy And pp = 0 Then
            Cells(h, 1) = xq                              '复制学期
            Call fzjc(jc, h)                              '复制教材 3～9 项信息
        End If
    Next
    '处理选修课信息
    rn = sh3.Range("B65536").End(xlUp).Row                '求 sh3 数据最大行号
    For r = 2 To rn                                       '对 sh3 按行循环
        xv = sh3.Cells(r, 2)                              '取出学号
        jc = sh3.Cells(r, 3)                              '取出教材代码
        If xv = xh Then                                   '学号匹配
            Cells(h, 1) = sh3.Cells(r, 1)                 '复制学期
            Cells(h, 2) = "选修"                          '填写课程类别
            Call fzjc(jc, h)                              '复制教材 3-9 项信息
        End If
    Next
```

197

```
'收尾处理
If h > 4 Then                                        '当前工作表有数据
  Cells(h, 1) = "合计"                                '填写左下角标题
  fml = "=SUM(R[-" & h - 4 & "]C:R[-1]C) "           '形成求和公式
  Cells(h, 9).FormulaR1C1 = fml                      '填写右下角的求和公式
  ysf = sh2.Cells(1, 12)                             '取出预收教材费金额
  Cells(h + 1, 4) = "预收教材费: " & ysf              '填写预收教材费金额
  v_s = ysf - Cells(h, 9)                            '教材费余额
  Cells(h + 1, 5) = "教材费余额: " & v_s              '填写教材费余额
  rg = "A" & h & ":I" & h + 1                        '形成合计行区域
  Range(rg).Interior.ColorIndex = 35                 '填充合计行背景颜色
  rg = "A2:I" & h + 1                                '形成数据区域
  Range(rg).Borders.Weight = xlHairline              '设置虚线边框
  rg = "A3:I" & h - 1                                '形成数据区域
  Range(rg).Sort Key1:=Range("A4"), Order1:=xlAscending, _
  Key2:=Range("C4"), Order2:=xlAscending, Header:=xlGuess '排序
End If
Exit Sub                                             '退出子程序
ext: MsgBox "学号不存在! "
  Cells(2, 2).Select                                 '光标定位
End Sub
```

这个子程序包括 4 部分。

第一部分，初始准备。

(1) 清除当前工作表 A4:I65536 单元格区域的内容、背景颜色和边框线。

(2) 从当前工作表特定单元格取出学号，送给变量 xh。

(3) 用 On Error 语句控制出现错误时，转去执行 ext 标号对应的语句。

(4) 用工作表函数 Match 在"学生基本信息"工作表的 A 列精确查找匹配的学号。如果找不到指定的学号，则转到 ext，提示"学号不存在!"。否则，取出对应的学生姓名、性别、专业名称，复制到当前工作表特定的单元格，并保存专业名称、备注信息到变量 zy 和 bz 中。

第二部分，处理必修课信息。

首先，设置目标行号初值 4 到变量 h。

然后，用 For 循环语句对"教材发放信息"工作表的每一个数据行进行以下操作：

(1) 取出该行的学期号、课程类别、教材代码和专业名称。

(2) 如果课程类别为空、专业与变量 zy 的值相同、备注中不含刚刚取出的学期号，则把学期号填写到当前工作表 h 行 1 列单元格，再调用子程序 fzjc，在当前工作表 h 行的 3～9 列填写对应的教材信息。

第三部分，处理选修课信息。

用 For 循环语句对"学生选课信息"工作表的每一个数据行进行以下操作：

(1) 取出该行的学号、教材代码。

(2) 如果学号与变量 xh 的值相同，则把"学生选课信息"工作表当前行的学期号填写到当前工作表 h 行 1 列单元格，当前工作表 h 行 2 列单元格填入课程类别"选修"，再调用子程序 fzjc，在当前工作表 h 行的 3～9 列填写对应的教材信息。

第四部分，收尾处理。

如果变量 h 的值大于 4，说明当前工作表中至少有一行教材信息，则进行以下操作：

(1) 在当前工作表现有数据下方左侧，填写标题"合计"。

(2) 构造一个以工作表函数 SUM 为核心的公式，填入当前工作表现有数据下方右侧，用来求该生所有教材折后单价的合计。

(3) 从"教材基本信息"工作表的 1 行 12 列单元格取出预收教材费金额，填入"合计"下一行第 4 列单元格。构造一个计算教材费余额的公式，填入"合计"下一行第 5 列单元格。

(4) 设置新数据区最后两行的背景颜色。

(5) 为整个表格设置虚线边框。

(6) 对表格内部的数据按学期、教材编号排序。

2. 子程序 fzjc

子程序 fzjc 也在"E 学生教材费用明细表"模块中编写，代码如下：

```
Sub fzjc(jc, h)
  Cells(h, 3) = jc                                '复制教材代码
  k = WorksheetFunction.Match(jc, sh2.Columns(3), 0) '查找教材代码
  Cells(h, 4) = sh2.Cells(k, 4)                   '复制教材名称
  Cells(h, 5) = sh2.Cells(k, 5)                   '复制作者
  Cells(h, 6) = sh2.Cells(k, 6)                   '复制出版社
  Cells(h, 7) = sh2.Cells(k, 7)                   '复制单价
  Cells(h, 8) = sh2.Cells(k, 8)                   '复制折扣
  Cells(h, 9) = sh2.Cells(k, 9)                   '复制折后单价
  h = h + 1                                       '调整目标行号
End Sub
```

这个子程序用来将"教材基本信息"工作表中特定教材的 3～9 项信息复制到当前工作表。参数 jc 表示教材代码、h 表示目标行号。

它首先将教材代码填写到当前工作表 h 行 3 列单元格。

然后，用工作表函数 Match 在"教材基本信息"工作表的 C 列精确查找匹配的教材代码，将对应的教材名称、作者、出版社、单价、折扣、折后单价，分别填写到当前工作表 h 行 4～9 列单元格。

最后，调整目标行号 h。

由于调用子程序 fzjc 时，目标行号采用的是地址传送方式，所以子程序对目标行号的修改结果会反映到调用程序。

上机实验题目

1. 在如图 12.11 所示的 Excel 工作表中，B 列从第 3 行开始的单元格依次存放一些数据。请编写程序提取这些单元格不重复的内容，依次填写到 D 列从第 3 行开始的单元格区域中。

2. 设有一个 Excel 工作表，其中包含某公司"2011 年二季度部分城市销售情况"数据，工作表结构和内容如图 12.12 所示。请编程实现以下功能：

(1) 统计出销售额大于 100 万的城市数。

(2) 计算出各城市的平均销售额。

(3) 以批注的形式，对销售冠军、亚军、季军以及最差的城市做出相应的标记。

(4) 当选择一个城市或者一个销售额单元格时，显示出相应的排位数。

图 12.11 工作表的数据区

	原数据区		结果数据区
	a		a
	b		b
	c		c
	c		d
	d		e
	d		g
	d		f
	d		k
	d		p
	g		
	g		
	f		
	g		
	k		
	p		
	p		

图 12.12 工作表结构和数据

2011年二季度部分城市销售情况

城市	销售额	城市	销售额	城市	销售额	城市	销售额
北京	3260000	重庆	1832040	呼和浩特	325230	大庆	325920
天津	2860000	绵阳	912260	昆明	523750	武汉	1332550
石家庄	2215000	乌鲁木齐	1235360	合肥	823500	厦门	1623950
承德	620000	贵阳	972390	拉萨	517000	海口	1123520
上海	3872000	柳州	983570	银川	512980	义乌	723650
苏州	2285700	深圳	1975620	长沙	1032590	温州	823650
杭州	2474200	广州	1862300	南宁	327250	郑州	972300
大连	2135300	济南	522070	香港	1402750	开封	223950
徐州	1289480	南昌	823570	澳门	1102370		
西安	1833690	哈尔滨	1170230	南京	1272370		
太原	1639000	福州	231610	长春	923750		
侯马	923890	西宁	752320	沈阳	823690		
成都	2523000	兰州	734780	大理	223950		
		平均销售额:			销售额过百万的城市数:		

3. 在 Excel 中实现如图 12.13 所示的足球联赛积分榜。要求：通过下拉列表选择主队、客队。输入进球数后，单击"更新积分榜"按钮，能够自动更新积分榜。

意甲联赛积分榜

排名	队伍	场次	胜	平	负	进球	失球	净胜球	积分
1	尤文图斯	14	13	0	1	31	8	23	39
2	AC米兰	14	10	1	3	30	15	15	31
3	国际米兰	14	9	2	3	25	11	14	29
4	佛罗伦萨	14	9	2	3	29	16	13	29
5	利沃诺	14	7	4	3	15	13	2	25
6	切沃	14	6	6	2	18	13	5	24
7	桑普多利亚	14	7	2	5	25	19	6	23
8	拉齐奥	14	6	4	4	19	19	0	22
9	罗马	14	5	5	4	21	17	4	20
10	乌迪内斯	14	6	2	6	15	19	-4	20
11	巴勒莫	14	4	7	3	22	21	1	19
12	恩波利	14	5	2	7	17	22	-5	17
13	雷吉纳	14	5	1	8	15	20	-5	16
14	锡耶纳	14	4	3	7	20	26	-6	15
15	阿斯科利	14	2	7	5	13	17	-4	13
16	梅西纳	14	1	6	7	11	20	-9	9
17	卡利亚里	14	1	6	7	12	22	-10	9
18	帕尔马	14	2	3	9	12	24	-12	9
19	特雷维索	14	1	5	8	8	21	-13	8
20	莱切	14	2	2	10	11	25	-14	8

		进球数
主队	尤文图斯	1
客队	AC米兰	3

更新积分榜

图 12.13 工作表结构和数据

第 13 章　考试安排信息处理系统

本章介绍一个用 Excel 和 VBA 编写的应用软件“考试安排信息处理系统”。该系统针对高校的期末考试需求设计，具有安排监考教师，检测重复内容，生成各系考试安排表、考场占用一览表、教师监考明细表等功能。

涉及的主要技术有：动态变体数组、集合、单元格背景颜色、随机数、条件格式的应用，合并单元格，提取合并区域内容。

13.1　使 用 说 明

本软件的形式为含有 VBA 代码的 Excel 工作簿。要求计算机系统装有 Excel 2003，并且设置“宏”的“安全性”为“低”。

1. 设计考试时间表

打开“考试安排信息处理系统”工作簿文件。在“考试安排总表”工作表中，根据实际需要设计如图 13.1 所示的表格。

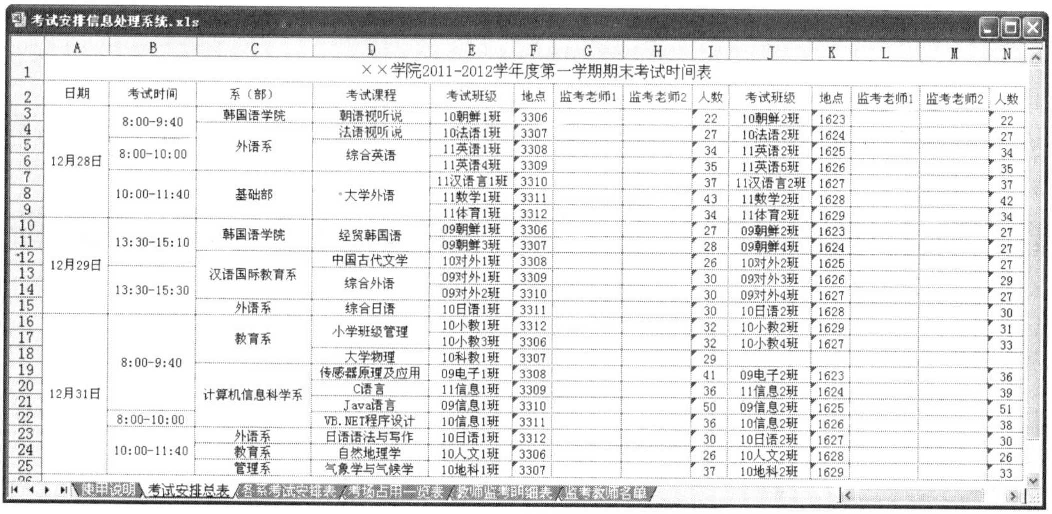

	A	B	C	D	E	F	G	H	I	J	K	L	M	N
1	××学院2011-2012学年度第一学期期末考试时间表													
2	日期	考试时间	系（部）	考试课程	考试班级	地点	监考老师1	监考老师2	人数	考试班级	地点	监考老师1	监考老师2	人数
3	12月28日	8:00-9:40	韩国语学院	朝语视听说	10朝鲜1班	3306			22	10朝鲜2班	1623			22
4			外语系	法语视听说	10法语1班	3307			27	10法语2班	1624			27
5		8:00-10:00		综合英语	11英语1班	3308			34	11英语2班	1625			34
6					11英语4班	3309			35	11英语5班	1626			35
7		10:00-11:40	基础部	大学外语	11汉语言1班	3310			37	11汉语言2班	1627			37
8					11数学1班	3311			43	11数学2班	1628			42
9					11体育1班	3312			34	11体育2班	1629			34
10	12月29日	13:30-15:10	韩国语学院	经贸韩国语	09朝鲜1班	3306			27	09朝鲜2班	1623			27
11					09朝鲜3班	3307			28	09朝鲜4班	1624			27
12			汉语国际教育系	中国古代文学	10对外1班	3308			26	10对外2班	1625			27
13		13:30-15:30		综合外语	09对外1班	3309			30	09对外3班	1626			29
14					09对外2班	3310			30	09对外4班	1627			27
15			外语系	综合日语	10日语1班	3311			30	10日语2班	1628			30
16	12月31日	8:00-9:40	教育系	小学班级管理	10小教1班	3312			32	10小教2班	1629			31
17					10小教3班	3306			32	10小教4班	1627			33
18				大学物理	10科教1班	3307			29					
19			计算机信息科学系	传感器原理及应用	09电子1班	3308			41	09电子2班	1623			36
20				C语言	11信息1班	3309			36	11信息2班	1624			39
21				Java语言	09信息1班	3310			50	09信息2班	1625			51
22		8:00-10:00		VB.NET程序设计	10信息1班	3311			36	10信息2班	1626			38
23		10:00-11:40	外语系	日语语法与写作	10日语1班	3312			30	10日语2班	1627			30
24			教育系	自然地理学	10人文1班	3306			26	10人文2班	1628			26
25			管理系	气象学与气候学	10地科1班	3307			37	10地科2班	1629			33

图 13.1　“考试安排总表”工作表

设计要点：

(1) 所有单元格的数字格式设置为“文本”，将数字作为文本处理。整个工作表的背景设置为白色。

(2) 第 1、2 行为标题和表头，从第 3 行之后输入考试安排信息。

(3) B 列的第 3 行之后，只能输入考试时间，格式为“hh:mm-hh:mm”，时分之间的冒号、起止时间中的减号必须是西文半角字符，不得有其他信息。

(4) 在 A～D 列中，内容相同的单元格可以合并。

(5) 表格的行数不限。

(6) 注释信息请放在表格下方第 1 列。

2. 输入监考教师名单

在“监考教师名单”工作表中输入监考教师姓名和监考次数上限，得到如图 13.2 所示的结果。

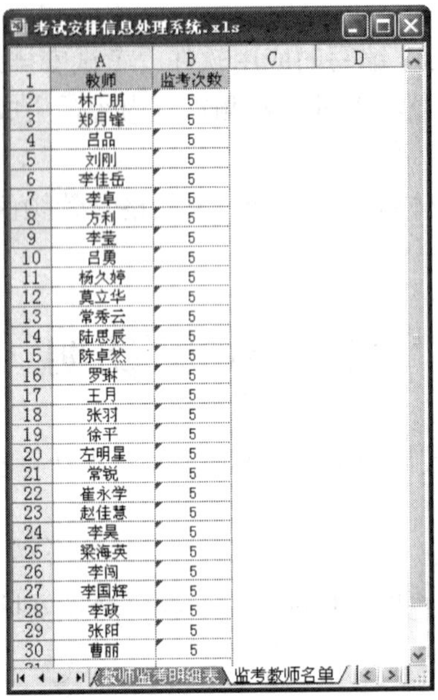

	教师	监考次数
2	林广朋	5
3	郑月锋	5
4	吕品	5
5	刘刚	5
6	李佳岳	5
7	李卓	5
8	方利	5
9	李莹	5
10	吕勇	5
11	杨久婷	5
12	真立华	5
13	常秀云	5
14	陆思辰	5
15	陈卓然	5
16	罗琳	5
17	王月	5
18	张羽	5
19	徐平	5
20	左明星	5
21	常锐	5
22	崔永学	5
23	赵佳慧	5
24	李昊	5
25	梁海英	5
26	李闯	5
27	李国辉	5
28	李政	5
29	张阳	5
30	曹丽	5

图 13.2 “监考教师名单”工作表

3. 安排监考教师

在“考试安排总表”工作表中，单击“安排监考教师”按钮，系统将自动按规则填写监考教师名，得到如图 13.3 所示的结果。

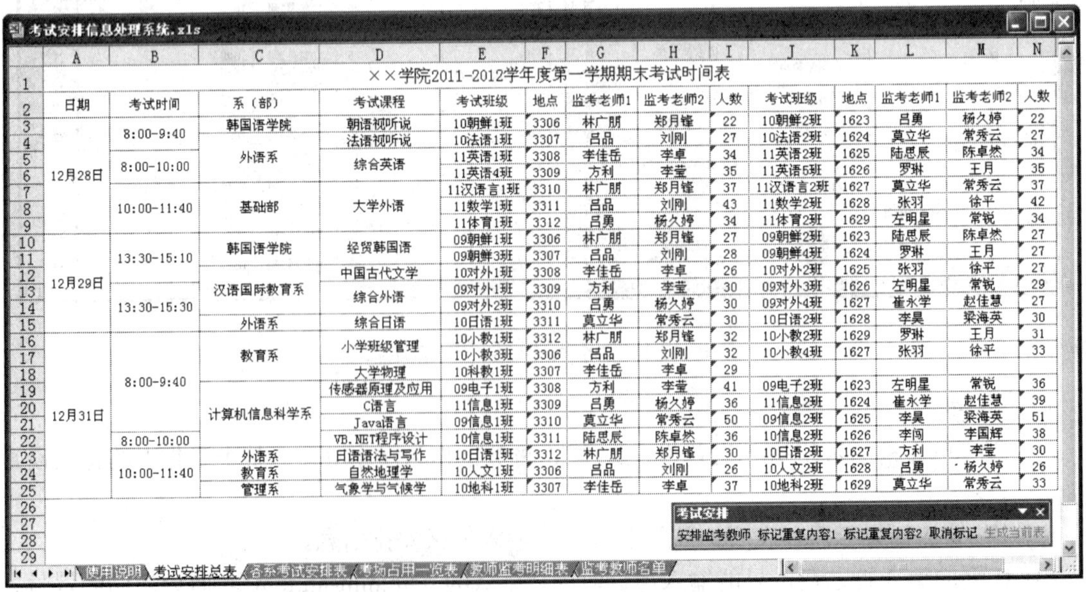

××学院2011-2012学年度第一学期期末考试时间表

日期	考试时间	系（部）	考试课程	考试班级	地点	监考老师1	监考老师2	人数	考试班级	地点	监考老师1	监考老师2	人数
12月28日	8:00-9:40	韩国语学院	朝语视听说	10朝鲜1班	3306	林广朋	郑月锋	22	10朝鲜2班	1623	吕勇	杨久婷	22
		外语系	法语视听说	10法语1班	3307	吕品	刘刚	27	10法语2班	1624	真立华	常秀云	27
	8:00-10:00		综合英语	11英语1班	3308	李佳岳	李卓	34	11英语2班	1625	陆思辰	陈卓然	34
				11英语4班	3309	方利	李莹	35	11英语5班	1626	罗琳	王月	35
	10:00-11:40	基础部	大学外语	11汉语言1班	3310	林广朋	郑月锋	37	11汉语言2班	1627	真立华	常秀云	37
				11数学1班	3311	吕品	刘刚	43	11数学2班	1628	张羽	徐平	42
				11体育1班	3312	吕勇	杨久婷	34	11体育2班	1629	左明星	常锐	34
12月29日	13:30-15:10	韩国语学院	经贸韩国语	09朝鲜1班	3306	林广朋	郑月锋	27	09朝鲜2班	1623	陆思辰	陈卓然	27
				09朝鲜3班	3307	吕品	刘刚	28	09朝鲜4班	1624	罗琳	王月	27
		汉语国际教育系	中国古代文学	10对外1班	3308	李佳岳	李卓	26	10对外2班	1625	张羽	徐平	27
	13:30-15:30		综合外语	09对外1班	3309	方利	李莹	30	09对外3班	1626	左明星	常锐	29
				09对外2班	3310	吕勇	杨久婷	30	09对外4班	1627	崔永学	赵佳慧	27
		外语系	综合日语	10日语1班	3311	真立华	常秀云	30	10日语2班	1628	李昊	梁海英	30
12月31日	8:00-9:40	教育系	小学班级管理	10小教1班	3312	林广朋	郑月锋	32	10小教2班	1629	罗琳	王月	31
				10小教3班	3306	吕品	刘刚	32	10小教4班	1627	张羽	徐平	33
			大学物理	10科教1班	3307	李佳岳	李卓	29					
		计算机信息科学系	传感器原理及应用	09电子1班	3308	方利	李莹	41	09电子2班	1623	左明星	常锐	36
			C语言	11信息1班	3309	吕勇	杨久婷	36	11信息2班	1624	崔永学	赵佳慧	39
			Java语言	09信息1班	3310	真立华	常秀云	50	09信息2班	1625	李昊	梁海英	51
	8:00-10:00		VB.NET程序设计	10信息1班	3311	陆思辰	陈卓然	36	10信息2班	1626	李闯	李国辉	38
	10:00-11:40	外语系	日语语法与写作	10日语1班	3312	林广朋	郑月锋	30	10日语2班	1627	方利	李莹	30
		教育系	自然地理学	10人文1班	3306	吕品	刘刚	26	10人文2班	1628	吕勇	杨久婷	26
		管理系	气象学与气候学	10地科1班	3307	李佳岳	李卓	37	10地科2班	1629	真立华	常秀云	33

图 13.3 安排监考教师后的“考试安排总表”工作表

安排监考教师的规则：

(1) 保证同一位教师不能安排在“起始时间相同”或“无间隔时间”的场次。

(2) 每一位教师监考总次数不能超过规定的上限。

(3) 随即安排教师监考的时间、地点、人员组合。

4. 标记重复除内容

选中“考试安排总表”工作表，单击“标记重复内容 1”或“标记重复内容 2”按钮，分别对“起始时间相同”或“无间隔时间”场次进行检测，将重复的教师名、考场号、班级名、课程名用红色字体标识，以便纠错。

单击“取消标记”按钮，清除标记颜色，以提高屏幕刷新效率。

5. 生成各系考试安排表

选中“各系考试安排表”工作表，单击“生成当前表”按钮，系统自动设置默认格式，生成按系部、日期、时间排序的表格，结果如图 13.4 所示。

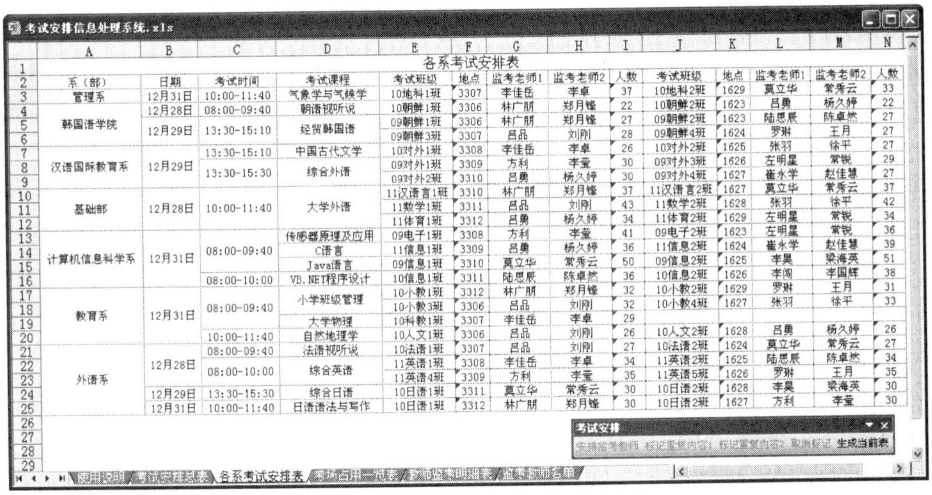

各系考试安排表

系（部）	日期	考试时间	考试课程	考试班级	地点	监考老师1	监考老师2	人数	考试班级	地点	监考老师1	监考老师2	人数
管理系	12月31日	10:00-11:40	气象学与气候学	10地科1班	3307	李佳岳	李卓	37	10地科2班	1629	莫立华	常秀云	33
韩国语学院	12月28日	08:00-09:40	朝语视听说	10朝鲜1班	3306	林广朋	郑月锋	22	10朝鲜2班	1623	吕勇	杨久婷	22
	12月29日	13:30-15:10	经贸韩国语	09朝鲜1班	3306	林广朋	郑月锋	27	09朝鲜2班	1623	陆思辰	陈卓然	27
				09朝鲜3班	3307	吕品	刘刚	28	09朝鲜4班	1624	罗琳	王月	27
汉语国际教育系	12月29日	13:30-15:10	中国古代文学	10对外1班	3308	李佳岳	李卓	26	10对外2班	1625	张羽	徐平	27
		13:30-15:30	综合外语	09对外1班	3309	方利	李莹	30	09对外3班	1626	左明星	常锐	29
				09对外2班	3310	吕勇	杨久婷	30	09对外4班	1627	崔永学	赵佳慧	27
基础部	12月28日	10:00-11:40	大学外语	11汉语言1班	3310	林广朋	郑月锋	37	11汉语言2班	1627	莫立华	常秀云	37
				11数学1班	3311	吕品	刘刚	43	11数学2班	1628	张羽	徐平	42
				11体育1班	3312	吕勇	杨久婷	34	11体育2班	1629	左明星	常锐	34
计算机信息科学系	12月31日	08:00-09:40	传感器原理及应用	09电子1班	3308	方利	李莹	41	09电子2班	1623	左明星	常锐	36
			C语言	11信息1班	3309	吕勇	杨久婷	36	11信息2班	1624	崔永学	赵佳慧	39
			Java语言	09信息1班	3310	莫立华	常秀云	50	09信息2班	1625	李昊	梁海英	51
		08:00-10:00	VB.NET程序设计	10信息1班	3311	陆思辰	陈卓然	36	10信息2班	1626	李闯	李国辉	38
教育系	12月31日	08:00-09:40	小学班级管理	10小教1班	3312	林广朋	郑月锋	32	10小教2班	1629	罗琳	王月	31
				10小教3班	3306	吕品	刘刚	32	10小教4班	1627	张羽	徐平	33
			大学物理	10科教1班	3307	李佳岳	李卓	29					
		10:00-11:40	自然地理学	10人文1班	3306	吕品	刘刚	26	10人文2班	1628	吕勇	杨久婷	26
外语系	12月28日	08:00-09:40	法语视听说	10法语1班	3307	吕品	刘刚	27	10法语2班	1624	莫立华	常秀云	27
		08:00-10:00	综合英语	11英语1班	3308	李佳岳	李卓	34	11英语2班	1625	陆思辰	陈卓然	34
				11英语4班	3309	方利	李莹	35	11英语5班	1626	罗琳	王月	35
	12月29日	13:30-15:30	综合日语	10日语1班	3311	莫立华	常秀云	30	10日语2班	1628	李昊	梁海英	30
	12月31日	10:00-11:40	日语语法与写作	10日语1班	3312	林广朋	郑月锋	30	10日语2班	1627	方利	李莹	30

图 13.4 “各系考试安排表”工作表

6. 生成考场占用一览表

选中“考场占用一览表”工作表，单击“生成当前表”按钮，系统自动生成如图 13.5 所示的表格。

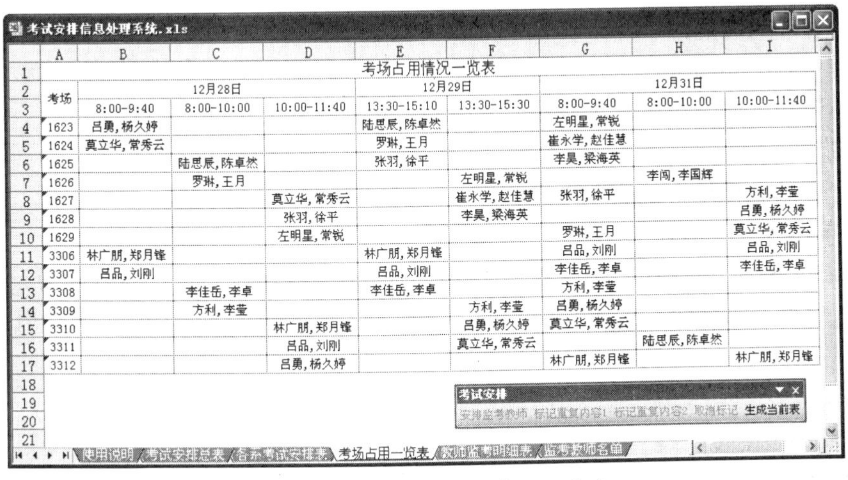

考场占用情况一览表

考场	12月28日 8:00-9:40	12月28日 8:00-10:00	12月28日 10:00-11:40	12月29日 13:30-15:10	12月29日 13:30-15:30	12月31日 8:00-9:40	12月31日 8:00-10:00	12月31日 10:00-11:40
1623	吕勇,杨久婷			陆思辰,陈卓然		左明星,常锐		
1624	莫立华,常秀云			罗琳,王月		崔永学,赵佳慧		
1625		陆思辰,陈卓然		张羽,徐平		李昊,梁海英		
1626		罗琳,王月			左明星,常锐		李闯,李国辉	
1627			莫立华,常秀云		崔永学,赵佳慧	张羽,徐平		方利,李莹
1628			张羽,徐平		李昊,梁海英			吕勇,杨久婷
1629			左明星,常锐			罗琳,王月		莫立华,常秀云
3306	林广朋,郑月锋			林广朋,郑月锋		吕品,刘刚		吕品,刘刚
3307	吕品,刘刚			吕品,刘刚		李佳岳,李卓		李佳岳,李卓
3308		李佳岳,李卓		李佳岳,李卓		方利,李莹		
3309		方利,李莹			方利,李莹	吕勇,杨久婷		
3310			林广朋,郑月锋		吕勇,杨久婷	莫立华,常秀云		
3311			吕品,刘刚		莫立华,常秀云		陆思辰,陈卓然	
3312			吕勇,杨久婷			林广朋,郑月锋		林广朋,郑月锋

图 13.5 “考场占用一览表”工作表

7. 生成教师监考明细表

选中"教师监考明细表"工作表，单击"生成当前表"按钮，系统自动生成每一位教师的监考日期、时间、系部、课程、班级、地点明细表。图 13.6 是教师的监考明细表示例。

常秀云老师监考安排					
考试日期	考试时间	系（部）	考试课程	考试班级	地点
12月28日	8:00-9:40	外语系	法语视听说	10法语2班	1624
	10:00-11:40	基础部	大学外语	11汉语言2班	1627
12月29日	13:30-15:30	外语系	综合日语	10日语1班	3311
12月31日	8:00-9:40	计算机信息科学系	Java语言	09信息1班	3310
	10:00-11:40	管理系	气象学与气候学	10地科2班	1629

图 13.6 教师监考明细表示例

13.2 基础模块

通过前面的介绍，我们认识了软件的功能，也掌握了工作簿以及部分工作表的结构。工作簿总共有 6 张工作表。其中，"考试安排总表"和"监考教师名单"工作表的结构如图 13.1 和图 13.2 所示，"使用说明"工作表与前几章软件类似，其余 3 张工作表都是空表，不需要任何设计，所有内容和格式均由程序自动生成。

从本节开始，我们来设计和分析各部分程序。

首先，对工作簿的 Open 事件和 SheetActivate 事件分别编写程序，实现以下功能：

(1) 工作簿打开时，创建一个临时自定义工具栏，上面放"安排监考教师"、"标记重复内容1"、"标记重复内容2"、"取消标记"和"生成当前表"5 个按钮。分别指定要执行的过程为 pjs、bj1、bj2、cfb 和 gen。

(2) 当切换到"使用说明"或"监考教师名单"工作表时，让工具栏不可见，其余工作表工具栏可见。

(3) 切换到"考试安排总表"工作表时，让"生成当前表"按钮不可用，其余按钮可用。切换到另外 3 张工作表时，让"生成当前表"按钮可用，其余按钮不可用。

然后，插入一个模块，命名为"A 基础模块"，在该模块的顶部编写以下语句：

```
Option Compare Text
Public tbar As Object
Public butt1, butt2, butt3, butt4, butt5 As Object
Public rm() As Variant
```

其中，第 1 条语句用来设置比较方式，目的是在用程序对教师名排序时，能够按拼音顺序排序。其余 3 条语句用来声明全局工具栏对象变量、按钮对象变量和动态变体数组。数组用来存放教师名或考场号。

接下来，在基础模块中编写几个子程序。

1. 子程序 gen

在工作簿的 Open 事件代码中，指定了"生成当前表"按钮要执行的过程为 gen。该过程起控制、调度和任务分解作用，根据当前不同的工作表，调用相应的子程序，完成具体任务。代码如下：

```
Sub gen()
  stn = ActiveSheet.Name
  Select Case stn
```

```
      Case "各系考试安排表"
        Call xks
      Case "考场占用一览表"
        Call trl
      Case "教师监考明细表"
        Call jsf
    End Select
End Sub
```

2. 子程序 cfb

子程序 cfb 用来清除当前工作表的条件格式和背景颜色，代码如下：

```
Sub cfb()
  With Cells
    .FormatConditions.Delete    '删除当前工作表全部条件格式
    .Interior.ColorIndex = 2    '清除背景颜色
  End With
End Sub
```

3. 子程序 csh

子程序 csh 用来对当前工作表进行初始化，代码如下：

```
Sub csh()
  With Cells                          '对当前工作表所有单元格进行操作
    .Clear                            '清除内容和格式
    .Interior.ColorIndex = 2          '设置白色背景
    .NumberFormatLocal = "@"          '数字作为文本处理
    .Font.Size = 10                   '字号
    .HorizontalAlignment = xlCenter   '水平居中
  End With
End Sub
```

4. 子程序 srm

子程序 srm 的功能是，把"考试安排总表"全部考场号或教师名，排除重复值、排序后送到全局数组 rm 中。其中，参数 rt 用于指定是考场号或者教师名。代码如下：

```
Sub srm(rt)
  Dim clt As New Collection              '声明集合，用于排除重复
  On Error Resume Next                   '忽略错误
  Set ssh = Sheets("考试安排总表")        '设置工作表对象
  rn = ssh.UsedRange.Rows.Count          '求数据区最大行号
  y = IIf(rt = "考场", 0, 1)             '根据参数设置修正值 y
  For r = 3 To rn                        '按行循环
    For c = 6 + y To 11 + y Step 5       '按列循环
      v = ssh.Cells(r, c)                '取出单元格内容
      If Len(v) > 0 Then clt.Add v, CStr(v)   '添加到集合(排除重复)
      v = ssh.Cells(r, c + y)            '一个考场两位教师
      If Len(v) > 0 Then clt.Add v, CStr(v)   '添加到集合(排除重复)
    Next
  Next
  rn = clt.Count                         '集合元素个数
```

```
    ReDim rm(rn)                              '重置数组上界
    For r = 1 To rn                           '集合元素存入数组
      rm(r) = clt(r)
    Next
    For i = 1 To rn - 1                        '对数组内容升序排列
      For j = 1 To rn - i
        If rm(j) > rm(j + 1) Then
          t = rm(j): rm(j) = rm(j + 1): rm(j + 1) = t
        End If
      Next
    Next
  End Sub
```

程序中，首先声明一个集合变量 clt，用于排除重复值。用 On Error Resume Next 语句屏蔽错误信息，使得往集合中添加重复元素出现错误时，会忽略错错误，执行下一语句。用对象变量表示"考试安排总表"工作表，求出该工作表数据区最大行号。根据参数 rt 是"考场"或"教师"，设置修正值 0 或 1，保存到变量 y 中。

然后，用双重循环语句对"考试安排总表"工作表每个数据行的"地点"或"监考教师"列进行处理。如果 y 的值是 0，则对应 6 和 11 列。如果 y 的值是 1，则对应 7~8 列和 12~13 列。如果单元格的内容不空，则往集合 clt 添加。由于集合中不允许有重复元素，所以最终得到的是排除重复值后的考场号或教师姓名。

接下来，用集合元素个数重置数组 rm 下标的上界，将集合的所有元素存入数组 rm。

最后，用冒泡排序法，对数组 rm 的元素按升序排序。

13.3 标记颜色

打开"考试安排信息处理系统"工作簿，进入 VBA 编辑环境，插入一个模块，命名为"B标记颜色"，在该模块中编写一个子程序 bjys。

这个子程序，用来在当前工作表"考试安排总表"中，以不同的背景颜色在第 7 列标记起始时间相同场次，在第 8 列标记无间隔场次。它包括两个部分。

1. 标记起始时间相同场次

子程序 bjys 的第一部分用来在当前工作表第 7 列用不同背景颜色标记起始时间相同场次。代码如下：

```
clr = 2                                      '背景颜色初值
br = Range("F65536").End(xlUp).Row           '求 F 列数据最大行号
For n = 3 To br                              '按行循环
  rq1 = Cells(n, 1).MergeArea(1, 1)          '取出当前行日期
  sj = Cells(n, 2).MergeArea(1, 1)           '取出当前行时间
  p = InStr(sj, "-")                         '求出 "-" 位置
  sj1 = Left(sj, p - 1)                      '得到起始时间
  If rq1 = rq0 Then                          '日期没改变
    If sj1 <> sj0 Then                       '起始时间不同
      clr = clr + 1                          '改变颜色值
    End If
```

```
    Else                                   '日期发生改变
      clr = clr + 1                        '改变颜色值
    End If
    Cells(n, 7).Interior.ColorIndex = clr  '设置单元格背景颜色
    rq0 = rq1                              '保存当前行日期
    sj0 = sj1                              '保存当前行起始时间
Next
```

在这段代码中，首先设置背景颜色初值给变量 clr，求出当前工作表 F 列数据最大行号。

然后，用 For 循环语句对当前工作表的每一个数据行进行以下操作：

(1) 取出当前行第 1 列合并区域第一个单元格的考试日期。

(2) 取出当前行第 2 列合并区域第一个单元格的考试时间。

(3) 从考试时间字符串分解出起始时间。

(4) 如果当前行的日期与上一行的日期不同，则改变颜色值 clr。如果日期相同，但是当前行起始时间与上一行起始时间不同，也改变颜色值 clr。

(5) 设置当前行第 7 列单元格背景颜色为 clr。

(6) 分别保存当前行的日期和起始时间。

2. 标记无间隔场次

子程序 bjys 的第二部分用来在当前工作表第 8 列用不同背景颜色标记无间隔场次。代码如下：

```
On Error Resume Next                       '忽略时间数据的错误
For n = 3 To br                            '按行循环
  rq1 = Cells(n, 1).MergeArea(1, 1)        '取出当前行日期
  sj = Cells(n, 2).MergeArea(1, 1)         '取出当前行时间
  p = InStr(sj, "-")                       '求出 "-" 位置
  sj1 = Left(sj, p - 1)                     '得到当前行起始时间
  sj = Cells(n - 1, 2).MergeArea(1, 1)     '取出上一行时间
  p = InStr(sj, "-")                       '求出 "-" 位置
  sj0 = Mid(sj, p + 1)                      '得到上一行终止时间
  If rq1 = rq0 And sj1 = sj0 Then          '无间隔场次
    k1 = Cells(n - 1, 2).MergeArea.Count   '求上一合并区域的行数
    k2 = Cells(n, 2).MergeArea.Count       '求当前合并区域的行数
    Cells(n - k1, 8).Resize(k1 + k2, 1).Select '选中区域
    clr = clr + 1                          '改变颜色值
    Selection.Interior.ColorIndex = clr    '设置背景颜色
    n = n + k2 - 1                         '修正循环变量值
  End If
  rq0 = rq1                                '保存当前行日期
Next
Cells(1, 1).Select                         '光标定位
```

在这段代码中，首先用语句 On Error Resume Next 屏蔽因时间数据错误而产生的提示信息。

然后，用 For 循环语句对当前工作表的每一个数据行进行以下操作：

(1) 取出当前行第 1 列合并区域第一个单元格的考试日期。

(2) 取出当前行第 2 列合并区域第一个单元格的考试时间，并从中分解出起始时间。

(3) 取出上一行第 2 列合并区域第一个单元格的考试时间，并从中分解出终止时间。

(4) 如果当前行的日期与上一行的日期相同，并且当前行起始时间与上一行终止时间相同，则分别求出第 2 列上一合并区域的行数、当前合并区域的行数，选中第 8 列这两个合并区域，改变颜色值 clr，设置该区域背景颜色为 clr，修正循环变量的值。

(5) 保存当前行的日期。

最后，光标定位到 1 行 1 列单元格。

3. 测试子程序 bjys

对于如图 13.1 所示的工作表，执行子程序 bjys 后，将得到如图 13.7 所示的结果。

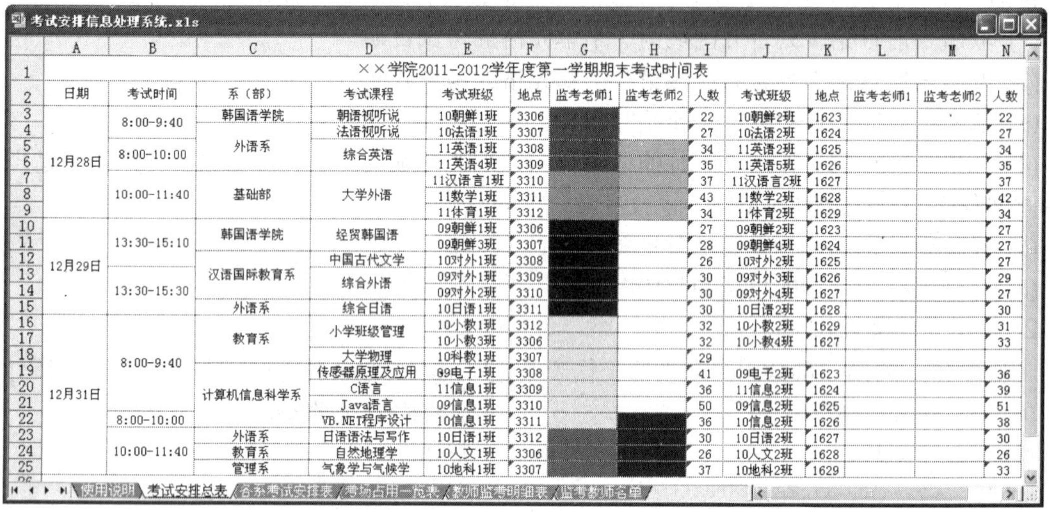

	A	B	C	D	E	F	G	H	I	J	K	L	M	N
1	××学院2011-2012学年度第一学期期末考试时间表													
2	日期	考试时间	系（部）	考试课程	考试班级	地点	监考老师1	监考老师2	人数	考试班级	地点	监考老师1	监考老师2	人数
3	12月28日	8:00-9:40	韩国语学院	朝语视听说	10朝鲜1班	3306			22	10朝鲜2班	1623			22
4			外语系	法语视听说	10法语1班	3307			27	10法语2班	1624			27
5		8:00-10:00		综合英语	11英语1班	3308			34	11英语2班	1625			34
6					11英语4班	3309			35	11英语5班	1626			35
7		10:00-11:40	基础部	大学外语	11汉语言1班	3310			37	11汉语言2班	1627			37
8					11数学1班	3311			43	11数学2班	1628			42
9					11体育1班	3312			34	11体育2班	1629			34
10	12月29日	13:30-15:10	韩国语学院	经贸韩国语	09朝鲜1班	3306			27	09朝鲜2班	1623			27
11					09朝鲜3班	3307			28	09朝鲜4班	1624			27
12			汉语国际教育系	中国古代文学	10对外1班	3308			26	10对外2班	1625			27
13		13:30-15:30		综合外语	09对外1班	3309			30	09对外3班	1626			29
14					09对外2班	3310			30	09对外4班	1627			27
15			外语系	综合日语	10日语1班	3311			30	10日语2班	1628			30
16	12月31日	8:00-9:40	教育系	小学班级管理	10小教1班	3312			32	10小教2班	1629			31
17					10小教3班	3306			32	10小教4班	1627			33
18				大学物理	10科教1班	3307			29					
19			计算机信息科学系	传感器原理及应用	09电子1班	3308			41	09电子2班	1623			36
20				C语言	11信息1班	3309			36	11信息2班	1624			39
21				Java语言	09信息1班	3310			50	09信息2班	1625			51
22		8:00-10:00		VB.NET程序设计	10信息1班	3311			36	10信息2班	1626			38
23		10:00-11:40	外语系	日语语法与写作	10日语1班	3312			30	10日语2班	1627			30
24			教育系	自然地理学	10人文1班	3306			26	10人文2班	1628			26
25			管理系	气象学与气候学	10地科1班	3307			37	10地科2班	1629			33

图 13.7　标记颜色后的“考试安排总表”工作表

可以看出，该工作表中，第 7 列(G 列)的 3～6 行、7～9 行、10～15 行、16～22 行、23～25 行各用一种背景颜色填充，每一种颜色对应的考试起始时间相同。第 8 列(H 列)的 5～9 行、22～25 行各用一种非白色背景颜色填充，每一种颜色对应的考试场次无时间间隔。

13.4　安排监考教师

在“考试安排信息处理系统”工作簿中，选中“考试安排总表”工作表，单击自定义工具栏的“安排监考教师”按钮，将执行子程序 pjs，在当前工作表特定区域按规则填写监考教师名，得到如图 13.3 所示的结果。

在 VBA 编辑环境中插入一个模块，命名为“C 安排监考教师”，在模块中编写子程序 pjs。它包括两个部分。

1. 初始准备

在子程序 pjs 中，首先用以下代码做一些初始准备工作：

```
Call cfb                                   '清除条件格式和背景颜色
Call bjys                                  '标记起始时间相同、无间隔场次
Set sj = Sheets("监考教师名单")             '设置工作表对象变量 sj
sj.Columns("C:IV").Delete                  '删除 sj 第 3 列到最后一列
jr = sj.Range("A65536").End(xlUp).Row      '求 sj 有效数据最大行号
Randomize Timer                            '设置随机数种子
```

```
For k = 1 To jr
   sj.Cells(k, 3) = Int(Rnd * 10000)       '在 sj 第 3 列设置随机数
Next
sj.Range("A1").Sort Key1:=sj.Range("C2"), Header:=xlGuess '按随机数排序
sj.Columns(2).Copy sj.Columns(3)          '复制 sj 第 2 列到第 3 列
sj.Cells(1, 3) = "剩余次数"                '改写标题
br = Range("F65536").End(xlUp).Row        '求当前工作表数据最大行号
rg = "G3:H" & br & ",L3:M" & br           '确定单元格区域
Range(rg).ClearContents                   '清除区域原有内容
```

这段代码首先调用子程序 cfb，清除当前工作表的条件格式和背景颜色。调用子程序 bjys，用不同的背景颜色在第 7 列标记起始时间相同场次，在第 8 列标记无间隔场次。为简化代码，将"监考教师名单"工作表用对象变量 sj 表示。

然后，进行以下操作：

(1) 删除"监考教师名单"工作表第 3 列到最后一列，求出"监考教师名单"工作表有效数据最大行号，设置随机数种子，用 For 语句在"监考教师名单"工作表第 3 列设置随机数。

(2) 对"监考教师名单"工作表的数据按随机数排序。

(3) 复制"监考教师名单"工作表第 2 列到第 3 列，并把第 3 列的标题改为"剩余次数"。

(4) 求当前工作表 F 列数据最大行号，依此确定要填写监考教师名的单元格区域，用变量 rg 表示，清除该区域原有内容。

2. 填写监考教师名

子程序 pjs 的第二部分，向区域 rg 每个应该填写监考教师名的单元格填写教师名。代码如下：

```
For Each d In Range(rg)                    '对区域的每个单元格进行循环
   r = d.Row                               '单元格的行号
   bj = d.Offset(0, -2)                    '班级或地点
   If Len(Trim(bj)) = 0 Then GoTo nx       '跳过班级或地点为空的单元格
   c7 = Cells(r, 7).Interior.ColorIndex    '取当前行第 7 列单元格背景颜色
   c8 = Cells(r, 8).Interior.ColorIndex    '取当前行第 8 列单元格背景颜色
   For h = 2 To jr                         '逐行扫描 sj 工作表
     k = Val(sj.Cells(h, 3))               '取出监考倒计数器值
     If k > 0 Then                         '倒计数值大于 0
       tc = sj.Cells(h, 1)                 '取出监考教师名
       Set rg = Range(sj.Cells(h, 4), sj.Cells(h, 256)) '颜色值区域
       Set d7 = rg.Find(c7)               '查找颜色值 c7
       Set d8 = rg.Find(c8)               '查找颜色值 c8
       If d7 Is Nothing And d8 Is Nothing Then  '颜色值区域中不含 c7 和 c8
         d.Value = tc                      '填写教师名
         sj.Cells(h, 3) = k - 1            '计数器减 1
         cn = sj.Cells(h, 256).End(xlToLeft).Column '有效数据最大列号
         sj.Cells(h, cn + 1) = c7          '填写颜色值 c7
         If c8 <> 2 Then                   '是有效颜色值
           sj.Cells(h, cn + 2) = c8        '填写颜色值 c8
         End If
         Exit For                          '退出本层循环
       End If
```

```
      End If
    Next
  nx:
  Next
```

在这段代码中，用 For Each 语句对 rg 区域的每个单元格 d 进行以下操作：

(1) 取出单元格的行号、对应的考试班级或地点。如果考试班级或地点为空，则跳过该单元格，进入下一循环。否则进行(2)、(3)步。

(2) 取出当前行第 7 列、第 8 列单元格背景颜色，分别保存到变量 c7、c8 中。

(3) 用 For 循环语句扫描"监考教师名单"工作表的每个数据行。从"监考教师名单"工作表第 3 列单元格中取出教师的监考次数倒计数器值。如果倒计数器值大于 0，则从第 1 列单元格取出监考教师名，再在第 4 列以后的区域中查找颜色值 c7 和 c8。如果区域中不含 c7 和 c8，说明该教师尚未安排在对应的时间段监考，则在当前工作表的单元格 d 填写教师名，将"监考教师名单"工作表该教师的监考次数倒计数器值减 1，并把填写颜色值 c7 添加到"监考教师名单"工作表该教师所在行现有数据的右边。如果颜色值 c8 不是 2(白色)，再把颜色值 c8 添加到现有数据的右边。

建议读者打开案例文件进行单步跟踪，以便进一步理解这段代码。

13.5　标记重复内容

选中"考试安排总表"工作表，单击自定义工具栏的"标记重复内容 1"按钮，执行子程序 bj1，根据当前工作表第 7 列颜色，为起始时间相同场次检测区设置条件格式，把内容相同的单元格用红色字体进行标识。单击自定义工具栏的"标记重复内容 2"按钮，执行子程序 bj2，根据当前工作表第 8 列颜色，为无间隔场次检测区设置条件格式，把内容相同的单元格用红色字体进行标识。

在 VBA 编辑环境中插入一个模块，命名为"D 标记重复内容"，在模块中编写 bj1、bj2 和 tjgs 子程序。

1. 子程序 bj1

子程序 bj1 用来标记起始时间相同场次检测区的重复内容。代码如下：

```
Sub bj1()
  Application.ScreenUpdating = False
  Call cfb
  Call bjys
  Call tjgs(7)
  Application.ScreenUpdating = True
End Sub
```

在这个子程序中，首先关闭屏幕更新。然后做以下 3 件事：

(1) 调用子程序 cfb，清除当前工作表条件格式和背景颜色。

(2) 调用子程序 bjys，以不同的背景颜色标记起始时间相同、无间隔场次。

(3) 调用子程序 tjgs，根据当前工作表第 7 列颜色，为起始时间相同场次检测区设置条件格式，标记重复内容。

最后，打开屏幕更新。

2. 子程序 bj2

子程序 bj2 用来标记无间隔场次检测区的重复内容。代码如下：

```
Sub bj2()
  Application.ScreenUpdating = False
  Call cfb
  Call bjys
  Columns(7).Interior.ColorIndex = 2
  Call tjgs(8)
  Application.ScreenUpdating = True
End Sub
```

这个子程序与 bj1 相似。不同之处：

(1) 增加一条语句，清除第 7 列背景颜色。

(2) 调用子程序 tjgs，根据当前工作表第 8 列颜色，为无间隔场次检测区设置条件格式，标记重复内容。

3. 子程序 tjgs

子程序 tjgs 用来根据第 cn 列颜色，为检测区设置条件格式，达到标记重复内容目的。形式参数 cn 表示列号。代码如下：

```
Sub tjgs(cn)
  clr0 = Cells(3, cn).Interior.ColorIndex           '取出背景颜色初值
  br = Range("F65536").End(xlUp).Row                '求 F 列数据最大行号
  For n = 3 To br + 1                               '按行循环
    clr1 = Cells(n, cn).Interior.ColorIndex         '取出背景颜色
    If clr1 = clr0 Then                             '背景颜色未改变
      k = k + 1                                     '累计行数
    Else                                            '背景颜色已改变
      If clr0 <> 2 Then                             '不是白色背景
        are = "$D$" & n - k & ":$N$" & n - 1        '区域范围
        fml = "=COUNTIF(" & are & ",D" & n - k & ")>1"  '条件表达式
        Range(are).Select                           '选中区域
        Selection.FormatConditions.Add Type:=xlExpression, Formula1:=fml
        Selection.FormatConditions(1).Font.ColorIndex = 3 '设置条件格式
        are = "$B$" & n - k & ":$N$" & n - 1        '区域范围
        clr = IIf(clr = 34, 35, 34)                 '交换颜色值
        Range(are).Interior.ColorIndex = clr        '填充背景颜色
      End If
      k = 1                                         '重置计数器
      clr0 = clr1                                   '保存背景颜色
    End If
  Next
  Range("I:I,N:N").FormatConditions.Delete          '删除"人数"列条件格式
  Range("A1").Select                                '光标定位
End Sub
```

在这个子程序中，首先从当前工作表 3 行 cn 列单元格取出背景颜色作为初值，送给变量 clr0。求出当前工作表 F 列数据最大行号 br。

然后，用 For 循环语句对当前工作表的 3 到 br+1 的每一行进行以下操作：

(1) 取出当前行 cn 列单元格背景颜色，用变量 clr1 表示。如果 clr1 与 clr0 的值相同，也就是

211

当前行与上一行背景颜色相同，则用变量 k 累计行数，进入下一循环。否则进行(2)、(3)步。

(2) 如果 clr0 的值不等于 2(不是白色背景)，则对 D~N 列、当前行之上的 k 行单元格区域，设置条件公式和条件格式，使该区域内容相同的单元格设为红色字体。设置该区域的背景颜色。相邻区域的背景用"浅绿"和"浅青绿"交替填充。

(3) 重置计数器 k 的值为 1，保存当前行背景颜色值到变量 clr0 中。

最后，删除 I、N 两列条件格式，取消对相同人数单元格的标识。光标定位到 A1 单元格。

程序运行后，可以通过 Excel "格式"菜单的"条件格式"项，看到相应区域的条件格式。

13.6　生成各系考试安排表

打开"考试安排信息处理系统"工作簿，在选中"各系考试安排表"工作表的情况下，单击自定工具栏的"生成当前表"按钮，将执行子程序 xks，生成按系部、日期、时间排序的考试安排表，得到如图 13.4 所示的结果。

本节对子程序 xks 进行设计和分析。

在 VBA 编辑环境中插入一个模块，命名为"E 各系考试"，在模块中编写一个子程序 xks。该子程序包括 4 个部分。

1. 复制数据

在子程序 xks 中，首先用以下代码将"考试安排总表"工作表的数据复制到当前工作表：

```
Call csh                                        '对当前工作表初始化
Rows(1).Font.ColorIndex = 5                     '第 1 行蓝色字体
Application.ScreenUpdating = False              '关闭屏幕更新
Set ssh = Sheets("考试安排总表")                '设置工作表对象
rn = ssh.Range("F65536").End(xlUp).Row          '求 ssh 数据最大行号
For r = 2 To rn                                 '对 ssh 按行循环
  Cells(r - 1, 1) = ssh.Cells(r, 3).MergeArea(1, 1)   '复制系(部)
  Cells(r - 1, 2) = ssh.Cells(r, 1).MergeArea(1, 1)   '复制日期
  sj = ssh.Cells(r, 2).MergeArea(1, 1)          '取出考试时间
  p = InStr(sj, "-")                            '求 "-" 位置
  If p > 0 Then                                 '是有效时间
    sj1 = Format(Left(sj, p - 1), "hh:mm")      '起始时间
    sj2 = Format(Mid(sj, p + 1), "hh:mm")       '终止时间
    sj = sj1 & "-" & sj2                        '字符串拼接
  End If
  Cells(r - 1, 3) = sj                          '填写考试时间
  For c = 4 To 14                               '复制其余数据项
    Cells(r - 1, c) = ssh.Cells(r, c).MergeArea(1, 1)
  Next c
Next r
Cells.Columns.AutoFit                           '设置最适合的列宽
```

在这段代码中，首先调用基础模块的子程序 csh，对当前工作表进行初始化。将第 1 行设置为蓝色字体。关闭屏幕更新。用变量 ssh 表示"考试安排总表"工作表对象。求出 ssh 工作表有效数据最大行号。

然后，用 For 循环语句对"考试安排总表"工作表的每一个数据行进行以下操作：

(1) 复制当前行第 3 列合并区域首个单元格的系部名称或表头到当前工作表第 1 列。

(2) 复制当前行第 1 列合并区域首个单元格的日期或表头到当前工作表第 2 列。

(3) 取出当前行第 2 列合并区域首个单元格的考试时间或表头。如果其中包含字符"-"，则分解出起始时间、终止时间，转换为标准的时间格式字符串，填写到当前工作表第 3 列。如果不包含字符"-"，说明是表头，则直接填写到当前工作表第 3 列。

(4) 用 For 循环语句复制当前行 4～14 列数据或表头到当前工作表。

(5) 对当前工作表的所有单元格设置最适合的列宽。

2. 排序

子程序 xks 的第二部分用以下语句，对当前工作表的数据区，按系部、日期、时间升序排序：

```
Range("A1").CurrentRegion.Sort _
Key1:=Range("A2"), Order1:=xlAscending, _
Key2:=Range("B2"), Order2:=xlAscending, _
Key3:=Range("C2"), Order3:=xlAscending, _
Header:=xlGuess
```

3. 合并单元格

子程序 xks 的第三部分，对当前工作表系部、日期、考试时间、考试课程数据项内容相同的单元格进行合并。代码如下：

```
Application.DisplayAlerts = False                              '关闭确认开关
rn = ActiveSheet.UsedRange.Rows.Count                         '求数据区最大行号
For r = 2 To rn                                               '按行循环
  a1 = Cells(r, 1)                                            '一项数据
  b1 = Cells(r, 1) & Cells(r, 2)                              '两项数据
  c1 = Cells(r, 1) & Cells(r, 2) & Cells(r, 3)                '三项数据
  d1 = Cells(r, 1) & Cells(r, 2) & Cells(r, 3) & Cells(r, 4)  '四项数据
  If a1 = a0 Then                                             '与上一行一项相同
    Range(Cells(r, 1), Cells(r - 1, 1)).Merge                 '与上一行 1 列合并
  End If
  If b1 = b0 Then                                             '与上一行两项相同
    Range(Cells(r, 2), Cells(r - 1, 2)).Merge                 '与上一行 2 列合并
  End If
  If c1 = c0 Then                                             '与上一行三项相同
    Range(Cells(r, 3), Cells(r - 1, 3)).Merge                 '与上一行 3 列合并
  End If
  If d1 = d0 Then                                             '与上一行四项相同
    Range(Cells(r, 4), Cells(r - 1, 4)).Merge                 '与上一行 4 列合并
  End If
  a0 = a1: b0 = b1: c0 = c1: d0 = d1                          '保存当前行数据
Next r
Application.DisplayAlerts = True                              '打开确认开关
Cells.Rows.AutoFit                                            '最适合的行高
```

这段代码首先关闭确认开关，使得合并单元格时，不提示"只能保留最左上角的数据"。

然后用 For 循环语句，对当前工作表从第 2 行开始的每一个数据行进行以下操作：

(1) 取出当前行的系部名称，送给变量 a1。将当前行的系部名称与日期合并为一个字符串，送给变量 b1。将当前行的系部名称、日期和考试时间合并为一个字符串，送给变量 c1。将当前

行的系部名称、日期、考试时间和考试课程合并为一个字符串，送给变量 d1。

(2) 如果 a1 的值与上一行系部名称相同，则当前行第 1 列与上一行第 1 列单元格合并。

(3) 如果 b1 的值与上一行系部名称、日期相同，则当前行第 2 列与上一行第 2 列单元格合并。

(4) 如果 c1 的值与上一行系部名称、日期、考试时间相同，则当前行第 3 列与上一行第 3 列单元格合并。

(5) 如果 d1 的值与上一行系部名称、日期、考试时间、考试课程相同，则当前行第 4 列与上一行第 4 列单元格合并。

(6) 保存当前行 a1、b1、c1、d1 的值。

最后，打开确认开关，设置当前工作表所有单元格为最适合的行高。

4. 收尾

子程序 xks 的最后部分，对当前工作表进行添加标题、设置数据区边框线等收尾操作。代码如下：

```
Rows(1).Insert Shift:=xlDown                    '插入标题行
Range(Cells(1, 1), Cells(1, 14)).Merge          '合并第 1 行单元格
Cells(1, 1).Font.Size = 12                      '设置字号
Cells(1, 1) = "各系考试安排表"                    '填写标题
Range("A2:N" & r).Borders.Weight = xlHairline   '设置虚线边框
Application.ScreenUpdating = True               '打开屏幕更新
```

13.7　生成考场占用一览表

打开"考试安排信息处理系统"工作簿，在选中"考场占用一览表"工作表的情况下，单击自定工具栏的"生成当前表"按钮，将执行子程序 trl，生成一个二维表格，标出各考场在各日期、考试时间的监考教师，从而得到如图 13.5 所示的考场占用情况一览表。

本节对子程序 trl 进行设计和分析。

在 VBA 编辑环境中插入一个模块，命名为"F 考场占用"，在模块中编写一个子程序 trl。该子程序包括 4 个部分。

1. 生成日期、时间表头

子程序 trl 的第一部分，把"考试安排总表"的日期、考试时间转置，填写到当前工作表的第 2、3 行，形成二维表格的表头，代码如下：

```
Call csh                                        '对当前工作表初始化
Application.ScreenUpdating = False              '关闭屏幕更新
Set ssh = Sheets("考试安排总表")                 '设置工作表对象
rn = ssh.UsedRange.Rows.Count                   '求数据区最大行号
c = 1: k = 2                                     '时间、日期列号初值
For n = 3 To rn                                 '按行循环
  sj = ssh.Cells(n, 2)                          '取出考试时间
  If Not IsEmpty(sj) Then                       '不空
    c = c + 1                                    '调整列号
    Cells(3, c) = sj                            '填写考试时间
  End If
  rq = ssh.Cells(n, 1)                          '取出考试日期
  If Not IsEmpty(rq) Then                       '不空
```

```
    Cells(2, c) = rq                          '填写考试日期
    If c > k Then                             '非第一个日期
      Range(Cells(2, k), Cells(2, c - 1)).Merge '合并单元格
      k = c                                   '记录起始列号
    End If
  End If
Next
Range(Cells(2, k), Cells(2, c)).Merge         '合并最后日期单元格
```

这段代码首先调用子程序 csh 对当前工作表进行初始化。关闭屏幕更新。用变量 ssh 表示"考试安排总表"工作表对象，求出该工作表数据区最大行号。用变量 c 和 k 分别表示考试时间、日期在当前工作表对应的列号，并置初值。

然后，用 For 循环语句对"考试安排总表"工作表的每个数据行进行以下操作：

(1) 取出该行的考试时间。如果不空，则列号 c 加 1，把考试时间填入当前工作 3 行 c 列单元格。

(2) 取出该行的考试日期。如果不空，则把考试日期填入当前工作 2 行 c 列单元格。如果 c 大于 k，说明刚刚填写的不是第一个日期，则合并第 2 行 k 列至 c-1 列单元格，并把 c 的值送给 k，重新记录要合并单元格的起始列号。

循环结束后，合并末尾日期单元格。

2. 填写考场号

子程序 trl 的第二部分，把"考试安排总表"工作表的全部考场号，排除重复值、排序后填写到当前工作表第 1 列从第 4 行开始的单元格区域。代码如下：

```
Call srm("考场")
For k = 1 To UBound(rm)
  Cells(k + 3, 1) = rm(k)
Next k
```

它首先调用子程序 srm，把"考试安排总表"工作表的全部考场号，排除重复值、排序后送全局数组 rm。再把数组中的考场号依次填入当前工作表第 1 列从第 4 行开始的单元格区域。

3. 填写监考教师名

子程序 trl 的第三部分，在当前工作表中，标出各考场在各日期、考试时间的监考教师。代码如下：

```
lr = Range("A65536").End(xlUp).Row                '求数据最大行号
For h = 4 To lr                                   '按行循环
  s = Cells(h, 1)                                 '取考场号
  For r = 3 To rn                                 '对 ssh 按行循环
    For c = 6 To 11 Step 5                        '对 ssh 按列循环
      sv = ssh.Cells(r, c)                        '取出单元格内容
      If s = sv Then                              '考场号匹配
        v = ssh.Cells(r, c).Offset(0, 1)          '取出两位教师名
        v = v & "," & ssh.Cells(r, c).Offset(0, 2)
        qr = ssh.Cells(r, 1).MergeArea(1, 1)      '取出日期
        sj = ssh.Cells(r, 2).MergeArea(1, 1)      '取出时间
        c1 = Rows(2).Find(qr).Column              '查找日期所在列
        Set rg = Range(Cells(3, c1 - 1), Cells(3, 256)) '设置区域
```

215

```
        c2 = rg.Find(sj).Column                    '查找时间所在列
        Cells(h, c2) = v                           '填写监考教师名
      End If
    Next c
  Next r
Next h
```

这段代码首先求出当前工作表有效数据的最大行号，然后用 For 循环语句对当前工作表第 4 行以后的每一行进行以下操作：

(1) 从该行第 1 列取出考场号，送给变量 s。

(2) 用双重循环结构扫描"考试安排总表"工作表的每个考场号单元格。如果该单元格的考场号与变量 s 的值相同，则取出右边两相邻单元格的教师名，拼接成一个以逗号分隔两教师名的字符串，保存到变量 v 中。再取该单元格对应的考试日期、考试时间，分别保存到变量 qr 和 sj 中。最后在当前工作表第 2 行中查找日期 rq 所在的列号 c1，在第 3 行、c1-1 列右边查找时间 sj 所在的列号 c2，把监考教师名填写到当前工作表该考场号所在行的 c2 列单元格。

4. 收尾

子程序 trl 的最后部分，对当前工作表进行添加标题、设置数据区边框线等收尾操作。代码如下：

```
c = Cells(3, 256).End(xlToLeft).Column             '求第 3 行数据最大列号
Range(Cells(1, 1), Cells(1, c)).Merge              '合并第 1 行单元格
Cells(1, 1).Font.Size = 12                         '设置字号
Cells(1, 1) = "考场占用情况一览表"                  '填写标题
Range(Cells(2, 1), Cells(3, 1)).Merge              '合并 1 列 2～3 行单元格
Cells(2, 1) = "考场"                               '填写左上角标题
Range(Cells(2, 1), Cells(lr, c)).Borders.Weight = xlHairline  '设置虚线边框
Cells.Columns.AutoFit                              '设置最适合的列宽
Application.ScreenUpdating = True                  '打开屏幕更新
```

13.8 生成教师监考明细表

打开"考试安排信息处理系统"工作簿，在选中"教师监考明细表"工作表的情况下，单击自定工具栏的"生成当前表"按钮，将执行子程序 jsf，生成每一位教师的监考明细表，结果如图 13.6 所示。

本节对子程序 jsf 进行设计和分析。

在 VBA 编辑环境中插入一个模块，命名为"G 教师监考"，在模块中编写一个子程序 jsf。该子程序包括 3 个部分。

1. 初始准备

子程序 jsf 第一部分代码如下：

```
Call csh
Call srm("教师")
Set ssh = Sheets("考试安排总表")
rn = ssh.UsedRange.Rows.Count
Application.ScreenUpdating = False
```

它调用子程序 csh 对当前工作表进行初始化。调用子程序 srm 把"考试安排总表"工作表的全部教师名，排除重复值、排序后送全局数组 rm。用变量 ssh 表示"考试安排总表"工作表对象，求出该工作表数据区最大行号。关闭屏幕更新。

2. 生成表格数据

子程序 trl 的第二部分，在当前工作表中，生成每位教师监考明细表数据。代码如下：

```
For k = 1 To UBound(rm)                              '扫描数组每个元素
  h = h + 1                                          '目标行号加 1
  Cells(h, 1) = rm(k) & "老师监考安排"                '设置表格标题
  Range(Cells(h, 1), Cells(h, 6)).Merge              '合并标题单元格
  h = h + 1                                          '目标行号加 1
  Cells(h, 1) = "考试日期"                            '设置表头
  Cells(h, 2) = "考试时间"
  Cells(h, 3) = "系(部)"
  Cells(h, 4) = "考试课程"
  Cells(h, 5) = "考试班级"
  Cells(h, 6) = "地点"
  rq0 = ""                                           '日期初值
  For r = 3 To rn                                    '对 ssh 按行循环
    For c = 7 To 13                                  '对 ssh 按列循环
      sv = ssh.Cells(r, c)                           '取出单元格内容
      If rm(k) = sv Then                             '找到教师名
        h = h + 1                                    '目标行号加 1
        rq1 = ssh.Cells(r, 1).MergeArea(1, 1)        '取出日期
        If rq1 = rq0 Then                            '与上一行日期相同
          Range(Cells(h, 1), Cells(h - 1, 1)).Merge  '与上一单元格合并
        Else
          Cells(h, 1) = rq1                          '填写日期
        End If
        rq0 = rq1                                    '保存当前日期
        Cells(h, 2) = ssh.Cells(r, 2).MergeArea(1, 1) '考试时间
        Cells(h, 3) = ssh.Cells(r, 3).MergeArea(1, 1) '系部
        Cells(h, 4) = ssh.Cells(r, 4).MergeArea(1, 1) '考试课程
        Cells(h, 5) = ssh.Cells(r, (c \ 5) * 5)       '考试班级
        Cells(h, 6) = ssh.Cells(r, (c \ 5) * 5 + 1)   '地点
      End If
    Next c
  Next r
Next k
```

这段代码用 For 循环语句对数组 rm 的每个元素进行以下操作：

(1) 设置当前工作表目标行号 h 的值。

(2) 在 h 行 1 列单元格设置一位教师监考明细表的标题，合并该行 1～6 列单元格，当前工作表目标行号 h 的值加 1。

(3) 在标题下一行的 1～6 列单元格设置表头。

(4) 用双重循环结构扫描"考试安排总表"工作表的每个可能包含监考教师名的单元格。如

果该单元格的内容与当前数组元素的值相同，则进行以下操作：① h 的值加 1，取出该单元格对应的考试日期 rq1。② 如果 rq1 的值与上一行的日期相同，则与上一单元格合并，否则在 h 行 1 列单元格填写 rq1 的值。③ 保存当前日期 rq1 到变量 rq0。④ 将该单元格对应的考试时间、系部、考试课程、考试班级、地点信息填写到当前工作表 h 的 2～6 列单元格。由于在"考试安排总表"工作表中，监考教师 1、监考教师 2 对应的考试班级和地点相同，所以要根据监考教师名所在的单元格列号计算出对应的考试班级和地点单元格的列号。

3. 收尾

子程序 trl 的最后部分，对当前工作表进行设置列宽、添加数据区边框线等收尾操作。代码如下：

```
Cells.Columns.AutoFit                              '设置最适合的列宽
With ActiveSheet.UsedRange
  .Borders(xlInsideVertical).Weight = xlHairline    '内部垂直虚线
  .Borders(xlInsideHorizontal).Weight = xlHairline  '内部水平虚线
  .Borders(xlEdgeBottom).Weight = xlHairline        '下部虚线
End With
Application.ScreenUpdating = True                  '打开屏幕更新
```

上机实验题目

1. 在本章软件中增加一个功能：分别列出每位教师的普通考试监考场次和重点考试监考场次。

注：时长超过两节课(100 分钟)的考试为重点考试。

2. 在本章软件中增加一个生成"教师监考时间、地点一览表"功能。形式与"考场占用情况一览表"类似，只是把 A 列的考场号改为教师名，表格中填写的内容由教师名改为考场号。

3. 在本章软件的工作簿中添加一个工作表"教师任课"，其中设"教师"、"授课班级"、"课程名称"三个数据项，输入每位教师的授课班级和课程名称。然后修改"安排监考教师"子程序，避免每一位教师给自己的授课班级和课程监考。

第 14 章 人力资源管理信息系统

本章介绍一个用 Excel 和 VBA 开发的"人力资源管理信息系统"应用软件。该软件是针对独立学院的人力资源管理需求而设计的，稍加修改可用于其他企事业单位。它可以方便地对员工的电子档案信息进行输入、修改、删除、查询、排序、打印等操作，灵活地对数据项和数据行进行筛选。能够自动根据身份证号填写性别、出生日期、身份证地址，自动计算当前年龄、工龄，具有生日提醒、合同到期提醒功能。可以生成员工的个人履历表、数据统计表和数据统计图。

涉及的主要技术有：数据项筛选，数据行筛选，身份证信息应用，日期函数的应用，数据转存，可见数据区边界控制，图表控制。

14.1 使 用 说 明

本软件包含一个 Excel 工作簿文件"人力资源管理信息系统.xls"和一个"照片"文件夹。"照片"文件夹用来存放员工的照片文件，照片文件以员工编号命名，扩展名为 jpg。"照片"文件夹应与工作簿文件放在相同的目录下。

打开"人力资源管理信息系统"工作簿，可以看到 4 张工作表和一个自定义工具栏，在各个工作表中可以进行相应的操作。

1. 输入、修改、删除、复制数据

在"电子档案"工作表中，可直接输入、修改、删除教职工的各项数据。也可对数据行、数据项进行筛选、排序后，再进行数据操作。输入基本信息的"电子档案"工作表如图 14.1 所示(其中的所有信息均为虚拟的)。

图 14.1 输入基本信息的"电子档案"工作表

如果从其他数据源复制数据，请用“选择性粘贴”方式，只粘贴数值，以免影响格式。

2. 数据项筛选

在自定义工具栏的组合框中，选择“基本信息”项，当前工作表显示出如图 14.1 所示的数据项。如果选择“扩展信息”项，当前工作表显示出如图 14.2 所示的数据项。

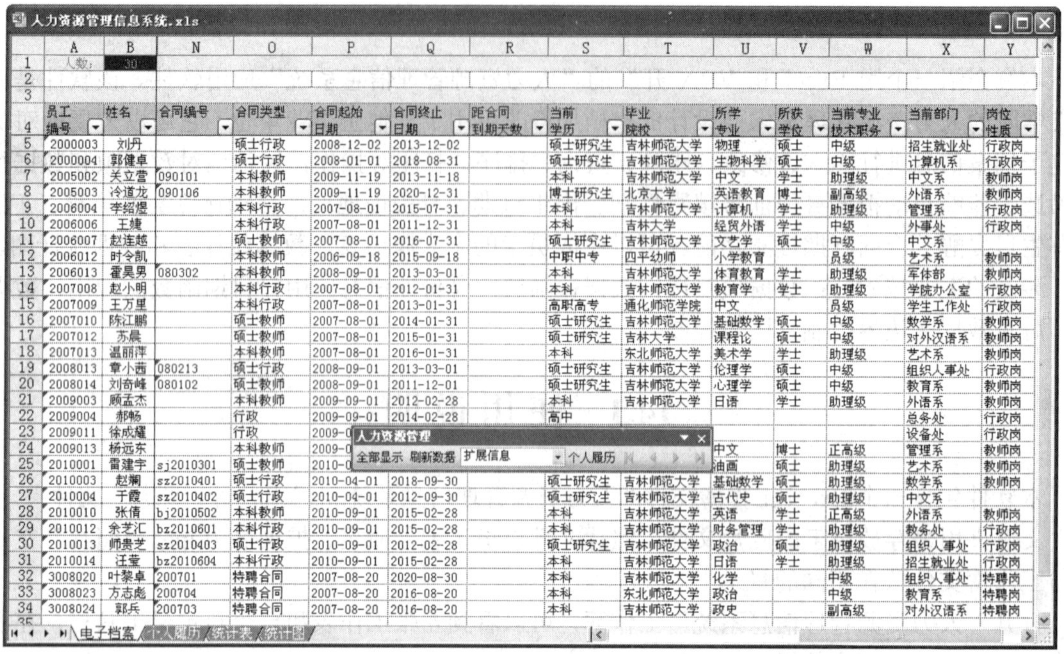

	A	B	N	O	P	Q	R	S	T	U	V	W	X	Y
1	人数:	30												
2														
3														
4	员工编号	姓名	合同编号	合同类型	合同起始日期	合同终止日期	距合同到期天数	当前学历	毕业院校	所学专业	所获学位	当前专业技术职务	当前部门	岗位性质
5	2000003	刘丹		硕士行政	2008-12-02	2013-12-02		硕士研究生	吉林师范大学	物理	硕士	中级	招生就业处	行政岗
6	2000004	郭健卓		硕士行政	2008-01-01	2018-08-31		硕士研究生	吉林师范大学	生物科学	硕士	中级	计算机系	行政岗
7	2005002	关立营	090101	本科教师	2009-11-19	2013-11-18		本科	吉林师范大学	中文	学士	助理级	中文系	教师岗
8	2005003	冷道龙	090106	本科教师	2009-11-19	2020-12-31		博士研究生	北京大学	英语教育	博士	副高级	外语系	教师岗
9	2006004	李绍煜		本科行政	2007-08-01	2015-07-31		本科	吉林师范大学	计算机	学士	助理级	管理系	行政岗
10	2006006	王婕		本科行政	2007-08-01	2011-12-31		本科	吉林大学	经贸外语	学士	中级	外事处	行政岗
11	2006007	赵连越		硕士教师	2007-08-01	2016-07-31		硕士研究生	吉林师范大学	文艺学	硕士	中级	中文系	
12	2006012	时令凯		本科教师	2006-09-18	2015-09-18		中职中专	四平幼师	小学教育		员级	艺术系	教师岗
13	2006013	霍昊男	080302	本科教师	2008-09-01	2013-03-01		本科	吉林师范大学	体育教育	学士	助理级	军体部	教师岗
14	2007008	赵小明		本科行政	2007-08-01	2012-01-31		本科	吉林师范大学	教育学	学士	助理级	学院办公室	行政岗
15	2007009	王万里		本科行政	2007-08-01	2013-01-31		高职高专	通化师范学院	中文		员级	学生工作处	行政岗
16	2007010	陈江鹏		硕士教师	2007-08-01	2014-01-31		硕士研究生	吉林师范大学	基础数学	硕士	中级	数学系	教师岗
17	2007012	苏晨		硕士教师	2007-08-01	2015-01-31		硕士研究生	吉林大学	课程论	硕士	中级	对外汉语系	教师岗
18	2007013	温丽萍		本科教师	2007-08-01	2016-01-31		本科	东北师范大学	美术学	学士	助理级	艺术系	教师岗
19	2008013	章小茜	080213	硕士行政	2008-09-01	2013-03-01		硕士研究生	吉林师范大学	伦理学	硕士	中级	组织人事处	行政岗
20	2008014	刘奇峰	080102	硕士教师	2008-09-01	2011-12-01		硕士研究生	吉林师范大学	心理学	硕士	中级	教育系	教师岗
21	2009003	顾孟杰		本科教师	2009-09-01	2012-02-28		本科	吉林师范大学	日语	学士	助理级	外语系	教师岗
22	2009004	郝畅		行政	2009-09-01	2014-02-28		高中					总务处	行政岗
23	2009011	徐成耀		行政	2009-0								设备处	行政岗
24	2009013	杨远东		本科教师	2009-0					中文	博士	正高级	管理系	教师岗
25	2010001	雷建宇	sj2010301	硕士教师	2010-0					油画	硕士	助理级	艺术系	教师岗
26	2010003	赵斓	sz2010401	硕士行政	2010-04-01	2018-09-30		硕士研究生	吉林师范大学	基础数学	硕士	助理级	数学系	教师岗
27	2010004	于霞	sz2010402	硕士行政	2010-04-01	2012-09-30		硕士研究生	吉林师范大学	古代史	硕士	助理级	中文系	
28	2010010	张倩	bj2010502	本科教师	2010-09-01	2015-02-28		本科	吉林师范大学	英语	学士	正高级	外语系	教师岗
29	2010012	余芝汇	bz2010601	本科行政	2010-09-01	2015-02-28		本科	吉林师范大学	财务管理	学士	助理级	教务处	行政岗
30	2010013	师贵芝	sz2010403	硕士行政	2010-09-01	2012-02-28		硕士研究生	吉林师范大学	政治	硕士	助理级	组织人事处	行政岗
31	2010014	汪莹	bz2010604	本科行政	2010-09-01	2015-02-28		本科	吉林师范大学	日语	学士	助理级	招生就业处	行政岗
32	3008020	叶黎卓	200701	特聘合同	2007-08-20	2020-08-30		本科	吉林师范大学	化学		中级	组织人事处	特聘岗
33	3008023	方志彪	200704	特聘合同	2007-08-20	2016-08-20		本科	东北师范大学	政治		中级	教育系	特聘岗
34	3008024	郭兵	200703	特聘合同	2007-08-20	2016-08-20		本科	吉林师范大学	政史		副高级	对外汉语系	特聘岗

图 14.2　显示扩展信息数据项的“电子档案”工作表

在自定义工具栏的组合框中，选择“全部数据项”，则在“电子档案”工作表中显示出所有数据项。

3. 刷新数据

在“电子档案”工作表中，单击自定义工具栏的“刷新数据”按钮，系统将根据身份证号填写性别、出生日期、身份证地址，并刷新当前年龄、距生日天数、本校工龄、距合同到期天数，用不同颜色标识距生日天数、距合同到期天数长短。

刷新数据后的“电子档案”基本信息数据项如图 14.3 所示。

注：当前系统日期是 2012 年 2 月 15 日。

4. 数据行筛选

在“电子档案”工作表的第 2 行任意单元格输入要查询的关键词，回车后将筛选出该数据项满足条件的数据行，并在 B1 单元格显示满足条件的数据行数。其中，文本型数据项的条件是“包含”关系，多个关键词之间是“与”的关系，中间用半角空格分隔。数值型数据项条件可用“-”分隔数值的下限和上限，不含“-”的一个数值是“等于”关系。多个数据项的条件也是“与”的关系。

例如，在第 2 行的 H 列输入“吉”，回车后将筛选出身份证地址中包含“吉”字的数据行。如果输入“吉 平”，则筛选出身份证地址中既包含“吉”又包含“平”的数据行。

在第 2 行的 G 列输入“32”，回车后将筛选出当前年龄为 32 岁的数据行。如果输入“32-”，则筛选出当前年龄为 32 岁及以上的数据行。如果输入“-32”，则筛选出当前年龄为 32 岁及以下的数据行。如果输入“30-50”，则筛选出当前年龄为 30 岁至 50 岁的数据行。

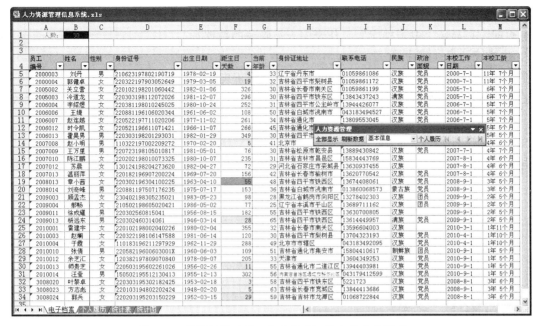

图 14.3 刷新数据后的"电子档案"基本信息数据项

在第 2 行的 G 列输入"50-",然后在第 2 行的 H 列输入"四平",则筛选出当前年龄为 50 岁及以上并且身份证地址中包含"四平"的数据行。

单击自定义工具栏的"全部显示",将显示全部数据行,并且清除第 2 行的条件。

在第 4 行的任意一个数据项单元格中,单击自动筛选三角标志,在下拉列表中选择某一筛选项,也可以筛选出满足条件的数据行。

5. 排序

在第 4 行的某个数据项单元格中单击自动筛选三角标志,在下拉列表中选择"升序排列"或"降序排列",可实现按该数据项的排序。

6. 生成个人履历表

在"电子档案"工作表中,选中任意一个数据行,然后单击自定义工具栏的"个人履历"按钮,系统将提取该行数据,在"个人履历"工作表中得到该员工的履历表,如图 14.4 所示。

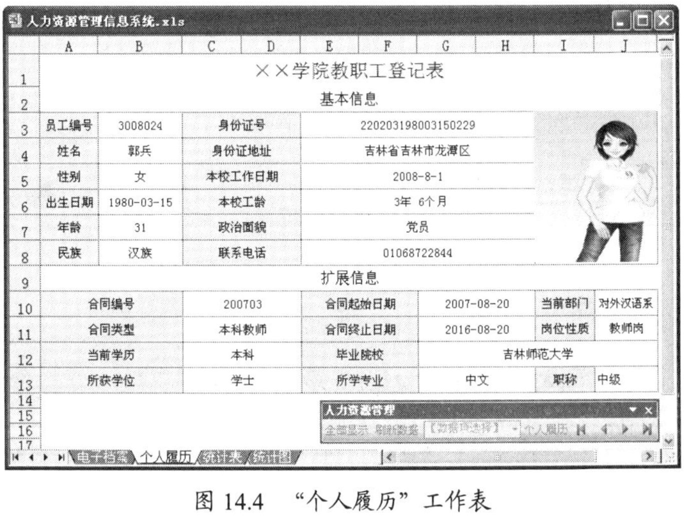

图 14.4 "个人履历"工作表

221

此时，单击自定义工具栏的 ⏮ ◀ ▶ ⏭ 按钮，可以前后翻阅到首页、上一页、下一页、尾页。前后翻页时，只显示“电子档案”工作表中未被隐藏的数据行。

7. 生成统计表、统计图

在“统计表”工作表中，单击自定义工具栏的“刷新数据”按钮，系统会统计有关数据，生成一个如图 14.5 所示的统计表。同时，在“统计图”工作表中，得到对应的统计图，如图 14.6 所示。

人力资源管理信息系统.xls

教职工数据统计表

学历结构

学历 / 岗位	总计		博士研究生		硕士研究生		本科		高职高专		中职中专		高中		其他	
	人数	%	人数	%	人数	%	人数	%	人数	%	人数	%	人数	%	人数	%
教师	14	100.00	2	14.29	5	35.71	6	42.86			1	7.14				
行政	12	100.00			4	33.33	5	41.67	1	8.33			1	8.33	1	8.33
特聘	2	100.00					2	100.00								
其他	2	100.00			2	100.00										
合计	30	100.00	2	6.67	11	36.67	13	43.33	1	3.33	1	3.33	1	3.33	1	3.33

职称结构

职称 / 岗位	总计		正高级		副高级		中级		助理级		员级		其他	
	人数	%	人数	%	人数	%	人数	%	人数	%	人数	%	人数	%
教师	14	100.00	2	14.29	1	7.14	4	28.57	6	42.86	1	7.14		
行政	12	100.00					4	33.33	5	41.67	1	8.33	2	16.67
特聘	2	100.00			1	50.00	1	50.00						
其他	2	100.00					1	50.00	1	50.00				
合计	30	100.00	2	6.67	2	6.67	10	33.33	12	40.00	2	6.67	2	6.67

年龄结构

年龄 / 岗位	总计		34岁以下		35-39岁		40-44岁		45-49岁		50-54岁		55-59岁		60岁以上	
	人数	%	人数	%	人数	%	人数	%	人数	%	人数	%	人数	%	人数	%
教师	14	100.00	9	64.29	1	7.14	1	7.14	1	7.14	1	7.14			1	7.14
行政	12	100.00	6	50.00			1	8.33	1	8.33	1	8.33	3	25.00		
特聘	2	100.00											1	50.00	1	50.00
其他	2	100.00	1	50.00					1	50.00						
合计	30	100.00	16	53.33	1	3.33	2	6.67	3	10.00	2	6.67	4	13.33	2	6.67

制表日期： 2012-2-15

人力资源管理

全部显示 刷新数据 个人履历

电子档案 个人履历 统计表 统计图

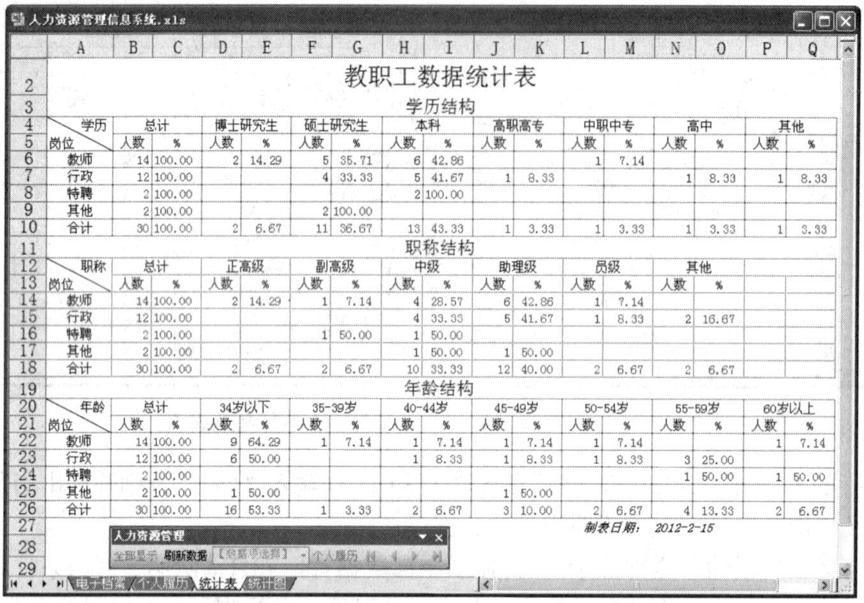

图 14.5 “统计表”工作表

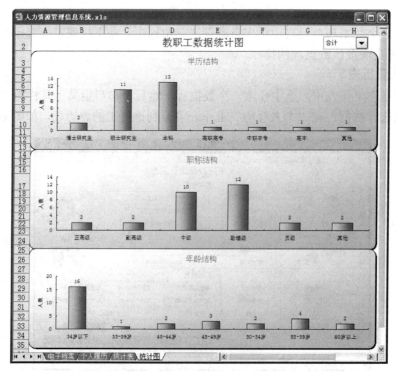

图 14.6 “统计图”工作表

在"统计图"工作表右上方的组合框中选择"教师"、"行政"、"特聘"、"其他"岗位类型或"合计",将得到相应岗位类型或全部岗位类型的统计图。

14.2 数据项筛选

通过前面的介绍,我们对软件的需求和功能有了基本了解。从本节开始,我们对软件进行设计。

1. "电子档案"工作表设计

创建一个 Excel 工作簿,保存为"人力资源管理信息系统.xls"。

在工作簿中设置 4 张工作表,分别命名为"电子档案"、"个人履历"、"统计表"和"统计图"。

参照图 14.1 设计"电子档案"工作表的结构。要点如下:

(1) 选中整个工作表,设置白色背景。再选中 1、3、4 行的 A～Y 列,设置另外的背景颜色,用以标识筛选条件区域和数据项名称。

(2) 选中整个工作表,设置"数字"格式为"文本"。再选中第 3 行的 F、G、R 列单元格,设置"数字"格式为"常规",以此标识这三列的数据为数值,用来控制数据筛选方式。

(3) 在 B1 单元格输入公式"=SUBTOTAL(103,A:A)-2",设置适当的背景颜色和字体颜色,用来显示筛选后的数据行数。

(4) 设置 A～Y 列边框线。

(5) 光标定位到 A4 单元格,通过 Excel 的"数据"→"筛选"菜单设置"自动筛选"状态,以便于筛选和排序。

(6) 光标定位到 C5 单元格,在"窗口"菜单中选"冻结窗格"项,冻结工作表上边 4 行和左边 2 列,使得在筛选和浏览数据时,员工编号、姓名以及数据项名固定。

2. 工作簿的 Open 事件代码

进入 VBA 编辑环境,对工作簿的 Open 事件编写代码,实现以下功能:

(1) 工作簿打开时,创建一个临时自定义工具栏。

(2) 在工具栏上放置"全部显示"、"刷新数据"和"个人履历" 3 个普通按钮,分别指定要执行的过程为 qbxs、sxsj 和 grll。

(3) 在工具栏上放置 4 个图形按钮,FaceId 值分别设置为 154、155、156、157,标题分别为"首页"、"上一页"、"下一页"、"尾页",执行的过程分别为 sy、qy、hy、wy。各个按钮的 Style属性都设置为 msoButtonIcon。

(4) 在工具栏上放置 1 个组合框,设置组合框的 Text 属性为"【数据项选择】",添加"基本信息"、"扩展信息"、"全部数据项"三个列表项,指定要执行的过程为 sjx。

3. 工作簿的 SheetActivate 事件代码

工作簿的 SheetActivate 事件编写代码实现以下功能:

(1) 让工具栏可见。

(2) 切换到"电子档案"工作表时,让组合框和 3 个普通按钮可用,4 个图形按钮不可用。

(3) 切换到"个人履历"工作表时,让 4 个图形按钮可用,其余控件不可用。

(4) 切换到"统计表"工作表时,让"刷新数据"按钮可用,其余控件不可用。

(5) 当切换到其他工作表时,让工具栏不可见。

4. 数据项筛选子程序

在当前工程中,插入一个模块,命名为"基本模块"。在该模块的顶部声明 9 个全局对象变量，分别表示 1 个自定义工具以及它上面的 1 个组合框、3 个普通按钮、4 个图形按钮，使得在不同的过程中可以引用这些对象。

在"基本模块"中编写一个用于数据项筛选的子程序 sjx，代码如下：

```
Sub sjx()
    Application.ScreenUpdating = False                              '关闭屏幕更新
    Cells.EntireColumn.Hidden = False                              '显示所有列
    cn = Range("A4").End(xlToRight).Column                          '求最大列号
    Range(Columns(3), Columns(cn)).EntireColumn.Hidden = True      '隐藏 3～cn 列
    Select Case cbx.Text                                           '按选项处理
      Case "基本信息"
        Range(Columns(3), Columns(13)).EntireColumn.Hidden = False   '显示 3～13 列
      Case "扩展信息"
        Range(Columns(14), Columns(cn)).EntireColumn.Hidden = False  '显示 14～cn 列
      Case "全部数据项"
        Cells.EntireColumn.Hidden = False                          '显示所有列
        cbx.Text = "【数据项选择】"
    End Select
    SendKeys "^{HOME}"                                             '定位光标
    Application.ScreenUpdating = True                              '打开屏幕更新
End Sub
```

在这个子程序中，首先关闭屏幕更新，显示所有列，求出第 4 行数据区最大列号，用变量 cn 表示，隐藏 3～cn 列。

然后，根据自定义工具栏中组合框的选项进行不同处理。如果选择的是"基本信息"项，则取消对 3～13 列的隐藏。如果选择的是"扩展信息"项，则取消对 14～cn 列的隐藏。如果选择的是"全部数据项"项，则取消对所有列的隐藏。从而达到筛选数据项的目的。

最后，发送 Ctrl+Home 键消息，进行光标定位。打开屏幕更新。

14.3 刷新数据

在当前工程中，插入一个模块，命名为"刷新数据"。在该模块中编写一个刷新数据控制子程序 sxsj，代码如下：

```
Sub sxsj()
  shn = ActiveSheet.Name
  If shn = "电子档案" Then
    Call tlsj
  ElseIf shn = "统计表" Then
    Call tjb
  End If
End Sub
```

该个子程序与自定义工具栏的"刷新数据"按钮关联。这样，当选中"电子档案"工作表，单击"刷新数据"按钮时，将执行子程序 tlsj。而选中"统计表"工作表，单击"刷新数据"按钮时，则执行子程序 tjb。

本节对 tlsj 子程序及其相关内容进行介绍，tjb 子程序将在 14.6 节介绍。

1. 子程序 tlsj

在"刷新数据"模块中编写一个子程序 tlsj，代码如下：

```
Sub tlsj()
    rm = Range("A65536").End(xlUp).Row              '求数据区最大行号
    For r = 5 To rm                                  '按行循环
        h = Cells(r, 4)                              '取身份证号
        n = Len(h)                                   '求身份证号长度
        If n = 15 Or n = 18 Then                     '身份证号长度正确
            Cells(r, 3) = sex(h)                     '填性别
            Cells(r, 5) = bd(h)                      '填出生日期
            Cells(r, 8) = addr(h)                    '填身份证地址
            Cells(r, 4).Interior.ColorIndex = 2      '清除单元格颜色
        Else                                         '身份证号长度不正确
            Cells(r, 4).Interior.ColorIndex = 38     '填背景颜色
        End If
        bdn = Cells(r, 5)                            '取出生日期
        Cells(r, 7) = age(bdn)                       '填当前年龄
        cv = Cells(r, 17)                            '取合同终止日期
        Call rqc(cv, Cells(r, 18), "合同")           '填距合同到期天数
        Call rqc(bdn, Cells(r, 6), "生日")           '填距生日天数
        cv = Cells(r, 12)                            '取本校工作日期
        Cells(r, 13) = gl(cv)                        '填本校工龄
    Next
End Sub
```

这个子程序用来在"电子档案"工作表中，刷新性别、出生日期、身份证地址、当前年龄、距合同到期天数、距生日天数、本校工龄数据项。

它首先求出当前工作表数据区最大行号，然后用 For 循环语句对当前工作表的每一个数据行进行以下操作：

(1) 从当前行第 4 列取出身份证号，求出身份证号的长度。

(2) 如果身份证号长度正确，则调用自定义函数 sex 求性别，调用自定义函数 bd 求出生日期，调用自定义函数 addr 求身份证地址，填写到对应的单元格，清除该身份证号单元格颜色。如果身份证号长度不正确，则在身份证号单元格填充颜色作为标识。

(3) 调用自定义函数 age，根据出生日期求当前年龄，填写到相应单元格。

(4) 调用 rqc 子程序，根据当前系统日期和合同终止日期，求距合同到期天数，填写到相应单元格，并按天数多少填充不同颜色。

(5) 调用 rqc 子程序，根据当前系统日期和出生日期，求距生日天数，填写到相应单元格，并按天数多少填充不同颜色。

(6) 调用自定义函数 gl，根据本校工作日期和系统当前日期求工龄，填写到相应单元格。

2. 自定义函数 sex

在"刷新数据"模块中编写一个自定义函数 sex，用来根据身份证号求性别。代码如下：

```
Function sex(id)
    If Len(id) = 18 Then                             '18 位身份证号
        n = Val(Mid(id, 17, 1))                      '取出第 17 位数字
```

```
    Else                                              '15 位身份证号
        n = Val(Mid(id, 15, 1))                       '取出第 15 位数字
    End If
    sex = IIf(n Mod 2 = 0, "女", "男")                 '返回函数值
End Function
```

函数的形参 id 为身份证号(文本型)，返回值为对应的性别信息。

对于 18 位身份证号，倒数第二位是性别标志位；对于 15 位身份证号，最后一位是性别标志位。性别标志位奇数表示"男"，偶数表示"女"。

3. 自定义函数 bd

在"刷新数据"模块中编写一个自定义函数 bd，用来根据身份证号求出生日期。代码如下：

```
Function bd(id)
    If Len(id) = 18 Then                                       '18 位身份证号
        bd = Mid(id, 7, 4) + "-" + Mid(id, 11, 2) + "-" + Mid(id, 13, 2)
    Else                                                       '15 位身份证号
        bd = "19" + Mid(id, 7, 2) + "-" + Mid(id, 9, 2) + "-" + Mid(id, 11, 2)
    End If
End Function
```

函数的形参 id 为身份证号，返回值为对应的出生日期。

对于 18 位和 15 位身份证号，分别确定出生年月日的位置，用 Mid 函数取出对应的数值，在两位年份前面加"19"，拼接成统一格式的日期字符串返回。

4. 自定义函数 addr

为了用自定义函数 addr 根据身份证号求出身份证地址，我们在"人力资源管理信息系统"工作簿中添加一个工作表，命名为"代码对照表"。

然后进行以下操作：

(1) 从国家统计局网站获取最新县及县以上行政区划代码信息，将代码和对应的行政区名复制到"代码对照表"工作表的 A、B 列。

(2) 选中 A 列，在"数据"菜单中选择"分列"命令。在"文本分列向导"对话框中两次单击"下一步"按钮，在"步骤之 3"对话框中选择列数据格式为"文本"，单击"完成"按钮，将 A 列的数据转换为文本型。

(3) 对"代码对照表"工作表的数据区按 A 列升序排序，得到如图 14.7 所示的结果。

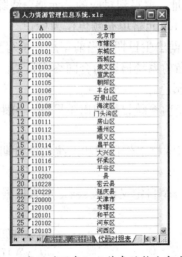

图 14.7 "代码对照表"工作表结构和部分数据

(4) 选中"代码对照表"工作表，在 Excel 的"格式"→"工作表"菜单中选择"隐藏"项，隐藏该工作表。

(5) 在"刷新数据"模块中编写一个自定义函数 addr，代码如下：

```
Function addr(id)
  id2 = Left(id, 2) + "0000"                              '省级地址码
  id4 = Left(id, 4) + "00"                                '地区级地址码
  id6 = Left(id, 6)                                       '县级地址码
  Set sn = Sheets("代码对照表")                            '设置工作表对象
  Set c = sn.Cells.Find(id2)                             '在"代码对照表"工作表中查找 id2
  If Not c Is Nothing Then q = c.Offset(0, 1)            '取出省、直辖市名称
  Set c = sn.Cells.Find(id4)                             '在"代码对照表"工作表中查找 id4
  If Not c Is Nothing Then q = q + c.Offset(0, 1)       '取出地区名称，拼接字符串
  Set c = sn.Cells.Find(id6)                             '在"代码对照表"工作表中查找 id6
  If Not c Is Nothing Then q = q + c.Offset(0, 1)       '取出县、区名称，拼接字符串
  addr = q                                               '得到函数返回值
End Function
```

函数的形参 id 为身份证号，返回值为对应的身份证地址。

其中，变量 id2、id4、id6 分别为身份证号中代表省(直辖市)、地级市、县(县级市、区)的编码。

函数用 Find 方法，在"代码对照表"工作表的所有单元格中，分别查找省(直辖市)、地级市、县(县级市、区)的编码，将对应的行政区名拼接在一起，形成一个字符串返回。

5. 自定义函数 age

在"刷新数据"模块中编写一个自定义函数 age，用来根据出生日期和系统当前日期求当前年龄。代码如下：

```
Function age(bd)
  If IsDate(bd) Then                                     '参数是有效的日期
    d = CDate(bd)                                        '转换为日期型数据
    t = Date                                             '当前系统日期
    a = DateDiff("yyyy", d, t)                          '求出年份差
    b = DateSerial(Year(t), Month(d), Day(d))          '当前年，出生月、日
    If t < b Then                                        '未到出生月、日
      a = a - 1                                          '得到实际年龄
    End If
    age = a                                              '返回实际年龄
  Else                                                   '参数不是有效的日期
    age = ""                                             '返回空串
  End If
End Function
```

函数的形参 bd 为出生日期(文本型)，返回值为当前年龄(周岁)。

如果参数 bd 是有效的日期字符串，则转换为日期型数据，取出当前系统日期，求出年份差 a。再构建一个由当前年、出生月日组成的日期 b，如果系统日期小于 b，则 a 减去 1 年得到实际年龄。最后将 a 作为返回值。

如果参数 bd 不是有效的日期字符串，则返回空串。

6. 子程序 rqc

在"刷新数据"模块中编写一个子程序 rqc，用来根据当前系统日期和指定的日期，求相差

的天数，填写到目标单元格，并按天数多少填充不同颜色。代码如下：

```
Sub rqc(dht, rgd, lb)
  rgd.Interior.ColorIndex = 2                           '清除目标单元格颜色
  If IsDate(dht) Then                                   '是有效的日期字符串
    dt = CDate(dht)                                     '转换为日期型数据
    If lb = "生日" Then
      dt = DateSerial(Year(Date), Month(dt), Day(dt)) '当前年、出生月日
    End If
    dd = DateDiff("d", Date, dt)                        '计算日期差(天数)
    If lb = "生日" And dd < 0 Then
      dt = DateAdd("yyyy", 1, dt)                       '下一年、出生月日
      dd = DateDiff("d", Date, dt)                      '重新计算日期差
    End If
    rgd.Value = dd                                      '填写日期差
    If dd < 0 Then                                      '已经过期
      ts = 46                                           '填充颜色(橙色)
    ElseIf dd <= 7 Then                                 '7 天以内
      ts = 6                                            '填充颜色(黄色)
    ElseIf dd <= 30 Then                                '30 天以内
      ts = 40                                           '填充颜色(茶色)
    ElseIf dd <= 60 Then                                '60 天以内
      ts = 42                                           '填充颜色(绿色)
    End If
    rgd.Interior.ColorIndex = ts                        '填充颜色
  Else
    rgd.Value = ""                                      '清除目标单元格内容
  End If
End Sub
```

子程序的 3 个形参 dht、rgd、lb，分别表示指定的日期(文本型)、目标单元格 (Range 型)和类别("合同"或"生日")。

程序中，首先将目标单元格设置为白色背景，然后根据参数 dht 是否为有效的日期字符串进行相应处理。

如果 dht 是有效的日期字符串，则进行以下操作：

(1) 将 dht 转换为日期型数据，保存到变量 dt 中。

(2) 如果参数 lb 的值为"生日"，则构建一个由当前年、出生月日组成的日期，同样保存到变量 dt 中。

(3) 用 DateDiff 函数求出当前系统日期与 dt 相距的天数，送给变量 dd。

(4) 如果 lb 的值为"生日"，并且 dd 的值小于 0，说明当年生日已过，则构建一个由下一年、出生月日组成的日期，求出系统当前日期与下一年生日相距的天数，送给变量 dd。

(5) 将变量 dd 的值填入目标单元格。

(6) 根据 dd 值的大小，向目标单元格填充不同的颜色。

如果 dht 不是有效的日期字符串，则清除目标单元格内容。

228

7. 自定义函数 gl

在"刷新数据"模块中编写一个自定义函数 gl，用来根据工作日期和当前系统日期求工龄。代码如下：

```
Function gl(gz)
  If IsDate(gz) Then                          '是有效的日期字符串
    dt = CDate(gz)                            '转换为日期型数据
    ms = DateDiff("m", dt, Date)              '求日期差(月数)
    y = ms \ 12                               '年数
    If y = 0 Then                             '字符串对齐
      y = "    "
    ElseIf y < 10 Then
      y = " " & y & "年"
    Else
      y = y & "年"
    End If
    m = ms Mod 12                             '月数
    If m = 0 Then                             '字符串对齐
      m = "      "
    ElseIf m < 10 Then
      m = " " & m & "个月"
    Else
      m = m & "个月"
    End If
    gl = y & m                                '返回工龄
  Else
    gl = ""                                   '返回空串
  End If
End Function
```

函数的形参 gz 工作日期(文本型)，返回值为当前工龄(文本型)。

如果参数 gz 是有效的日期字符串，则进行以下操作：

(1) 将 gz 转换为日期型数据，保存到变量 dt 中。

(2) 用 DateDiff 函数求出 dt 与当前系统日期相距的月数，送给变量 ms。

(3) 根据 ms 分别求出年数和剩余的月数，用变量 y 和 m 表示。为使返回结果的字符串对齐，在年数和月数前面添加适当的空格。

(4) 将年数和月数拼接成一个字符串，作为函数的返回值。

如果 gz 不是有效的日期字符串，则返回空串。

14.4 数据行筛选

在"电子档案"工作表中，可以利用自动筛选功能对数据行进行筛选。为了更方便、灵活地操作，我们对工作表的 Change 事件和 SelectionChange 事件编程代码，并编写一个用于显示全部数据行的子程序。

1. 工作表的 Change 事件代码

在 VBA 编辑环境中，双击"电子档案"工作表，在"对象"下拉列表中选择 Worksheet，在"过程"下拉列表中选择 Change，对该工作表的 Change 事件编写如下代码：

```
Private Sub Worksheet_Change(ByVal Target As Range)
  r = Target.Row                              '当前行号
  c = Target.Column                           '当前列号
  If r <> 2 Then Exit Sub                     '不是第2行，退出子程序
  Application.ScreenUpdating = False          '关闭屏幕更新
  Set rg = Range("A4").CurrentRegion          '设置区域
  cv = Target.Value                           '取出当前单元格内容
  If Len(cv) = 0 Then                         '单元格内容为空
    rg.AutoFilter c                           '无条件筛选c列全部数据
  Else                                        '单元格内容不空
    f = Target.Offset(1, 0).NumberFormatLocal '取下一行单元格的格式
    If f = "@" Then                           '是文本型
      cv = Replace(cv, " ", "*")              '把空格替换为通配符
      rg.AutoFilter c, "*" & cv & "*"         '按条件筛选c列数据
    Else                                      '是其他格式
      p = InStr(cv, "-")                      '求字符"-"的位置
      If p = 0 Then                           '无"-"字符
        rg.AutoFilter c, "=" & cv             '筛选数值等于cv的数据
      Else                                    '有"-"字符
        s1 = Left(cv, p - 1)                  '取出数值下限
        s2 = Mid(cv, p + 1)                   '取出数值上限
        If Len(s1) = 0 And Len(s2) > 0 Then   '只有上限
          rg.AutoFilter c, "<=" & s2          '筛选≤s2的数据
        ElseIf Len(s1) > 0 And Len(s2) = 0 Then '只有下限
          rg.AutoFilter c, ">=" & s1          '筛选≥s1的数据
        ElseIf Len(s1) > 0 And Len(s2) > 0 Then '下限和上限都有
          rg.AutoFilter c, ">=" & s1, xlAnd, "<=" & s2 '筛选s1~s2的数据
        End If
      End If
    End If
  End If
  ActiveWindow.ScrollRow = 5                  '滚动到第5行
  Application.ScreenUpdating = True           '打开屏幕更新
End Sub
```

当"电子档案"工作表的任意单元格内容发生变化时，将自动执行这段程序。

它首先取出当前单元格的行号和列号，用变量 r 和 c 表示。如果不是第 2 行，则退出子程序。否则进行以下操作：

(1) 关闭屏幕更新。用变量 rg 表示当前工作表第 4 行以后的数据区。取出当前单元格内容，保存到变量 cv 中。

(2) 如果 cv 的值为空，则用 AutoFilter 方法设置数据区 c 列的筛选条件为空，无条件筛选 c 列全部数据。否则进行以下操作：

230

获取当前列下一行单元格的格式。如果是文本型，则把 cv 中的空格替换为通配符"*"，用 AutoFilter 方法设置数据区 c 列的筛选条件为"包含 cv 的值"。如果是其他格式，则按数值处理，根据字符"-"，从 cv 的值中取出下限和上限，形成筛选条件，对数据区 c 列的数据进行筛选。

(3) 控制窗口滚动条滚动到工作表的第 5 行，打开屏幕更新。

2. 工作表的 SelectionChange 事件代码

在"电子档案"工作表中输入筛选条件时，为了将光标锁定在第 2 行，以提高操作效率，我们对该工作表的 SelectionChange 事件编写如下代码：

```
Private Sub Worksheet_SelectionChange(ByVal Target As Range)
  r = Target.Row                              '当前行号
  c = Target.Column                           '当前列号
  t = Target.Count                            '当前选中的单元格个数
  If (r = 1 Or r = 3) And t = 1 Then          '如果选中 1、3 行的 1 个单元格
    Cells(2, c).Select                        '强行转到第 2 行的当前列
  End If
End Sub
```

这样，当选中 1、3 行的 1 个单元格时，会强行转到第 2 行的当前列。

3. 显示全部数据行子程序

在"基本模块"中编写一个用于显示当前工作表全部数据行的子程序 qbxs，代码如下：

```
Sub qbxs()
  If ActiveSheet.FilterMode Then              '如果处于筛选状态
    ActiveSheet.ShowAllData                   '全部显示
  End If
  Application.EnableEvents = False            '屏蔽事件
  Rows(2).ClearContents                       '清除第 2 行内容
  Application.EnableEvents = True             '恢复事件
End Sub
```

这个子程序与自定义工具栏的"全部显示"按钮关联。选中"电子档案"工作表，单击这个按钮时，将执行子程序 qbxs。

如果当前工作表处于筛选状态，则用 ShowAllData 方法将数据区的数据行全部显示出来。然后清除第 2 行原有的筛选条件。在清除第 2 行内容之前屏蔽事件，是为了防止执行当前工作表的 Change 事件代码产生错误。

14.5　生成个人履历表

在"电子档案"工作表中，选中任意一个数据行，单击自定义工具栏的"个人履历"按钮，将执行子程序 grll，提取该行数据，在"个人履历"工作表中生成该员工的履历表。然后，单击工具栏上图形按钮"首页"、"上一页"、"下一页"、"尾页"，将分别执行子程序 sy、qy、hy、wy，进行前后翻阅。

本节对这几个子程序进行设计和分析。

1. 工作表结构

在"个人履历"工作表中，设置整个工作表的数字格式为"文本"，填充白色背景，设计一个如图 14.8 所示的表格。

图 14.8 "个人履历"工作表结构

2. 子程序 grll

在当前工程中，插入一个模块，命名为"个人履历"。在该模块中编写一个用于生成个人履历表的子程序 grll，代码如下：

```
Sub grll()
    Set sn = Sheets("个人履历")                                '设置工作表对象
    r = ActiveCell.Row                                        '取出当前行号
    k = 1                                                     '当前工作表列号初值
    For Each c In sn.Range("B3:B5, E3, B6, B7, B7, E4, E8, B8, E7, E5, E6")
        c.Value = Cells(r, k)                                 '转存基本信息
        k = k + 1
    Next
    For Each c In sn.Range("C10, C11, G10, G11, C12, C12, G12, G13, C13, J13, J10, J11")
        c.Value = Cells(r, k)                                 '转存扩展信息
        k = k + 1
    Next
    sn.Select                                                 '选中目标工作表
    For Each sp In ActiveSheet.Shapes
        sp.Delete                                             '删除原有照片
    Next
    bh = Cells(3, 2)                                          '取出员工编号
    Cells(3, 9).Select                                        '选中照片单元格
    CurPath = ThisWorkbook.Path                               '求当前路径
    pic = CurPath & "\照片\" & bh & ".jpg"                    '形成照片文件全路径名
    On Error Resume Next                                      '忽略错误
    ActiveSheet.Pictures.Insert(pic).Select                  '插入照片
    Selection.ShapeRange.LockAspectRatio = msoFalse          '取消锁定纵横比
    Selection.ShapeRange.Height = 120                        '设置高度
    Selection.ShapeRange.Width = 100                         '设置宽度
    Cells(1, 1).Select                                        '光标定位
End Sub
```

这个子程序首先用对象变量 sn 表示"个人履历"工作表，取出"电子档案"工作表的当前

行号送给变量 r，设置"电子档案"工作表列号初值给变量 k。

然后进行以下操作：

(1) 用 For Each 语句，向"个人履历"工作表指定区域的每个单元格填写基本信息的一项数据。每次循环，把"电子档案"工作表 r 行 k 列的值依次填入目标区域的一个单元格，并调整 k 值。

具体来说，是将"电子档案"工作表第 r 行 1～13 列单元格的内容，依次填入"个人履历"工作表的 B3、B4、B5、E3、B6、B7、B7、E4、E8、B8、E7、E5、E6 单元格。其中 B7 单元格中，先填入了"距生日天数"，又填入"当前年龄"覆盖了原来的内容。

(2) 再用 For Each 语句，向"个人履历"工作表指定区域的每个单元格填写扩展信息的一项数据。

(3) 选中"个人履历"工作表，删除原有照片，取出员工编号，选中照片单元格，将当前路径"照片"文件夹下该员工的照片文件插入选中的单元格并调整大小。

On Error Resume Next 语句的作用是忽略因照片文件不存在而产生的错误。

3. 子程序 fny

在"个人履历"模块中编写一个用于前后翻页的子程序 fny，代码如下：

```
Sub fny(fs)
  Application.ScreenUpdating = False        '关闭屏幕更新
  Sheets("电子档案").Select                   '切换工作表
  r = ActiveCell.Row                         '取出当前行号
  rb = Range("A5:A65536").SpecialCells(xlCellTypeVisible).Row '求首行号
  re = Range("A65536").End(xlUp).Row         '求最大行号
  Select Case fs                             '根据翻页方式进行处理
    Case "首页"
      r = rb                                 '取最小行号
    Case "上一页"
      Do
        r = r - 1                            '向上调整行号
      Loop Until Rows(r).RowHeight > 0       '遇到可见行，结束循环
      If r < rb Then r = rb                  '取最小行号
    Case "下一页"
      Do
        r = r + 1                            '向下调整行号
      Loop Until Rows(r).RowHeight > 0       '遇到可见行，结束循环
      If r > re Then r = re                  '取最大行号
    Case "尾页"
      r = re                                 '取最大行号
  End Select
  Cells(r, 3).Select                         '选中 r 行单元格
  Call grll                                  '生成个人履历表
  Application.ScreenUpdating = True           '关闭屏幕更新
End Sub
```

子程序的参数 fs 表示翻页方式。

它首先关闭屏幕更新，切换到"电子档案"工作表，取出当前行号 r，求出当前工作表 A 列第 5 行之后第一个可见单元格的行号 rb，求出当前工作表 A 列可见数据区的最大行号 re。然后，

根据参数 fs 的值进行相应处理。

如果 fs 的值为"首页"，则将指定区域中可见数据最小行号 rb 作为目标行号 r。

如果 fs 的值为"上一页"，则用 Do-Loop 语句向上调整目标行号 r，直至遇到可见的数据行。若 r 小于 rb，则取指定区域中可见数据最小行号 rb 作为目标行号 r。

如果 fs 的值为"下一页"，则用 Do-Loop 语句向下调整目标行号 r，直至遇到可见的数据行。若 r 大于 re，则取可见数据最大行号 re 作为目标行号 r。

如果 fs 的值为"尾页"，则将可见数据最大行号 re 作为目标行号 r。

目标行号确定后，用 Select 方法选中 r 行的一个单元格，调用子程序 grll 生成该员工的个人履历表。

最后，关闭屏幕更新。

4. 子程序 sy、qy、hy 和 wy

在"个人履历"模块中分别编写子程序 sy、qy、hy 和 wy，代码如下：

```
Sub sy()
  Call fny("首页")
End Sub
Sub qy()
  Call fny("上一页")
End Sub
Sub hy()
  Call fny("下一页")
End Sub
Sub wy()
  Call fny("尾页")
End Sub
```

这 4 个子程序分别与自定义工具栏的 4 个图形按钮相关联。各自通过不同的实参调用子程序 fny，实现相应的翻页操作。

14.6　生成统计表

在"统计表"工作表中，单击自定义工具栏的"刷新数据"按钮，执行子程序 sxsj，再调用子程序 tjb，根据"电子档案"工作表的数据，生成统计表。

本节对"统计表"工作表和子程序 tjb 进行设计和分析。

1. "统计表"工作表

在"人力资源管理信息系统"工作簿中，选中"统计表"工作表，设计如图 14.9 所示的表格。

工作表中包括"学历结构"、"职称结构"和"年龄结构"三个结构相同的表格。其中，深色背景单元格的数据由程序填写，其他单元格的数据由 Excel 公式填写。

向"学历结构"单元格输入公式的方法是：

(1) 选中 B6:C10 单元格区域，在 B6 单元格被激活的情况下，在 Excel 编辑栏输入公式"=D6+F6+H6+J6+L6+N6+P6"，按"Ctrl+回车"键，将公式填充到该区域的每一个单元格。

(2) 同时选中 Q6:Q10、O6:O10、M6:M10、K6:K10、I6:I10、G6:G10、E6:E10 单元格区域，在 E6 单元格被激活的情况下，在 Excel 编辑栏输入公式"=IF(ISERROR(D6/$B6),0,100*D6/$B6)"，按"Ctrl+回车"键，将公式填充到该区域的每一个单元格。

234

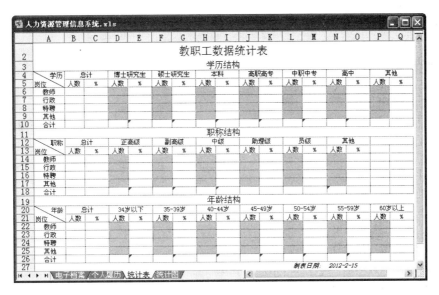

图 14.9 "统计表"工作表中的表格样式

(3) 同时选中 P10、N10、L10、J10、H10、F10、D10 单元格区域，在 D10 单元格被激活的情况下，在 Excel 编辑栏输入公式 "=SUM(D6:D9)"，按 "Ctrl+回车" 键，将公式填充到该区域的每一个单元格。

用同样方式，可以向 "职称结构"、"年龄结构" 单元格输入公式。

为便于区分，我们把带有公式的单元格设置为红色字体。

在 Excel "工具" 菜单中选择 "选项"，在 "选项" 对话框中选择 "视图" 选项卡，取消 "零值" 选项。这样，若单元格内容为 "零"，则显示空白，达到隐藏无用信息的目的，使界面更加整洁。

2. 子程序 tjb

从图 14.9 可以看出，要想得到统计表信息，只需求出并填写工作表中深色背景单元格的数据即可。这个任务由子程序 tjb 来完成。

在当前工程中，插入一个模块，命名为 "统计图表"。在该模块中编写一个子程序 tjb，代码如下：

```
Sub tjb()
  '数据区清零
  For i = 6 To 22 Step 8
    For j = 4 To 16 Step 2
      For k = 0 To 3
        Cells(i + k, j) = 0
      Next
    Next
  Next
  Set sn = Sheets("电子档案")
  rm = sn.Range("A65536").End(xlUp).Row
  For k = 5 To rm
    '根据岗位性质确定偏移行数
    gw = sn.Cells(k, 25)
```

```
    If InStr(gw, "教师") Then
      p = 0
    ElseIf InStr(gw, "行政") Then
      p = 1
    ElseIf InStr(gw, "特聘") Then
      p = 2
    Else
      p = 3
    End If
    '统计各学历人数
    r = 6
    xl = sn.Cells(k, 19)
    If InStr(xl, "博士") Then
      Cells(r + p, 4) = Cells(r + p, 4) + 1
    ElseIf InStr(xl, "硕士") Then
      Cells(r + p, 6) = Cells(r + p, 6) + 1
    ElseIf InStr(xl, "本科") Then
      Cells(r + p, 8) = Cells(r + p, 8) + 1
    ElseIf InStr(xl, "高专") Then
      Cells(r + p, 10) = Cells(r + p, 10) + 1
    ElseIf InStr(xl, "中专") Then
      Cells(r + p, 12) = Cells(r + p, 12) + 1
    ElseIf InStr(xl, "高中") Then
      Cells(r + p, 14) = Cells(r + p, 14) + 1
    Else
      Cells(r + p, 16) = Cells(r + p, 16) + 1
    End If
    '统计各职称人数
    r = 14
    Select Case sn.Cells(k, 23)
      Case "正高级"
        Cells(r + p, 4) = Cells(r + p, 4) + 1
      Case "副高级"
        Cells(r + p, 6) = Cells(r + p, 6) + 1
      Case "中级"
        Cells(r + p, 8) = Cells(r + p, 8) + 1
      Case "助理级"
        Cells(r + p, 10) = Cells(r + p, 10) + 1
      Case "员级"
        Cells(r + p, 12) = Cells(r + p, 12) + 1
      Case Else
        Cells(r + p, 14) = Cells(r + p, 14) + 1
    End Select
    '统计各年龄人数
    r = 22
```

```
Select Case sn.Cells(k, 7)
  Case Is <= 34
    Cells(r + p, 4) = Cells(r + p, 4) + 1
  Case 35 To 39
    Cells(r + p, 6) = Cells(r + p, 6) + 1
  Case 40 To 44
    Cells(r + p, 8) = Cells(r + p, 8) + 1
  Case 45 To 49
    Cells(r + p, 10) = Cells(r + p, 10) + 1
  Case 50 To 54
    Cells(r + p, 12) = Cells(r + p, 12) + 1
  Case 55 To 59
    Cells(r + p, 14) = Cells(r + p, 14) + 1
  Case Is >= 60
    Cells(r + p, 16) = Cells(r + p, 16) + 1
  End Select
 Next
End Sub
```

程序首先用三重循环结构将图 14.9 所示的深色背景单元格内容清零。用变量 sn 表示"电子档案"工作表对象。

然后用 For 循环语句，对"电子档案"工作表的每一个数据行进行以下处理：

(1) 根据岗位性质确定偏移行数。从当前行 25 列单元格取出"岗位性质"，分别设置教师、行政、特聘、其他岗位的偏移行数为 0、1、2、3，用变量 p 表示。

(2) 统计各学历人数。取出当前行第 19 列的学历信息，根据学历层次的不同，分别给对应的单元格内容加 1。单元格的行号为 6+p，列号分别为 4、6、8、10、12、14、16。

(3) 统计各职称人数。取出当前行第 23 列的职称信息，根据职称的不同，分别给对应的单元格内容加 1。单元格的行号为 14+p，列号分别为 4、6、8、10、12、14。

(4) 统计各年龄段人数。取出当前行第 7 列的年龄信息，根据不同的年龄段，分别给对应的单元格内容加 1。单元格的行号为 22+p，列号与第(2)部分相同。

14.7 生成统计图

当统计表数据生成时，"统计图"工作表会生成对应的图表。在"统计图"工作表右上方的组合框中选择不同的岗位类型，图表会随之改变。

本节对"统计图"工作表及其相关程序进行设计和分析。

1. "统计图"工作表

将"统计表"工作表中的表格复制到"统计图"工作表，对其改造后得到如图 14.10 所示的初始界面，再进一步加工，最终得到如图 14.6 所示的效果。

设计要点如下：

(1) 删除原来表格的 5、13、21 行，B、C、E、G、I、K、M、O、Q 列。

(2) 删除 A4、A11、A18 单元格的内容和斜线。

(3) 设置表格适当的列宽，修改表格的总标题。

图 14.10 "统计图"工作表初始界面

(4) 选中 B5:B9 单元格区域，在 B5 单元格被激活的情况下，入公式"=统计表!D6"，按"Ctrl+回车"键，将公式填充到该区域的每一个单元格。选中 C5:C9 单元格区域，在 C5 单元格被激活的情况下，入公式"=统计表!F6"，按"Ctrl+回车"键。用同样的方法在表格的各个单元格输入公式，以此引用"统计表"工作表对应单元格的数据。

(5) 打开"窗体"工具栏，在表格右上方添加一个组合框。在组合框上单击鼠标右键，在快捷菜单中选择"设置控件格式"。在"设置控件格式"对话框的"控制"选项卡中，设置数据源区域为"$A$5:$A$9"，设置单元格链接为"$A$4"。这样，组合框便添加了"教师"、"行政"、"特聘"、"其他"、"合计"列表项，A4 单元格的值与选择的列表项序号 1～5 相对应。

(6) 同时选中 B4:H4 和 B9:H9 区域，单击"常用"工具栏的"图表向导"按钮。在"图表向导"对话框中，选择图表类型为"柱形图"，单击"完成"按钮，得到对应的图表。

删除图表区右侧的"图例"项。

在图表区上单击鼠标右键，在快捷菜单中选择"图表区格式"命令。在"图表区格式"对话框的"图案"选项卡中，选中"圆角"和"阴影"复选项，填充"双色"、"斜上"效果，颜色 1 为白色，颜色 2 为淡蓝。在"属性"选项卡中，设置对象位置为"大小、位置均固定"。

在图表区上单击鼠标右键，在快捷菜单中选择"图表选项"命令。在"图表选项"对话框的"标题"选项卡中，设置标题为"学历结构"。在"网格线"选项卡中，取消"主要网格线"复选项。在"数据标志"选项卡中，选中"值"项。

在绘图区上单击鼠标右键，在快捷菜单中选择"绘图区格式"命令。在"绘图区格式"对话框中，设置边框为"无"，区域颜色为"无"。

在柱形图上单击鼠标右键，在快捷菜单中选择"系列数据格式"命令。在"数据系列格式"对话框的"图案"选项卡中，填充"单色"、"茶色"、"垂直"效果。

(7) 用同样的方法设计"职称结构"、"年龄结构"图表。

(8) 调整各图表的大小、位置，使之遮盖当前工作表的表格，最后得到如图 14.6 所示的图表界面。

2. 子程序 tjt

进入 VBA 编辑环境，在"统计图表"模块中编写一个子程序 tjt，代码如下：

```
Sub tjt()
  n = Cells(4, 1)
  v = "=统计图!R" & n + 4 & "C2:R" & n + 4 & "C8"
  ActiveSheet.ChartObjects(1).Chart.SeriesCollection(1).Values = v
  v = "=统计图!R" & n + 11 & "C2:R" & n + 11 & "C7"
  ActiveSheet.ChartObjects(2).Chart.SeriesCollection(1).Values = v
  v = "=统计图!R" & n + 18 & "C2:R" & n + 18 & "C8"
  ActiveSheet.ChartObjects(3).Chart.SeriesCollection(1).Values = v
  Cells(1, 1).Select
End Sub
```

这个子程序用来根据当前工作表中组合框的选项，更改各图表的系列数据值，达到动态更新图表的目的。

当前工作表 A4 单元格与组合框的选项序号对应。在组合框选择"教师"项，单元格的值为 1；选择"行政"项，单元格的值为 2；……；选择"合计"项，单元格的值为 5。

在这个子程序中，首先从 4 行 1 列单元格(也就是 A4 单元格)中取出组合框选项序号，送给变量 n。然后利用变量 n 的值，分别形成系列数据公式，填写到三个图表中，作为系列数据值。最后将光标定位到 1 行 1 列单元格。

在"统计图"工作表的组合框上单击鼠标右键，在快捷菜单中选择"指定宏"项，将子程序 tjt 指定给组合框。这样，在组合框中选择不同的岗位类型，图表就会随之改变。

上机实验题目

1. 设有一个 Excel 工作簿，其中有两个工作表"基本信息"和"统计信息"，结构和内容如图 14.11、图 14.12 所示。请编写"统计"按钮代码，计算并填写各学历、各职称的人数。

图 14.11　"基本信息"工作表　　　　图 14.12　"统计信息"工作表

2. 在 Excel 工作表中设计一个表格，包括员工姓名、性别、出生日期、退休日期、距退休时间 5 个数据项。编程实现以下功能：

(1) 根据每个人的出生日期计算并填写"退休日期"。按国家有关规定，退休年龄为：男 60 周岁、女 55 周岁。

(2) 根据当前日期和退休日期，计算并填写每位员工"距退休时间"，用"×年×个月×天"的形式表达。如果达到或超过退休日期，则填写"已退休×年×个月×天"字样，并在相应的单元格中用特

239

殊颜色标识。

3. 改进本章软件，使之在前后翻阅个人履历时，能够控制图形按钮的可用性。到达可见数据最小行号时，让"首页"、"上一页"按钮不可用。到达可见数据最大行号时，让"下一页"、"尾页"按钮不可用。

4. 在本章软件的"统计表"工作表中，增加统计各民族人数的表格，然后修改 tjb 子程序，使之能够填写该表格数据。假定所有员工中，民族总数不超过 7 个，但具体是哪几个民族不确定。

5. 进行实际调研，根据用户需求，开发一个"学生信息管理系统"软件。

第 15 章　可视化楼盘销售信息系统

本章介绍一个可视化楼盘销售信息系统，用于对楼盘的楼栋信息和销控信息进行管理。能够显示楼盘布局图，自动生成楼栋视图，在楼栋视图中可以查看任意一套住宅的销控状态和有关信息。

主要技术包括：图形中热区的定义，图像控件 Tag 属性的应用，类的创建与应用，楼栋视图的自动生成，在用户窗体上动态添加控件和设置属性，对象之间参数传递。

15.1　工作表设计

创建一个 Excel 工作簿，保存为"可视化楼盘销售信息系统.xls"。在工作簿中设置三张工作表，分别命名为"主界面"、"楼栋信息"和"销控信息"。

1. "主界面"工作表

这个工作表的作用相当于软件的封面背景。为了使界面比较整洁，在"工具"菜单中选择"选项"命令，在"选项"对话框的"视图"选项卡中，取消"行号列标"选项，隐藏当前工作表行号和列标。选中 A1 单元格，设置行高为 1、列宽为 0.1。选中工作表的全部单元格，设置背景颜色为"白色"。

2. "楼栋信息"工作表

在"楼栋信息"工作表中，选中全部单元格，设置背景颜色为"白色"。

在第一行设置表格标题。数据项名包括"栋号"、"销售楼号"、"建筑面积"、"层数"、"单元数"、"户数"、"1 层梯户"、"2 层梯户"、……。

选中以上数据项对应的列，设置虚线边框。

选中"栋号"、"销售楼号"两列，设置单元格的"数字"格式为"文本"。选中"建筑面积"列，设置单元格的"数字"格式为两位数值。选中"层数"、"单元数"、"户数"三列，设置单元格的"数字"格式为整数。其余列用默认的"常规"数字格式。

对整个工作表设置适当的字体、字号、列宽和行高。

输入各栋楼的相关信息，得到如图 15.1 所示的工作表结构和内容。

	A	B	C	D	E	F	G	H	I	J	K	L
1	栋号	销售楼号	建筑面积	层数	单元数	户数	1层梯户	2层梯户	3层梯户	4层梯户	5层梯户	6层梯户
2	2	181-185	1232.14	4	2	16	22	22	22	22		
3	3	187-191	1850.07	4	3	24	222	232	232	323		
4	4	193-197-9	1416.76	4	2	18	22	22	22	33		
5	5	199-201-9	1430.80	4	2	16	11	22	22	22		
6	6	203-207-9	1401.46	4	2	16	22	21	22	11		
7	7	209-213-13	2092.74	5	3	30	222	222	222	222	222	
8	8	215-219-7	1962.00	5	3	30	222	333	323	232	333	
9	9	221-223-7	1760.76	5	2	20	22	22	22	22	22	

图 15.1　"楼栋视图"工作表结构和内容

其中,"1 层梯户"表示 1 层每个楼梯(单元)的户数,"2 层梯户"表示 2 层每个楼梯的户数,……。例如：3 号楼的"1 层梯户"为 222，表示 1 层第一个楼梯为 2 户、第二个楼梯为 2 户、第三个楼梯为 2 户。8 号楼的"3 层梯户"为 323，表示 3 层第一个楼梯为 3 户、第二个楼梯为 2 户、第三个楼梯为 3 户。

3."销控信息"工作表

在"销控信息"工作表中，选中全部单元格，设置背景颜色为"白色"。

在第一行设置表格标题。数据项名包括"栋号"、"单元"、"层"、"门号"、"面积"、"销控状态"、"备注"。

选中以上数据项对应的列，设置虚线边框。

选中"栋号"列，设置单元格的"数字"格式为"文本"。其余列用默认的"常规"数字格式。

对整个工作表设置适当的字体、字号、列宽和行高。

输入各栋、单元、层、门的相关信息，得到如图 15.2 所示的工作表结构和内容(其中只输入 2 号、9 号楼的信息)。

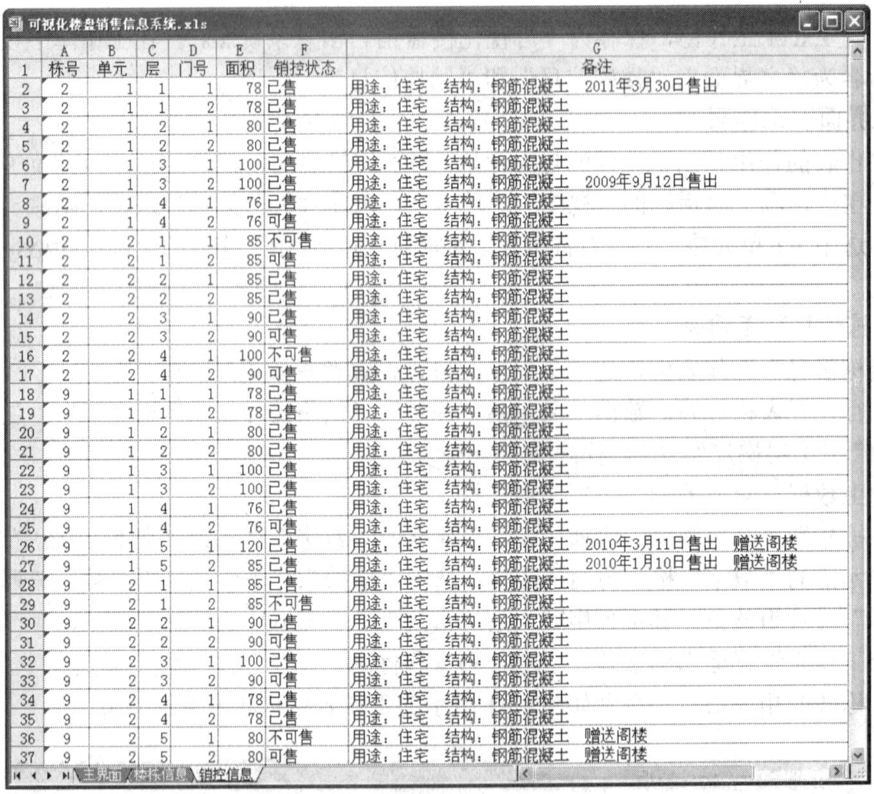

	A	B	C	D	E	F	G
1	栋号	单元	层	门号	面积	销控状态	备注
2	2	1	1	1	78	已售	用途：住宅 结构：钢筋混凝土 2011年3月30日售出
3	2	1	1	2	78	已售	用途：住宅 结构：钢筋混凝土
4	2	1	2	1	80	已售	用途：住宅 结构：钢筋混凝土
5	2	1	2	2	80	已售	用途：住宅 结构：钢筋混凝土
6	2	1	3	1	100	已售	用途：住宅 结构：钢筋混凝土
7	2	1	3	2	100	已售	用途：住宅 结构：钢筋混凝土 2009年9月12日售出
8	2	1	4	1	76	已售	用途：住宅 结构：钢筋混凝土
9	2	1	4	2	76	可售	用途：住宅 结构：钢筋混凝土
10	2	2	1	1	85	不可售	用途：住宅 结构：钢筋混凝土
11	2	2	1	2	85	可售	用途：住宅 结构：钢筋混凝土
12	2	2	2	1	85	已售	用途：住宅 结构：钢筋混凝土
13	2	2	2	2	85	已售	用途：住宅 结构：钢筋混凝土
14	2	2	3	1	90	已售	用途：住宅 结构：钢筋混凝土
15	2	2	3	2	90	可售	用途：住宅 结构：钢筋混凝土
16	2	2	4	1	100	不可售	用途：住宅 结构：钢筋混凝土
17	2	2	4	2	90	可售	用途：住宅 结构：钢筋混凝土
18	9	1	1	1	78	已售	用途：住宅 结构：钢筋混凝土
19	9	1	1	2	78	已售	用途：住宅 结构：钢筋混凝土
20	9	1	2	1	80	已售	用途：住宅 结构：钢筋混凝土
21	9	1	2	2	80	已售	用途：住宅 结构：钢筋混凝土
22	9	1	3	1	100	已售	用途：住宅 结构：钢筋混凝土
23	9	1	3	2	100	已售	用途：住宅 结构：钢筋混凝土
24	9	1	4	1	76	已售	用途：住宅 结构：钢筋混凝土
25	9	1	4	2	76	可售	用途：住宅 结构：钢筋混凝土
26	9	1	5	1	120	已售	用途：住宅 结构：钢筋混凝土 2010年3月11日售出 赠送阁楼
27	9	1	5	2	85	已售	用途：住宅 结构：钢筋混凝土 2010年1月10日售出 赠送阁楼
28	9	2	1	1	85	已售	用途：住宅 结构：钢筋混凝土
29	9	2	1	2	85	不可售	用途：住宅 结构：钢筋混凝土
30	9	2	2	1	90	已售	用途：住宅 结构：钢筋混凝土
31	9	2	2	2	90	可售	用途：住宅 结构：钢筋混凝土
32	9	2	3	1	100	已售	用途：住宅 结构：钢筋混凝土
33	9	2	3	2	90	可售	用途：住宅 结构：钢筋混凝土
34	9	2	4	1	78	已售	用途：住宅 结构：钢筋混凝土
35	9	2	4	2	78	已售	用途：住宅 结构：钢筋混凝土
36	9	2	5	1	80	不可售	用途：住宅 结构：钢筋混凝土 赠送阁楼
37	9	2	5	2	80	可售	用途：住宅 结构：钢筋混凝土 赠送阁楼

图 15.2 "销控信息"工作表结构和内容

15.2 用户窗体设计

本节我们设计一个用户窗体，以某个楼盘布局图作为窗体的背景图片，在每个楼栋上放置一个"热区"控件，以特殊鼠标指针标识热区。通过程序控制，使工作簿打开时，自动显示用户窗体。

1. "楼盘布局"窗体设计

打开"可视化楼盘销售信息系统"工作簿，进入 VBA 编辑环境，在当前工程中插入一个用户窗体，命名为"楼盘布局"。

通过 Picture 属性将一个楼盘布局图设置为窗体的背景图片，调整窗体的大小使之与图片一致，设置窗体的 Caption 属性为"楼盘布局图"，StartUpPosition 属性为"2-屏幕中心"。

在"楼盘布局"窗体上添加一个图像控件，设置其 BackStyle 属性为 0(透明)，BorderStyle 属性为 0(无边框)，MousePointer 属性为 99(自定义鼠标指针)，MouseIcon 属性为事先准备好的"热区图标"文件，Tag 属性设置为对应楼栋的栋号。最后调整图像控件的大小和位置，把它放置到楼盘布局图对应楼栋上方，作为该楼栋的"热区"。

复制第一个图像控件(按住 Ctrl 键，用鼠标拖动)，放到楼盘布局图中另一个楼栋上方，根据实际需要调整图像控件的大小和位置，修改 Tag 属性为对应楼栋的栋号。用同样的方式，为楼盘布局图上的每一个楼栋设置"热区"。

窗体运行后，显示如图 15.3 所示的楼盘布局图。当鼠标移动到任意一个楼栋"热区"时，鼠标指针将变成指定的"热区图标"形状。

图 15.3 "楼盘布局"窗体

2. 工作簿代码编写

在工作簿的 Open 事件中编写如下代码：

```
Private Sub Workbook_Open()
    Application.DisplayFormulaBar = False
    Application.DisplayStatusBar = False
    Sheets("主界面").Select
    Range("A1").Select
    楼盘布局.Show
End Sub
```

这样，当工作簿打开时，通过这段代码，关闭 Excel 编辑栏和状态栏，使界面更加简洁。选中"主界面"工作表并将光标定位到 A1 单元格，显示楼盘布局窗体。

在工作簿的 BeforeClose 事件中编写如下代码：

243

```
Private Sub Workbook_BeforeClose(Cancel As Boolean)
    Application.DisplayFormulaBar = True
    Application.DisplayStatusBar = True
End Sub
```
使得关闭工作簿时，自动恢复 Excel 编辑栏和状态栏。

15.3   imgs 类的设计与应用

本节我们将设计一个类，把这个类的实例与"楼盘布局"的每个图像控件绑定。使得窗体运行后，当单击作为热区的图像控件时，系统自动取出对应楼栋的层数、单元数、梯户数等信息保存到全局变量或数组，并显示"楼栋视图"窗体。

1. 声明全局变量和数组

打开"可视化楼盘销售信息系统"工作簿，进入 VBA 编辑环境，在当前工程中插入一个模块，在该模块的顶端用下面语句声明全局变量和数组。

```
Public dm As String
Public cs As Integer
Public dys As Integer
Public th(30, 10) As Integer
```

其中，简单变量 dm、cs、dys 分别用来保存栋号、层数、单元格，二维数组 th 的行下标表示楼层号，列下标表示单元号，数组元素的值表示对应楼层、单元的户数。

2. 创建"楼栋视图"窗体

在当前工程中插入一个用户窗体，重新命名为"楼栋视图"，设置适当的窗体高度和宽度。该窗体不需要手工添加任何控件，所有控件均由程序自动添加和控制。

3. 设计 imgs 类

在当前工程中，插入一个类模块，重新命名为 imgs。

在类模块中，先用语句

```
Public WithEvents img As Image
```

声明一个带有事件的图像型变量 img。

然后对 img 的 Click 事件编写如下代码：

```
Private Sub img_Click()
    dm = img.Tag                              '取出栋号
    Set rg1 = Sheets("楼栋信息")              '用变量表示工作表
    Set rg2 = Sheets("楼栋信息").Columns(1)   '用变量表示区域
    r = WorksheetFunction.Match(dm, rg2, 0)   '查找栋号
    cs = rg1.Cells(r, 4)                      '取出层数
    dys = rg1.Cells(r, 5)                     '取出单元数
    For i = 1 To cs                           '按层数循环
        For j = 1 To dys                      '按单元数循环
            zdz = rg1.Cells(r, i + 6)         '取出梯户数
            th(i, j) = Val(Mid(zdz, j, 1))    '户数送全局数组
        Next
    Next
    楼栋视图.Show                             '显示用户窗体
```

```
End Sub
```

这段代码首先从图像 img 的 Tag 属性中取出先前保存的栋号，在"楼栋信息"工作表第 1 列查找该栋号所在的行号。从该行的 4、5 列单元格分别取出层数、单元数保存到全局变量 cs 和 dys 中。再用双重循环语句将各层、各单元的户数取出来送到全局数组 th 中。最后显示"楼栋视图"窗体。

4. 编写"楼盘布局"窗体代码

打开"楼盘布局"窗体，在窗体中用语句

```
Dim jh As New Collection
```

声明一个集合 jh，用于存放 imgs 类的实例。

为窗体的 Initialize 事件编写如下代码：

```
Private Sub UserForm_Initialize()
  For Each kj In Me.Controls         '扫描当前窗体的每一个控件
    If TypeName(kj) = "Image" Then   '如果是图像控件
      Set myc = New imgs             '创建 imgs 类的一个实例
      Set myc.img = kj               '将类的实例与控件绑定
      jh.Add myc                     '将类的实例添加到集合
    End If
  Next
End Sub
```

这样，当打开窗体时，系统自动将每一个图像控件与 imgs 类的一个实例绑定，并将类的实例添加到集合 jh 中。所以，单击窗体上任意一个图像控件，都会执行 img 的 Click 事件代码。

15.4　lbc 和 lzc 类的设计

到目前为止，在打开"可视化楼盘销售信息系统"工作簿时，会自动显示"楼盘布局"窗体。当鼠标移动到任意一个楼栋"热区"时，鼠标指针变成指定的"热区图标"形状。单击鼠标会打开"楼栋视图"窗体。

为了能在"楼栋视图"窗体中，根据全局变量 dm、cs、dys 和全局数组 th 的值生成楼栋视图，在楼栋视图中查看任意一套住宅的销控状态和有关信息，我们需要再设计 lbc 和 lzc 两个类，并且要对"楼栋视图"窗体进行编码。

本节对 lbc 和 lzc 类进行设计和分析，下一节研究"楼栋视图"窗体代码。

1. 设计 lbc 类

在"楼栋视图"窗体中，将由程序自动添加若干标签作为住宅标示控件，每个标签标题的形式为"单元号-楼层号-门号"。为了能够在单击任意一个标签时，显示该住宅的面积、销控状态等信息，我们设计一个类 lbc，并将每一个标签控件与 lbc 类的一个实例绑定。

在当前工程中插入一个类模块，重新命名为 lbc。

在该类模块中，先用语句

```
Private WithEvents ctr As MSForms.Label
```

声明一个带有事件的窗体标签型变量 ctr。

再编写一个子程序 Init，作为类的初始化方法，用于将控件 ctl 绑定到类。代码如下：

```
Public Sub Init(ctl As MSForms.Label)
  Set ctr = ctl
```

```
End Sub
```
最后，为 ctr 控件的 Click 事件编写如下代码：

```
Private Sub ctr_Click()
    bt = ctr.Caption                          '取出标签的标题
    dy = Val(bt)                              '分解出单元号
    n = InStr(bt, "-")                        '求出第一个"-"位置
    lc = Val(Mid(bt, n + 1))                  '分解出楼层号
    n = InStrRev(bt, "-")                     '求出倒数第一个"-"位置
    mh = Val(Mid(bt, n + 1))                  '分解出门号
    Set st = Sheets("销控信息")                '设置工作表对象
    Set sc = Sheets("销控信息").Range("A1")    '设置工作表和区域对象
    sc.AutoFilter Field:=1, Criteria1:=dm     '按栋号筛选
    sc.AutoFilter Field:=2, Criteria1:=dy     '按单元号筛选
    sc.AutoFilter Field:=3, Criteria1:=lc     '按楼层号筛选
    sc.AutoFilter Field:=4, Criteria1:=mh     '按门号筛选
    p = st.Range("A65536").End(xlUp).Row      '求有效数据最大行号
    If p > 1 Then                             '有满足条件的数据行
        mj = st.Cells(p, 5)                   '取出面积
        zt = st.Cells(p, 6)                   '取出状态
        bz = st.Cells(p, 7)                   '取出备注
        MsgBox "面积：" & mj & Chr(10) & "状态：" & _
        zt & Chr(13) & "备注：" & bz, , "基本数据"
    End If
    st.ShowAllData                            '取消 Excel 筛选
End Sub
```

这段代码首先从标签控件的 Caption 属性中取出形式为"单元号-楼层号-门号"标题，从中分解出单元号 dy、楼层号 lc、门号 mh。

然后，在"销控信息"工作表的数据区中，筛选出满足栋号、单元号、楼层号、门号条件的数据行。如果有满足条件的数据行，则从该行的 5、6、7 列单元格中分别取出面积、销控状态和备注信息，用 MsgBox 函数显示出来。

最后取消对"销控信息"工作表数据的筛选。

2. 设计 lzc 类

在"楼栋视图"窗体中，将由程序自动在窗体的左下角添加一个标签作为楼栋标示控件。为了能够在单击这个标签时，显示该栋楼的销售楼号、建筑面积、总户数信息，我们设计一个类 lzc，并将这个标签控件与 lzc 类的一个实例绑定。

在当前工程中插入一个类模块，重新命名为 lzc。

在该类模块中，先用语句

```
Public WithEvents lz As MSForms.Label
```
声明一个带有事件的窗体标签型变量 lz。

再对 lzc 类 lz 控件的 Click 事件编写如下代码：

```
Private Sub lz_Click()
    Set rg1 = Sheets("楼栋信息")              '用变量表示工作表
    Set rg2 = Sheets("楼栋信息").Columns(1)   '用变量表示区域
    r = WorksheetFunction.Match(dm, rg2, 0)   '查找栋号所在的行号
```

```
    xs = rg1.Cells(r, 2)                        '销售楼号
    mj = rg1.Cells(r, 3)                        '建筑面积
    hs = rg1.Cells(r, 6)                        '总户数
    MsgBox "销售楼号：" & xs & Chr(10) & "建筑面积：" & _
        mj & Chr(13) & "总 户 数：" & hs, , "基本数据"
End Sub
```

这段代码先在"楼栋信息"工作表的第 1 列查找栋号 dm 所在的行号，再从该行的 2、3、6 列单元格中分别取出销售楼号、建筑面积、总户数信息，用 MsgBox 函数显示出来。

15.5　编写"楼栋视图"窗体代码

在 VBA 编辑环境中，打开"楼栋视图"窗体，在窗体中首先用语句

```
Private aCtr(1 To 36, 1 To 10, 1 To 5) As lbc
```

声明一个三维数组 aCtr，用于存放 lbc 类的实例。

用语句

```
Dim jh As New Collection
```

声明一个集合 jh，用于存放 lzc 类的实例。

然后，为窗体的 Initialize 事件编写代码，根据全局变量 dm、cs、dys 和全局数组 th 的值，生成由标签控件构建的楼栋视图，将其中的标签控件与 lbc 或 lzc 类的实例绑定，使得在单击标签时，能够显示住宅信息或楼栋信息。

窗体的 Initialize 事件代码分为以下几部分。

1.　初始准备

在窗体的 Initialize 事件中，首先用以下语句进行一些初始准备：

```
Dim bq As MSForms.Label                      '声明标签控件变量
Me.Caption = dm & "号楼视图"                   '设置窗体标题
w = Me.Width - 40                            '窗体可用宽度
h = Me.Height - 60                           '窗体可用高度
bh = h / cs                                  '每层楼的高度
dyw = w / dys                                '每个单元的宽度
```

其中主要任务是根据窗体的宽度和高度，求出每层楼的高度、每个单元的宽度，分别保存到变量 bh 和 dyw 中，用来控制标签控件的大小。

2.　添加各楼层标示控件和住宅标示控件

窗体 Initialize 事件的第二部分代码如下：

```
For i = cs To 1 Step -1                       '从顶层到 1 层循环
  Set bq = Me.Controls.Add("Forms.Label.1")   '添加左侧的楼层标示控件
  With bq                                     '设置控件属性
    .Caption = i & "层"                        '标题
    .TextAlign = fmTextAlignCenter             '水平居中
    .BackColor = RGB(128, 128, 192)            '背景颜色
    .ForeColor = RGB(0, 255, 255)              '文字颜色
    .SpecialEffect = fmSpecialEffectSunken     '样式
    .Top = 10 + (cs - i) * bh                  '位置
    .Left = 8
```

247

```vb
        .Width = 22                                      '大小
        .Height = bh
    End With
    lm = 30                                              '左边界初值
    For j = 1 To dys                                     '按单元数循环
        If th(i, j) > 0 Then                             '梯户数大于零
            For k = 1 To th(i, j)                        '按户数循环
                Set bq = Me.Controls.Add("Forms.Label.1")  '添加住宅标示控件
                With bq                                  '设置控件属性
                    .Caption = j & "-" & i & "-" & k     '标题
                    .TextAlign = fmTextAlignCenter       '水平居中
                    .SpecialEffect = fmSpecialEffectSunken  '标签样式
                    .MousePointer = fmMousePointerHelp   '鼠标指针
                    .Top = 10 + (cs - i) * bh            '位置
                    .Left = lm
                    .Width = dyw / th(i, j)              '大小
                    .Height = bh
                    If j Mod 2 = 0 Then
                        .BackColor = RGB(192, 255, 192)  '偶数单元背景颜色
                    Else
                        .BackColor = RGB(192, 255, 255)  '奇数单元背景颜色
                    End If
                    Set st = Sheets("销控信息")           '设置工作表对象
                    Set sc = Sheets("销控信息").Range("A1")  '设置工作表区域对象
                    sc.AutoFilter Field:=1, Criteria1:=dm  '按栋号筛选
                    sc.AutoFilter Field:=2, Criteria1:=j   '按单元号筛选
                    sc.AutoFilter Field:=3, Criteria1:=i   '按楼层号筛选
                    sc.AutoFilter Field:=4, Criteria1:=k   '按门号筛选
                    p = st.Range("A65536").End(xlUp).Row   '求有效数据最大行号
                    zt = st.Cells(p, 6)                    '取出"状态"
                    Select Case zt
                        Case "可售"
                            .ForeColor = RGB(255, 0, 255)  '文字颜色(粉色)
                        Case "不可售"
                            .ForeColor = RGB(255, 0, 0)    '文字颜色(红色)
                        Case "已售"
                            .ForeColor = RGB(0, 0, 255)    '文字颜色(蓝色)
                        Case Else
                            .ForeColor = RGB(0, 0, 0)      '文字颜色(黑色)
                    End Select
                    st.ShowAllData                         '取消 Excel 筛选
                End With
                Set aCtr(i, j, k) = New lbc                '创建类的实例
                aCtr(i, j, k).Init bq                      '将控件赋给类实例
                lm = lm + dyw / th(i, j)                   '调整左边界
```

```
        Next
      Else                                    ' 梯户数等于零
        lm = lm + dyw                         ' 只调整左边界
      End If
    Next j
  Next i
```

这段代码用来在窗体中添加各楼层标示控件和住宅标示控件，形成一个楼栋视图。它用 For 语句从顶层到 1 层循环，对每一层楼进行以下操作。

(1) 添加一个标签作为左侧的楼层标示控件。设置该控件的标题、对齐方式、颜色、样式、位置和大小。在设置控件位置和大小时，用到了变量 bh。

(2) 用双重循环结构，为该楼层每个单元、每个住宅添加一个标签控件。设置控件的标题、对齐方式、样式、鼠标指针、位置、大小、背景颜色、文字颜色，并将控件与 lbc 类的实例绑定。其中，标题的形式为"单元号-楼层号-门号"，位置和大小用到了变量 bh 和 dyw，按单元号的奇偶设置不同的背景颜色，按住宅的销控状态设置不同的文字颜色。获取销控状态信息的方法是：在"销控信息"工作表的数据区中，筛选出满足栋号、单元号、楼层号、门号条件的数据行，从该行第 6 列单元格取出销控状态信息。之后取消对"销控信息"工作表数据的筛选。

3．添加左下角的楼栋标示控件

窗体 Initialize 事件的第三部分代码如下：

```
Set bq = Me.Controls.Add("Forms.Label.1")      ' 添加标签控件
With bq                                          ' 设置控件属性
  .Caption = "楼注"                              ' 标题
  .TextAlign = fmTextAlignCenter                 ' 水平居中
  .BackColor = RGB(0, 128, 0)                    ' 背景颜色
  .ForeColor = RGB(255, 255, 0)                  ' 文字颜色
  .SpecialEffect = fmSpecialEffectSunken         ' 样式
  .MousePointer = fmMousePointerHelp             ' 鼠标指针
  .Top = 10 + h                                  ' 位置
  .Left = 8
  .Width = 22                                    ' 大小
  .Height = 20
End With
Set myz = New lzc                                ' 创建 lzc 类的一个实例
Set myz.lz = bq                                  ' 将类的实例与控件绑定
jh.Add myz                                       ' 将类的实例添加到集合
```

这段代码首先在窗体的左下角添加一个标签作为楼栋标示控件。设置该控件的标题、对齐方式、背景颜色、文字颜色、样式、鼠标指针、位置和大小。

然后将控件与 lzc 类的实例绑定，并把类的实例添加到集合 jh。

4．添加下方单元标示控件

窗体 Initialize 事件的最后部分代码如下：

```
For j = 1 To dys                                 ' 按单元数循环
  Set bq = Me.Controls.Add("Forms.Label.1")      ' 添加标签控件
  With bq                                        ' 设置控件属性
    .Caption = j & "单元"                        ' 标题
    .TextAlign = fmTextAlignCenter               ' 水平居中
```

```
        .BackColor = RGB(128, 128, 192)            '背景颜色
        .ForeColor = RGB(0, 255, 255)              '文字颜色
        .SpecialEffect = fmSpecialEffectSunken     '样式
        .Top = 10 + h                              '位置
        .Left = 30 + (j - 1) * dyw
        .Width = dyw                               '大小
        .Height = 20
    End With
    Next
Next
```

这段代码用循环语句在窗体的下部为每个单元添加一个标签作为标示控件。设置每个控件的标题、对齐方式、背景颜色、文字颜色、样式、位置和大小。

15.6 软件的使用

打开"可视化楼盘销售信息系统"工作簿，关闭"楼盘布局"用户窗体。

在"楼栋信息"工作表中输入或修改某个楼盘各栋楼的栋号、销售楼号、建筑面积、层数、单元数、户数以及各层梯户数。

在"销控信息"工作表中输入或修改该楼盘各栋、各单元、各楼层每户住宅的面积、销控状态等信息。

可以利用 Excel 本身的筛选、查找等功能对数据进行定位，再进行输入或修改。

进入 VBA 编辑环境，打开"楼盘布局"窗体。通过 Picture 属性将楼盘布局图设置为窗体的背景图片，调整窗体的大小使之与图片一致。

选中第一个图像控件，设置 Tag 属性为第一个栋号，调整大小和位置，把它放置到第一栋楼上方，作为"热区"。删除其余图像控件。

按住 Ctrl 键，用鼠标拖动第一个图像控件，放到楼盘布局图中另一个楼栋上方，修改 Tag 属性为对应楼栋的栋号。以此方法为楼盘布局图上的每一个楼栋设置"热区"。

重新打开"可视化楼盘销售信息系统"工作簿，将显示如图 15.3 所示的楼盘布局图。当鼠标移动到任意一个楼栋"热区"时，鼠标指针将变成指定的"热区图标"形状。单击任意一个作为热区的图像控件时，将在另一个窗体中显示该楼栋的视图，如图 15.4 所示。

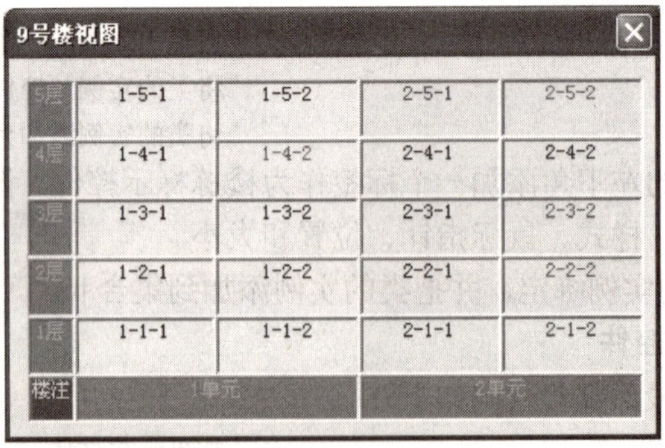

图 15.4 楼栋视图窗体

从窗体标题可知，这是 9 号楼视图。其中，最左边的一列为楼层标示控件，最下下方一行为单元标示控件，左下角为楼栋标示控件，其余为住宅标示控件。

住宅标示控件标题形式为"单元号-楼层号-门号"，按单元号的奇偶设置不同的背景颜色。住宅的销控状态为"可售"、"不可售"、"已售"，对应的文字颜色分别为"粉色"、"红色"和"蓝色"，其他状态文字颜色为"黑色"。

单击左下角的楼栋标示控件，将显示该栋楼的销售楼号、建筑面积、总户数信息，如图 15.5 所示。

单击任意一个住宅标示控件，将显示该住宅的面积、销控状态等信息，如图 15.6 所示。

图 15.5　楼栋信息

图 15.6　住宅信息

上机实验题目

1. 将本章软件应用于其他楼盘。

2. 修改本章软件，在楼栋视图窗体中用不同的背景颜色区分可售、不可售、已售状态。

3. 在 VBA 编辑环境中创建一个用户窗体，在窗体中放置三个命令按钮和一个文字框。编程实现以下功能：运行窗体后，单击任意一个按钮，则在文字框中显示该按钮标题。

4. 在 VBA 编辑环境中创建一个用户窗体并编程实现以下功能：运行窗体后，自动添加三个命令按钮。点击任意一个命令按钮，则在弹出的消息框中显示该按钮的标题。

5. 在 VBA 编辑环境中创建一个用户窗体并编程实现以下功能：运行窗体后，自动添加五个标签控件。点击任意一个标签，则在弹出的消息框中显示该标签的标题。

6. 进行实际调研，根据用户需求，开发一个小区物业管理软件。

参 考 文 献

[1] 罗刚君.Excel VBA 程序开发自学宝典.2 版.北京：电子工业出版社，2011.

[2] Excel Home.Word 实战技巧精粹.北京：人民邮电出版社，2010.

[3] Excel Home.Excel 2007 实战技巧精粹.北京：人民邮电出版社，2010.

[4] Kathleen McGrath Paul Stubbs.VSTO 开发者指南.李永伦，译.北京：机械工业出版社，2009.

[5] Excel Home.Excel 应用大全.北京：人民邮电出版社，2008.

[6] (日)Project-A & Dekiru 系列编辑部.办公宝典——Excel 2003/2002/2000 VBA 大全.彭彬，等译，人民邮电出版社，2007.

[7] 郑宇军，等.新一代 NET Office 开发指南——Excel 篇.北京：清华大学出版社，2006.

[8] 杨晓亮.Word VBA 高校排版范例应用.北京：中国青年出版社，2005.

[9] (美)Bill Jelen Tracy Syrstad.巧学巧用 Excel 2003 VBA 与宏（中文版）.王军,等译.北京：电子工业出版社，2005.